KB123253

홍성욱의 STS,

SCIENCE
TECHNOLOGY
SOCIETY

과학을 경청하다

홍성욱의 STS,

SCIENCE
TECHNOLOGY
SOCIETY

과학을 경청하다

동아시아

과학기술을 테크노사이언스의 네트워크로 생각하기

예전에 동료 교수로부터 들은 얘기입니다.

어느 대학교에서 실험 실습을 위한 건물을 지었는데, 몇 년 뒤에 건물 천정에서 비가 새더랍니다. 학생들은 비가 오는 날이면 여기저기에 양동이를 대고 똑똑 떨어지는 빗물을 받으면서 실험을 했지요. 교수들은 옥상에서 비가 새는 정확한 위치를 찾아서 때우면 된다는 생각으로 전문가를 불렀습니다. 타이어 튜브에 펑크 난 것을 때우듯이 하면 된다고 생각한 것입니다.

그런데 전문가의 진단은 교수들의 생각과 거리가 멀었습니다. 비가 새는 정확한 위치를 찾는 것은 거의 불가능하며, 찾았다고 생각하고 시멘트로 때워도 십중팔구 다른 곳에서 또

비가 샐 것이라는 얘기였습니다. 전문가들은 지붕 전체에 일정 간격으로 파이프를 박아 넣는 것이(지붕이 더 조밀해지겠지요) 가장 확실한 해법이라고 했습니다. 5,000만 원 정도의 예산이 필요하다는 견적도 제시했습니다. 좀 더 저렴한 방법으로 옥상 전체에 방수 페인트를 두껍게 칠할 수도 있는데, 이렇게 하면 당분간은 버텨도 오래가지 못한다는 것이었습니다.

저는 이 얘기가 현대 과학기술에 대해서 많은 시사점을 제공한다고 봅니다. 건물을 짓는 데에는 뉴턴의 법칙에서부터 현대 공학기술 지식까지 여러 과학기술적인 지식과 실행이 필요합니다. 덕분에 우리가 지은 건물들은 여간해서 무너지지 않습니다. 그렇다고 건물이 완전한 것도 아닙니다. 앞선 사례처럼 멀쩡하게 지은 건물에서 비가 새기도 합니다. 현대 과학기술 지식을 동원해도 비가 새는 곳을 찾을 수 없다는 것이 흥미롭지요. 과학기술은 무엇이든지 할 수 있을 것 같지만, 어떤 경우에는 의외로 약하고 무력하기만 합니다. 그렇다고 아무것도 할 수 없는 것도 아닙니다. 무척 비싸지만 파이프를 박는 방법도 있고, 임시방편으로 방수 페인트를 칠하는 방법도 있으니까요.

20세기 초반에 활동했던 과학철학자 오토 노이라트는 과학을 '항해 중인 배'에 비유했습니다. 배가 바다를 항해하다 보면 바닥에 구멍이 생길 수도 있고, 보일러가 고장 날 수도 있습니다. 그런데 노이라트가 생각한 과학이라는 배는 항구에 정착해서 고칠 수 있는 배가 아닙니다. 정착할 곳 없이, 문제가 생기면 바다 위에서 고쳐나가며 항해하는 배입니다. 항해를 계속하려면 멀쩡한 부분을 뜯어서 구멍을 메워야 할지도 모릅니다. 석탄이 떨어지면 갑판을 뜯어서 땔감으로 사용해야 할지도 모릅니다. 노이라트의 비유는 과학에 항구라는 '토대'가 존재하지 않는다는 점을 설명하기 위해서 만들어졌고, 이런 목적으로는 아주 훌륭한 비유입니다.

그렇지만 저는 현대 과학기술을 이해하기 위한 핵심 개념으로 노이라트의 배 대신 '네트워크'를 제시하려 합니다. 인터넷 연결망 같은 것을 생각하면 됩니다. 노이라트의 배는 스스로를 뜯어서 고쳐나가기 때문에 결국에는 제로섬이 되기 십상이지만, 네트워크는 계속 확장되고 뻗어나가는 속성을 가지고 있습니다. 흔히 '발전'하고 '진보'한다고 말하는 그런 속성이 있다는 것이지요. 뿐만 아니라, 잘 성장하던 하나의 네트워크가 다른 네트워크로 대체되기도 하고, 오랜 기간에 걸쳐 형성된 네트워크 전체가 응축되어 하나의 인공물로 집약되기도 합니다.

네트워크를 구성하는 '인공물'의 얘기에 덧붙이자면, 책에서 제시할 과학기술의 네트워크는 '과학기술자'라는 인간들 사이의 네트워크만을 지칭하는 게 아닙니다. 인간이 중요한 행위자이긴 하지만, 과학기술을 이해할 때에는 비인간nonhuman도 포함시켜서 함께 이해해야 합니다. 과학기술이 인문학이나 사회과학 대부분과 구별되는 이유는 비인간을 다루기 때문입니다. 과학자들은 백묵으로 칠판에 문제를 푸는 사람들이 아닙니다. 대부분의 과학자들은 실험실에서 실험을 하지요. 실험은 '비인간을 길들이는 인간의 행위'라고 볼 수 있습니다. 실험실은 '날 것'의 자연을 인간이 이해할 수 있는 규칙적인 상태로 만드는 공간입니다.

지금 우리는 자동차, 비행기, 수천 가지의 전쟁 무기, 전파, 220볼트 전기, 레이저, 강화유리, LED 광원, 원자핵 발전, 유전자 변형 식품, 온실가스, 항생제, 항암 치료제, 수천 가지의 약, 줄기세포, 나노 입자, 인공 비료, DDT 같은 살충제 등 수많은 비인간들과 같이 살아가고 있는데, 전부 과학자가 실험실에서 길들인 존재들입니다. 과학기술은 비인간을 길들여서 세상에 내놓는 인간의 활동이며, 과학자들은 비인간과 인간 사이에 연결망을 만드는 역할을 하는 것입니다.

이런 관점은 과학기술에 대해서 새로운 이해 몇 가지를 제공합니다.

첫 번째는 현대 과학기술이 가진 독특한 지위에 대한 이해입니다. 현대사회에서 전문가라고 불릴 만한 사람들은 많습니다만, 그중에 비인간을 길들일 수 있는 것은 과학기술자들

뿐입니다. 핵전략을 짜는 것은 정책전문가들의 몫이지만, 핵분열을 낳는 플루토늄과 중성자를 길들이는 것은 바로 과학기술자들입니다. 과학기술자들은 실험실에서 새로운 비인간을 끊임없이 생산해내는 1차 생산자들인 것이지요.

이런 의미에서 과학기술자들은 현대사회를 만들어가는 사람들이라고도 할 수 있습니다. 정치인에게 정치적 권력이 있듯이, 과학기술자들에게는 세상을 만들어내는 힘이 있는 것입니다. 지금은 이런 '힘'을 소수의 엘리트 과학기술자들, 정치인들, 기업가들이 좌지우지하고 있습니다. 따라서 과학기술이 가진 힘을 분산시켜서 시민사회의 공공 영역에 귀속시키는 것이 중요한 과제입니다. '과학기술의 민주화'라는 슬로건은 이런 의미를 가집니다.

두 번째는 과학이 비인간을 길들이는 과정이기 때문에, 과학자가 마음먹은 대로 과학 활동이 이루어지지 않는다는 사실입니다. 창의적인 연구를 하는 과학자들은 여러 가지 '밑천resource'을 동원해서 가설과 모델을 만들고, 실험 결과를 해석합니다. 이런 밑천에는 사회적이고 문화적인 가정假定들, 과학자 공동체가 공유하는 특정한 철학적 관점들이 포함될 수 있습니다.

그렇지만 실험의 가장 중요한 '밑천'도 비인간이기 때문에, 과학자가 원하는 대로 조작할 수는 없습니다. 소위 '자연이라는 제약'하에서 과학이 이루어지기 때문에 과학자는 이에 따라 실험 결과를 해석해야 합니다. 자연을 해석하고, 길들이고, 통제하는 과정은 많은 제약으로 점철된 과정입니다.

세 번째는 실험실과 실제 자연 사이에 간극이 있다는 것입니다. 여러 고대 문화권에서 가장 처음 발달한 과학은 천문학이었는데, 그 이유는 천체의 운행이 당시에 관찰할 수 있는 유일한 규칙적 현상이었기 때문입니다. 자연은 원래 복잡하고 불규칙합니다. 인간은 자연을 이해하고, 통제하고, 이용하기 위해서 실험실 안으로 자연을 가져와서 규칙적인 것으로 만듭니다. 실험실에서의 실험은 자연을 이해하고 길들이는 가장 강력한 방법이지요.

이 과정에서 새로운 지식과 유용한 기술이 만들어지지만, 실험실에서 만들어진 규칙적인 현상이 실제 복잡한 자연과는 거리가 있다는 것을 이해해야 합니다. 일반적으로 자연이 실험실로 들어올 때, 자연의 전부가 아닌 일부가, 그것도 단순해진 형태로 들어옵니다. 대부분의 실험실에서 얻어진 이해가 우리가 얻을 수 있는 가장 확실한 이해이지만, 때로는 실험실에서 재현된 현상과 복잡한 자연 사이의 간극이 문제가 되기도 합니다. 특히 과학적 불확실성을 논할 때 이런 간극은 더 큰 문제가 될 수도 있습니다. 책에서는 이런 '간극'이 문제가 되는 사례들을 여럿 다룰 것입니다.

마지막으로 과학기술을 인간-비인간의 네트워크로 보면, 과학기술을 이해하기 위해서 초월적인 가정을 도입할 필요가 없음을 알 수 있습니다. 우리는 1+1=2 같은 수학적 진리가 역사와 사회를 초월하는 영구한 진리라고 생각하며, 흔히 과학의 진리도 이런 수학적 진리의 연속선상에 있다고 생각합니다.

그런데 다르게 생각할 수도 있습니다. 작은 사과 하나와 두 배로 큰 사과 하나를 더해도 사과는 두 개가 됩니다. 전체 무게를 달아보면 작은 사과의 세 배가 되지만요. 아이들은 자라면서 '하나 더하기 하나는 둘'이라는 것을 배웁니다. 이렇게 교육을 통해서 크기에 상관없이 하나에 다른 하나를 더하면 둘이라는 것을 익히게 됩니다. 그렇지만 천 원짜리 한 장과 만 원짜리 한 장을 더하면 단순히 둘이 아니라는 것도 배우지요. '하나 더하기 하나는 둘'이라는 것이 선험적 진리가 아니라 우리가 공유해서 후대로 물려주는 지식일 수도 있다는 것입니다.

1+1=2는 간단해 보이지만 사실은 수리철학에서 심각하게 다루어지는 문제입니다. 이를 여기서 본격적으로 다루는 것은 책의 범위나 필자의 전문성 모두를 뛰어넘습니다. 제가 하고 싶은 얘기는, 인간을 초월한 신神적인 어떤 것들을 도입하거나 상정하지 않아도 과학의 특성을 잘 이해할 수 있다는 것입니다. 아니, 더 잘 이해할 수도 있습니다. 과학에서 말하는 자연의 법칙이란 인간을 초월해서 자연에 존재하는 것이 아니라, 인간이 자연을 이해하는 과정에서 만들어낸 '모델' 같은 것

이라고 이해하는 쪽이 더 타당할지도 모릅니다.

고대와 중세 사람들은 무거운 물체가 자기 자리를 찾아가려는 경향이 있기 때문에 사과가 지구의 중심을 향해 떨어진다고 생각했습니다. 뉴턴 이후에는 지구의 중력이 사과를 잡아당기기 때문에 떨어지는 것이라고 생각했습니다. 일반상대성이론 이후로는 지구 주변의 공간이 휘어져 있고, 사과가 이 휘어진 공간을 따라서 자연스럽게 운동하는 것이라고 해석합니다. 100년 뒤에는 다른 해석으로 바뀔지도 모릅니다. 우리가 '자연의 법칙'이라고 부르는 많은 것들이 이렇게 바뀌어왔습니다.

○

책에서는 이렇게 인간-비인간의 네트워크의 형태로 이해된 과학기술을 '테크노사이언스technoscience'라고 부르려고 합니다. 테크노사이언스는 과학기술과 사회의 상호작용을 연구하는 과학기술학Science and Technology Studies, STS에서 종종 사용되는 개념인데, 책에서 '과학기술' 대신에 테크노사이언스라는 단어를 사용하려는 데에는 몇 가지 이유가 있습니다.

우선 '테크노사이언스'라는 용어는 과학과 기술이 '실험실에서 비인간을 길들여 세상에 내놓는 행위'라는 공통점을 가지고 있음을 강조할 수 있습니다. 전문가가 아닌 이상, 실험

기구로 꽉 찬 실험실을 보고 과학 실험실인지 공학 실험실인지 구별하기는 어렵습니다. 대학, 정부 출연 연구소, 기업의 실험실도 다 비슷합니다. 목적과 동기, 방법론은 다 달라도, 비인간을 길들여서 복잡한 자연을 이해되고 통제될 수 있는 것으로 만들려는 과학자와 엔지니어의 작업은 근본적으로 연결되어 있습니다.

두 번째로 '테크노사이언스'는 과학과 사회의 연결에 주목하게 합니다. 실험실에서 만들어진 비인간은 실험실 밖으로 나옵니다. 새로운 존재들이 우리 세상에 점점 더 늘어나는 것입니다. 대부분 인간에게 유용한 존재들이지만 까다로운 존재들도 많이 만들어집니다. 우리가 만들어서 세상에 내어놓았지만 이해하기 힘든 존재들도 있으며, 미래에 어떻게 진화할지 불확실한 존재들도 많습니다. 이산화탄소 같은 온실가스, 플루토늄, 유전자 변형 식품, 나노 입자들, 줄기세포 같은 존재들이 대표적인 '까다로운 존재들'입니다. 어떤 과학자들은 이런 존재들에게 아무런 문제가 없다고 주장합니다. 반면에 비판자들은 우리가 사는 세상에서 이런 이상한 존재들을 빨리 몰아내야 한다고 주장합니다.

우리는 양극단을 피하면서, 마치 우리가 낳은 자식을 대하듯이 이런 까다로운 존재들을 품어야 합니다. 마음에 안 든다고 방기하는 것은 책임 있는 부모가 할 일이 아니지요. 우리가 원했던 자식이 아니어도, 우리가 만든 존재들에 대해서는 애정을 가지고 책임을 져야 합니다. 그리고 이 과업을 과학기술자와 시민사회가 함께 수행해나가야 합니다.

마지막으로, '테크노사이언스 네트워크'라는 개념은 과학이 인간의 활동임을 강조하기 때문에, 과학을 '문화'로 파악하게 합니다. 서양에서 들어온 과학이 아직 우리의 문화에 깊게 뿌리내리지 못했다는 지적을 자주 접합니다. 과학이 문화에 뿌리내리지 못했다는 게 무슨 뜻일까요?

서양에서는 과학이 발전하는 과정에서 새로운 이론이나 실험과 관련해 숱한 논쟁이 발생합니다. 뉴턴의 역학이론에 대해 라이프니츠 같은 과학자는 과학적인 근거로 이견을 제시했고, 데이비드 흄 같은 철학자는 철학적인 반론을 제기했습니다. 여기에 괴테 같은 문인, 윌리엄 블레이크 같은 예술가 겸 시인도 뉴턴을 비판했습니다. 뉴턴과 뉴턴의 제자들은 여러 비판들을 다시 논박했지요. 이런 과정을 통해서 과학이 서양 사회와 문화 속에 조밀하게 뿌리내렸던 것입니다.

반면에 우리는 이런 논쟁이 다 끝나고서 교과서에 실린 뉴턴 과학을 수용하고 배웠습니다. 교과서에 실린 과학은 깔끔하고 확실합니다. 그리고 객관적이고 보편적입니다. $F=ma$란 공식을 이용해서 문제를 푸는 과정에는 사회적이거나 문화적인 요소들이 개입할 여지가 전혀 없습니다. 우리는 과학을 공부하면서 과학이 눈물겨울 정도로 합리적인 것이며, 인간이 만들었지만 인간 세상을 뛰어넘는 초월적인 것이라고 생각하게 됩니다.

물론 근대 과학의 본산인 서양에도 이렇게 생각하는 사람들이 있지만, 우리 주변에서는 이런 경향이 훨씬 더 두드러지고 심각합니다. 역동적인 문화로서의 과학 발전 과정을 직접 경험하지 못한 채, 교과서에 실린 과학만을 수용하고 배운 데에서 기인한 경향이지요. 따라서 테크노사이언스라는 네트워크가 어떻게 만들어지고, 성장하고 변화하면서 다른 모양으로 바뀌는지 살펴보는 것은 과학에게 '인간의 얼굴'을 부여하는 것일 수 있습니다. 특히 과학이 경제성장의 도구로만 인식되는 우리에게는 신의 얼굴을 한 과학이 아니라 인간의 얼굴을 한 과학이 절실히 필요합니다.

저는 80년대 초반에 대학을 다니면서 '과학기술과 사회'라는 주제에 관심을 가지기 시작했습니다. 당시 토머스 쿤의 『과학혁명의 구조』, 존 데스몬드 버날의 『역사 속의 과학』, 그 외에 현대 과학에 대한 여러 비판적인 책들을 접하면서 이런 주제를 더 깊이 공부하고 싶다고 생각했습니다. 그런데 당시에는 '과학기술학STS' 같은 학문이 잘 정립되어 있지 않았기 때문에, 갈증을 채우기 위해서 우선 과학기술의 역사를 공부하기 시작했습니다. 과학사와 기술사 분야에서 박사 학위를 받고 토론토대학교에서 과학기술사 강의를 시작한 이후에도, 과학기술과 사회에 대한 여러 주제를 더 깊이 공부하고 싶은 갈증은 점점 더 커졌습니다.

이러다가 2003년에 서울대학교 자연과학대학 대학원에 개설된 '과학사 및 과학철학 협동과정'으로 자리를 옮기게 되었지요. 2006년에 협동과정 내에 과학기술학 전공프로그램을 만들고, 석·박사 과정 학생들과 함께 과학기술과 사회의 복잡하고도 흥미로운 여러 상호작용을 함께 고민하고 연구하기 시작했습니다. 이 책은 이렇게 지난 10년간 제가 연구하고, 강의하고, 학생들의 논문을 지도하면서 새롭게 이해하고 고민했던 내용들로 채워져 있습니다. 이 과정에서 일일이 이름을 댈 수 없는 많은 학생들, 동료들과의 지적 교류가 큰 도움이 됐습니다. 이 자리를 빌어서 감사의 말을 전합니다.

책의 집필은 2008년에 출간된 필자의 『과학 에세이』를 개정해보자는 동아시아 출판사 한성봉 대표님의 권유에서 시작되었습니다. 결과적으로는 원래 예상과 전혀 다른 책이 나왔지만, 한 대표님은 책의 산파 역할을 톡톡히 하셨습니다. 동아시아의 편집자 박연준 선생님은 거친 원고를 다듬어서 깔끔한 책으로 만들어주셨습니다.

천문 관측 기기와 관측 활동에 대해 귀중한 사진과 정보를 제공해주신 성언창 소백산 천문대장님께 감사드립니다. 초고를 미리 읽어보고 논평해주신 선생님들께도 감사를 드리고 싶습니다. 물리학자인 경상대학교 이강영 교수와 과학철학을 전공하는 한양대학교 이상욱 교수는 "법칙은 자연에 존재하는가"를, 역학과 공중보건을 전공하는 인하대학교 황승식 교수는 "불확실성"을 읽고 값진 논평을 해주셨습니다. "책임"을 읽고 논평을 해준 임소희 변호사께도 감사를 드립니다. 논평을 주신 선생님들이 제 견해에 전부 동의하지는 않으셨지만, 그럼에도 불구하고 큰 도움이 되었습니다. 원고를 정리하는 데 도움을 줬고, 또 독자의 입장에서 원고 전체를 꼼꼼하게 읽고 의견을 준 서울대학교 고고미술사학과 이지혜 학생에게도 고마운 마음을 전합니다.

책의 집필은 연구년 때문에 가능했습니다. 미국 패서디나에서의 연구년 절반을 책의 집필로 보내는 것을 옆에서 지켜보면서도 불평은커녕, 항상 따듯한 격려와 사랑을 보내준 제 처 상민과 아들 준기가 없었다면 이 책은 세상에 나오지 못했을 것입니다. 내 가족에게 사랑과 고마움을 표하고 싶습니다.

차례

제3장 과학철학적 탐색

제4장 무엇을 할 수 있는가

일러두기

1. 책에 등장하는 인명이나 지명 등의 고유명사는 국립국어원 외래어표기법에 따라 표기했으며, 용례가 없는 경우 원어에 가깝게 표기했다.
2. 가독성을 위해 영어나 한자 병기를 최소화했다.
3. 원어 정보가 필요한 인명이나 주제는 〈찾아보기〉에 정리해두었다.
4. 본문 중 조금 더 자세한 설명이 필요한 경우 각주로 표기했다.
5. 참고문헌 및 출처는 미주로 표기했다.

제1장
인간과 비인간

테크노사이언스에게 실험실을 달라

고대 그리스의 과학자이자 기술자였던 아르키메데스가 했다고 알려진 얘기 중에 "내게 지렛대를 달라, 그러면 지구를 들어 올리겠다"라는 말이 있습니다. 프랑스 과학기술학자 브뤼노 라투르는 이 말을 조금 바꿔서 "내게 실험실을 달라, 그러면 지구를 들어 올리겠다"라고 했습니다.

왜 실험실일까요?

과학자들은 자연을 연구합니다. 우리가 말하는 과학은 그래서 '자연' 과학입니다. 그런데 과학자 중에 자연을 돌아다니면서 자연을 관찰하고 연구하는 사람은 많지 않습니다. 그리고 자연을 관찰하는 과학자 중에서도 현장에서 자연을 연구하는 사람은 더더욱 소수입니다. 생태학을 연구하는 과학자도 현장의 토양이나 물을 채취해서 실험실로 가지고 옵니다. 그러고는 실험실에서 이를 분석합니다. 몇몇 분야를 빼고는 대부분의 과학자들이 아예 '자연'에 나가거나 돌아다니지도 않습니다. 초파리를 가지고 실험하는 과학자가 많은데, 이들의 초파리는 실험실용으로 특수하게 표준화된 것들이지, 집에 돌아다니는 파리를 잡은 것이 아닙니다. 실험실에서 사용하는 쥐도 마찬가지입니다. 초파리나 쥐를 연구하는 이유는 초파리나 쥐에 대해서 더 잘 알고 싶어서가 아니라, 유전, 암, 질병 등 다른 생물학적인 현상을 이해하고 싶어서입니다.

실험실에 '자연'은 어디 있을까요? 거대한 가속기를 사용해서 새로운 입자를 발견하면 그것이 자연의 일부일까요? 가속기 실험실에서 발견되는 입자들 중에는 우리 주변의 자연에 아예 존재하지 않는 것들도 많이 있습니다. 과학자들은 이런 입자들을 우주가 창조되던 빅뱅 시점에는 존재했다가 지금은 사라져버린 입자라고 봅니다. 즉, 가속기를 통해서 현재의 물질을 구성하는 소립자만이 아니라, 빅뱅 당시의 우주를 연구한다는 것이지요. 이렇게 과학자들은 실험실에서 자연을 비틀어서 정상 상태의 자연에서는 볼 수 없는 현상들을 만들어냅니다. 베이컨의 비유를 들자면 동굴 속에서 잠자는 호랑이의 꼬리를 비틀어서 깨우는 일을 한다는 것이지요.[1]

과학자들은 언제부터 실험실에서 자연을 비틀기 시작했을까요? 중세 과학자 로버트 그로스테스트는 큰 유리구에 물을 담고 햇빛을 비추어 무지개를 만들었습니다. 하늘 높이 맺힌 물방울은 눈에 보이지도 않고 잡히지도 않기 때문에, 그 모형을 만든 것이지요. 그의 연구는 무지개가 대기 중에 떠 있는 둥근 물방울의 작용에 의한 것임을 보여주는 것이었습니다. 실험실에서 만든 모형은 실제 자연에서는 볼 수 없는 미시적인 현상을 가시적으로 드러나게 했던 것입니다.

같은 중세 시대에 과학자들은 자연스럽게 가속하는 운동의 경우, 단위시간마다 물체가 운동한 거리가 1:3:5:7…의 비율이라는 것을 알고 있었습니다. 갈릴레오는 물체를 떨어트릴 때 생기는 자유낙하운동이 이런 자연스러운 가속운동이라고 생각했는데, 이를 증명하기가 매우 힘들었습니다. 대부분의 자유낙하운동에서 물체는 너무 빨리 떨어지기 때문입니다. 갈릴레오는 자신의 다락방에 긴 경사면을 만들어놓고, 물체를 자유낙하시키는 대신에 이 경사면에서 굴렸습니다. 물체가 천천히 굴러떨어지면 같은 시간에 진행한 거리를 더 쉽게 알 수 있었습니다. 갈릴레오는 경사면으로 측정하기 힘든 자유낙하를 상대적으로 쉽게 측정할 수 있는 운동으로 바꿔버렸습니다. 어떤 의미에서 그로스테스트와 갈릴레오의 방은 물리학 실험실의 축소판이었습니다.

여기에 연금술사들의 '부엌'도 포함시켜야 합니다. 연금술사들은 부엌에 은밀하게 만든 실험실에서 여러 가지 금속을 섞고, 증류하고, 분리하곤 했습니다. 마치 요리를 하듯이 말이죠. 이들의 목적은 자연에 존재하는 신비로운 힘들을 이용해서 금속을 변환시키는 데 있었습니다. 돌을 금으로 바꾸려 했

16세기 독일의 삽화가가 그린 연금술사 하인리히 쿤라스의 실험실. 한쪽에는 화학 기기들이 있고, 그림 왼편의 연금술사는 기도를 하고 있습니다.

던 것입니다. 17세기 과학혁명을 거치면서 연금술사들의 부엌은 서서히 화학 실험실로 진화합니다.[2]

이렇게 과학자들은 실험실에서 자연을 '길들입니다'. 어떻게 자연을 길들이는 걸까요? 중고등학교 과학 실험실에 가 보면 가장 먼저 눈에 띄는 것은 실험 기구들입니다. 조각난 세포들을 던져주고 학생들에게 이에 대해서 연구하라고 하면 별로 할 게 없습니다. 그렇지만 원심분리기가 있다면 할 수 있는 게 많아집니다. 조각낸 세포 용액을 원심분리기에 넣고 돌리면 가장 무거운 것이 바닥에, 가벼운 것이 위로 분리됩니다. 바닥부터 핵, 엽록체, 미토콘드리아, 리보솜 등을 분리해서 얻어낼 수 있고, 각각의 비율을 볼 수 있을 뿐만 아니라 분리된 각각의 특성을 연구할 수도 있습니다. 이렇게 실험 기구들은 실험실의 필수품입니다. 과학자가 맨손으로 할 수 있는 것은 많지 않습니다. 과학자는 기구를 사용해서 자연을 교란시키고, 이런 상태에서 새로운 질서를 얻어냅니다.

과학자는 기존의 기구를 구해서 쓰기도 하지만, 어떤 경우에는 새로운 기구를 만들어내기도 합니다. 미국의 과학자 앨버트 마이컬슨은 우주를 꽉 채우고 있다고 알려진 에테르의 존재를 발견하기 위해서 정밀한 간섭계를 제작했습니다. 그는 창의적으로 실험을 고안하고 이를 가능케 할 간섭계를 제작해서 측정을 했지만, 그가 믿었던 에테르의 효과를 입증하는 데에는 실패했습니다. 그렇지만 마이컬슨은 간섭계의 제작으로 1907년에 노벨 물리학상을 받습니다. 그의 실험은 아인슈타인의 특수상대성이론으로 설명이 됩니다. 그런데 얘기가 여기에서 끝나지 않습니다. 마이컬슨의 간섭계는 100년이 지난 뒤

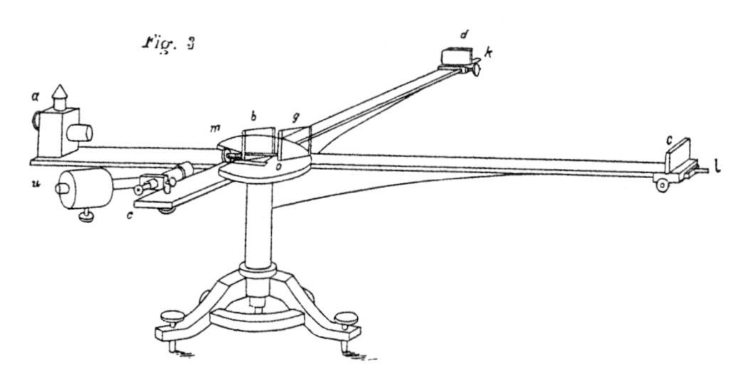

마이컬슨의 간섭계(1881). 그의 첫 간섭계는 테이블 위에 놓을 수 있는 작은 크기였고, 후기 간섭계는 더 커져서 실험실의 한쪽 공간을 다 차지했습니다.

에 훨씬 더 커지고 정밀해져서 중력파를 발견하는 데 사용됩니다. 노벨 과학상 수상자들 중에는 새로운 기구를 만든 사람들이 상당히 많이 포함되어 있습니다. 새로운 기구의 발명이 과학의 진보에 미치는 영향이 크다는 것을 과학계가 잘 알고 있기 때문입니다.

따라서 실험실에서 일어나는 일은, 인간 행위자인 과학자가 비인간 행위자인 기구를 사용해서 비인간 행위자인 자연을 조작하고, 통제하고, 길들이는 일이라고 볼 수 있습니다. 이런 과정은 실험실 내에서 인간-비인간이 서로 힘겨루기를 하다가, 결국 어떤 지점에서 타협이 이루어져서 인간-비인간의 새로운 네트워크가 생기는 것으로 해석할 수 있습니다. 실험실의 과학자는 작은 규모의 이런 새로운 네트워크를 만들어내는 사람입니다.

이 과정에서 사실, 이론, 현상이 얻어지면 과학자들은 논문을 씁니다. 혹은 논문 대신에 특허가 나오기도 하고, 새로운 시료나 실험동물이 만들어지기도 합니다. 혹은 유용한 기술, 백신이나 신약 같은 혁신적 결과물이 만들어지기도 합니다. 이런 논문, 시료, 실험동물, 기술, 백신, 신약은 실험실에서 만들어져서 실험실 밖으로 나옵니다. 이런 것들은 다른 동료 과학자들의 실험실로 옮겨 다니거나, 공장으로 가기도 하고, 보건소나 학교 같은 공공기관으로 가기도 합니다. 그것들은 우리 사회를 구성합니다.

과학자들이 쓴 논문 자체도 사회 속으로 들어갑니다. 물론 논문을 직접 읽는 사람들은 많지 않겠지만, 그중에 중요한 것들은 쉽게 다시 쓰여 많은 이들에게 읽힙니다. 아인슈타인이 쓴 특수상대성이론, 일반상대성이론 논문을 직접 읽은 일반인은 거의 없겠지만(사실 요즘 과학자들도 이런 예전 논문들은 읽지 않습니다), 그가 쓴 『상대성이론』(1916)이란 책은 많은 사람들이 읽었습니다. 2016년 2월에 있었던 중력파 발견에 대한 논문 원본을 읽은 사람은 거의 없지만, 많은 시민들이 언론과 인터넷을 통해 이를 접합니다. 이렇게 실험실 밖으로 나온 논문, 시료, 실험동물, 백신, 신약은 다른 실험실과 사회의 구석구석으로 옮겨 다니면서 우리 사회를 '실험실화'합니다.

과학기술학의 이론 중에 '행위자 네트워크 이론'은 이런 움직임에 주목합니다. 이 이론에서 '네트워크'라고 하는 것은 실제 어떤 연결망이라기보다는, 이런 움직임의 궤적을 의미합니다. 그런데 여기에서 네트워크를 구성하는 존재에 인간만이 아니라 비인간이 포함된다는 것을 주목할 필요가 있습니다. 행위자 네트워크 이론의 핵심은 과학이라는 네트워크가 인간 행위자와 비인간 행위자의 끊임없는 이합집산으로 구성되어 있다는 것입니다. 과학자는 동료 과학자들이나 정부 기관에서 연구비를 관리하는 관료만이 아니라, 과학 정책을 입안하는 국회의원이나 정치인만이 아니라, 실험실의 비인간들과 밀접한 네트워크를 만들어야 합니다. 이런 비인간들을 길들일 수 있는 사람은 실험실을 가진 과학자뿐이기 때문입니다.

과학을 인간-비인간의 네트워크라고 보았을 때 네 가지 정도의 새로운 이해가 얻어집니다. 우선 첫 번째로, 과학과 기술의 엄격한 구분은 더 이상 유지되기 힘듭니다.* 기술은 과학의 주변이 아니라 핵심입니다. 과학이 기술을 낳는 경우는 잘 알려져 있습니다. 그런데 거꾸로 기술의 발전이 과학의 진보를 가져오는 경우도 많습니다. 증기기관이라는 새로운 기술이

* 과학과 기술은 그것을 하는 사람들의 동기나 추구하는 목표에 따라서 물론 차이가 있습니다. 여기에서는 이런 차원이 아니라, 조금 더 근본적인 차원에서의 구분이 존재하기 힘들다는 얘기를 하는 것입니다.

만들어졌을 때 열역학이 발전한 것이 일례입니다. 증기기관이 과학자들에게 열현상을 연구할 작은 실험실을 제공해준 것이지요. 과학과 기술은 하나의 네트워크 속에 밀접하게 연결되어 있으며, 이런 의미에서 과학, 기술 대신에 '테크노사이언스'라는 말을 사용할 수 있습니다.

천문학은 관찰을 하는 과학입니다. 물리학이나 화학과 달리 천문학에서는, 아주 특수한 경우를 제외하고는, 실험을 하지 않습니다. 그렇지만 천문학 역시 수많은 기기와 이를 다루는 천문학자들의 네트워크에 의존합니다. 8미터 이상의 망원경을 사용하는 큰 천문대의 내부에서는 각각의 사람들이 관측에 필요한 다양한 기기들을 관장합니다.

다음 설명은 천문학자 성언창 박사의 설명을 직접 인용한 것입니다. 천문학 관측에 얼마나 많은 기기들이 사용되고, 이것들이 컨트롤 룸에서 어떻게 조정되고 조율되는지를 잘 알 수 있습니다.

> 마우나케아에 있는 제미니 8미터 망원경 컨트롤 룸입니다. 모니터 8~10개가 한 조로 이루어져 있는 패널이 셋입니다. 사진에서는 왼쪽 구석 패널이 안 보이지만, 왼쪽 구석 패널에는 모니터가 10개입니다. 사진에서 왼쪽 구석에 조금 나온 곳에 앉아 있는 사람이 망원경 오퍼레이터인데, 이 사람의 임무는 망원경과 관련된 각종 기기의 상태를 점검하고, 관측자가 원하는 천체로

망원경을 이동하고, 망원경 초점을 맞추고, 온도, 습도, 망원경 상태에 따라 관측을 계속할지 중단할지를 결정하는 것입니다. 가운데 패널에 앉은 사람은 야간 보조Night Assistant로 일반적으로 천문대 소속 천문학자가 맡습니다. 이 사람은 관측자의 관측을 도와주는 사람으로 관측자가 천체를 어떻게 관측할지를 결정하면 그것에 이 망원경과 기기가 타당한지, 아니면 다른 좋은 방법이 있는지 조언하는 역할을 합니다. 맨 오른쪽 패널(사진에서 가운데)이 관측자Observer의 패널로 실제적으로 관측 시간을 배정받아 관측을 수행하는 사람입니다. 관측 방법, 노출, 천체의 관측 순서 등을 결정하게 됩니다.

관측자의 모니터 8개는 다음과 같이 구성됩니다.

1) 관측지의 습도, 풍속, 기온, 망원경 거울 온도 등의 기상 상태를 보여 주는 모니터
2) 망원경의 위치와 상태를 보여 주는 모니터
3) 그날 저녁의 관측 스케줄(누가 어떤 기기를 써서 언제 어떻게 관측을 할지)을 보여주고 수정할 수 있는 모니터
4) 관측 기기의 상태 데이터를 나타내는 모니터
5) 관측하고 있는 천체가 원하는 관측 기기의 위치(슬릿이나 파이버 위치 등등)에 제대로 들어왔는지를 모니터링하고 조정할 수 있는 모니터
6) 실제 관측을 명령하거나 중단하고, 디스플레이를 키-인

마우나케아에 있는 제미니 8미터 망원경 컨트롤 룸. 8~10개의 모니터 앞에 연구원들이 망원경으로 우주를 관찰하고 있습니다.

할 수 있는 텍스트 모니터

7) 이 명령에 따라 노출한 CCD 영상을 디스플레이할 수 있는 모니터

8) 관측되어 하드디스크에 저장된 데이터를 불러 관측 결과를 확인할 수 있는 모니터

이 설명에서 보듯이 현대 과학은 인간-비인간의 네트워크로 작동합니다. 망원경은 물론 컴퓨터도 단순히 천문학자가 사용하는 도구가 아닙니다. 그것들은 이미 천문학의 핵심, 아니 그 본질essence이라고 할 수 있습니다.

두 번째로, 테크노사이언스의 핵심은 이동성입니다. 테크노사이언스 네트워크는 고정된 연결망이 아니라, 움직임의 궤적 혹은 흔적입니다. 네트워크를 철조망과 같은 것으로 이해

하면 안 됩니다. 사람과 물체들의 움직임이 네트워크입니다. 네트워크를 확장한다는 것은 움직임을 확장하는 것입니다.

그런데 사물과 사람 중에는 움직이기 쉬운 것이 있고 그렇지 않은 것이 있습니다. 가장 움직이기 힘든 것들 중 하나가 사람의 머리에 들어 있는 지식입니다. 뇌를 꺼낼 수 없는 이상, 머릿속에 든 지식은 그 사람이 움직여야 다른 곳으로 이동할 수 있습니다. 이런 이동을 쉽게 만드는 방법은 지식을 머리에서 꺼내서 활자화하는 것입니다. 지식을 논문이나 책으로 활자화하면 이동이 쉬워집니다.[3]

자연도 움직이기 어렵습니다. 브라질에 있는 정글을 유럽의 실험실로 옮길 수 없습니다. 그래서 과학자들은 사진을 찍고 샘플을 채취합니다. 사진과 샘플은 정글보다 옮기기 쉽기 때문입니다. 그런데 A라는 과학자가 정글에서 채취한 샘플과 B라는 과학자가 채취한 샘플이 다르다면 이들이 소통하기가 힘들겠지요. 그 차이가 진짜 샘플의 차이인지, 혹은 샘플을 채취한 방법에 차이가 있기 때문인지 알 수 없습니다. 그래서 정글을 연구하는 과학자들은, 식물과 토양의 샘플을 채취하는 표준적인 방법을 개발해서 공유합니다.

이게 '표준'의 역할입니다. 표준은 테크노사이언스의 네트워크를 확장하게 하는 데 필수적입니다. 테크노사이언스가 열차라면 표준은 열차를 달리게 하는 선로 같은 것입니다. 선로가 일정해야 열차가 달릴 수 있습니다. 표준이 잘 갖춰져야 테크노사이언스라는 열차는 사막과 오지를 힘차게 달릴 수 있는 것입니다. 따라서 표준을 정하고, 그 정밀도를 높이는 데 많은 과학자와 기술자들이 매달리고 있으며, 각국의 정부는 상당한 예산을 여기에 투입하고 있습니다.

세 번째 이해로 과학자에 대해서 완전히 다른 이미지를 가질 수 있습니다. 인간-비인간의 네트워크를 생각할 때, 과학자는 그 네트워크의 설계자이자 건축가builder입니다. 뛰어난 과학자들은 결코 혼자 실험실에 처박혀서 연구를 하는 존재가 아닙니다. 뛰어난 과학자는 네트워크를 만드는 사람이고, 이를 위해서 여러 사람들과 협력적인 동맹을 맺는 사람입니다.

다윈과 아인슈타인은 고독한 은둔자로 그려지곤 했지만, 다윈은 진화론을 발견하는 과정에서 찰스 라이엘, 조지프 후커, 알프레드 러셀 월리스 등의 동시대 과학자들과 교류했고, 맬서스의 생존경쟁이론을 채용했으며, 이름 없는 동물 사육사로부터도 큰 영향을 받았습니다. 아인슈타인의 일반상대성이론은 아인슈타인이 1907년부터 1915년 사이에 혼자서 발전시킨 이론으로 흔히 알려져 있지만, 이 과정을 자세히 살펴보면 에르빈 프로인틀리히, 그로스만, 베소, 포커, 막스 아브라함, 노르트스트룀, 코틀러, 미, 힐베르트로부터 영향을 받았습니다.

과학자들이 맺는 동맹은 동료 과학자들에게만 국한되지 않습니다. 과학자들은 정치인, 기업가, 투자자, 관료, 군인들을 설득해야 할 때도 있습니다. 파스퇴르와 그의 후예들은 백신을 의무화하기 위해서 동료 과학자들, 정치인들, 관료들을 설득해야 했습니다. 그런데 이게 전부가 아닙니다. 무엇보다도 통제하기 힘든 백신을 잘 길들여야 했습니다. 잘 되지 않는 실험으로 미래의 불확실성을 안고서 프로젝트를 지속해야 할 때도 있는 것입니다.

2차 세계대전 동안 미국 로스앨러모스의 실험실에서 원자폭탄을 만들었던 과학자들은 자유로운 소통과 군대의 통제 사이의 갈등 속에서 불만에 차 있었는데, 연구실 소장이었던 오펜하이머는 이런 갈등을 잘 해결해서 실험실의 군사화를 막았습니다. 오펜하이머는 원자폭탄을 만드는 방사능 물질의 임계질량이 불확실하고 실험을 할 수 없다는 상황을 안고서 우라늄과 플루토늄이라는 까칠한 비인간들, 그리고 과학자와 군인이라는 상반된 집단의 아슬아슬한 네트워크를 잘 이끌고 나갔습니다. 그래서 그를 기억하는 과학자들은 그를 '카리스마'를 가진 인물이라고 묘사합니다.[4]

이런 사실들을 고려한다면 어두운 실험실에서 인류를 말살하기 위해 홀로 실험에 몰두하는 '매드 사이언티스트(미친 과학자mad scientist)'가 왜 현실성이 떨어지는지 분명해집니다. 프랑켄슈타인 박사 같은 매드 사이언티스트가 연구를 지속하려면 수많은 사람들과 비인간들을 자기편으로 만들어야 하는데, 이는 골방에 처박힌 사람이 할 수 있는 일이 아니기 때문입니다. 매드 사이언티스트는 과학 소설에서나 가능한 얘기입니다.

성공적인 과학자는 프랑켄슈타인 박사보다는 사업가, 정치인과 공통점이 많습니다. 과학자가 비즈니스를 하고 정치를 한다는 의미가 아닙니다. 사업을 하는 사람들이 기계, 공장, 사람, 법, 제도, 문화, 소비자 등을 생각하고, 정치인이 시민들의 상충되는 요구를 포용하고 아우르면서 다양한 행위자들 사이의 가장 조화로운 관계를 모색하듯이, 과학자도 그렇다는 것입니다. 파스퇴르처럼 성공한 과학자는 프랑켄슈타인보다는 나폴레옹과 닮은 점이 많습니다. 과학자와 나폴레옹에게 차이가 있다면 과학자는 실험실에서 비인간을 다룬다는 것입니다. 이런 차이점이 없는 과학자는 그저 장사꾼에 지나지 않습니다. 파스퇴르는 세균을 잘 길들여서 백신을 만들고 이를 발판으로 자신의 네트워크를 확장시켰지만, 황우석 박사는 자신의 실험실에서 줄기세포를 길들여 동맹을 맺기 전에 정치인, 관료, 기자, 일부 의사들과 인간적인 관계만 맺었기 때문에 실패했습니다.

마지막으로 과학을 테크노사이언스의 네트워크로 보는 관점은 과학 정책에서 세 가지의 새로운 비전을 제시합니다. 우선 기초과학과 기술의 상보적인 네트워크를 만들고, 이를 매개해주는 과학 기기 같은 것에 더 많은 관심을 가질 것을 요구합니다. 기기는 과학과 산업기술을 이어주는 중요한 매개물입니다. 한 나라의 과학 수준은 그 나라의 과학 기기 수준을 보면 알 수 있습니다. 과학은 이론, 실험만이 아니라 기기를 만드는 것까지 포함하여 총 세 가지 층위로 되어 있습니다.[5]

두 번째로 여러 가지 표준을 선점하거나 표준 제정 기구에 참여하는 것이 중요하다는 것을 알 수 있습니다. 앞에서 지적했듯이, 표준은 테크노사이언스라는 열차가 실험실을 나와서 세상을 힘차게 달릴 수 있게 하는 선로와도 같기 때문입니다.

세 번째로 성공적인 과학은 실험실에만 머무는 것이 아니라 실험실에서의 연구를 실험실 외부로 확장하는 것을 포함한다는 사실을 알 수 있습니다. 과학 연구가 실험실 외부로 나오는 방법에는 논문, 시료, 표준, 시약, 치료제, 상업화된 기술 등 여러 가지가 있습니다. 이런 것들은 과학의 네트워크를 확장할 뿐만 아니라, 우리 사회를 바꿉니다.

그래서 "내게 실험실을 달라, 그러면 지구를 들어 올리겠다"라는 얘기가 나온 것입니다. 실험실은 아르키메데스의 지렛대입니다. 실험실을 생각하면 그 속에서 인간-비인간, 과학-기술, 순수-응용의 엄격한 구분은 무너져 내립니다. 이제 이 책에서 '과학', '기술', '과학기술'이라는 단어를 사용할 때, 우리가 얘기하려는 것은 '테크노사이언스'라는 점을 염두에 두시길 바랍니다.

고속도로, 과속방지턱, 안전벨트, 경로석

"성공하려면 네트워크를 잘 만들고 유지하라"라는 얘기를 종종 듣습니다. 어릴 때 친구가 자라서 벤처 사업의 동업자가 되는 경우도 있고, 젊었을 때 친구가 중년의 위기에 자신을 도와주기도 합니다. 과학에서도 좋은 친구를 사귀고, 좋은 동료를 만드는 게 중요합니다. 같이 대학을 다니며 사귀었던 친구가 나중에 동료가 되고, 동업자가 되는 경우가 많습니다. 젊을 때 알았던 관료가 나중에 국장이 되어 큰 프로젝트를 함께 입안할 수도 있습니다. 그래서 스스로가 믿을 만한 사람이 되고, 주변에 믿을 만한 사람들을 가까이하는 게 중요합니다.

테크노사이언스 네트워크에서도 이런 관계가 중요합니다. 그렇지만 테크노사이언스 네트워크는 인간과 비인간으로 이루어진 네트워크라는 사실을 항상 잊지 말아야 합니다. 따라서 비인간을 잘 다루는 것이 네트워크의 성공을 위해서 중요합니다. 비인간은 인간인 우리가 혼자서는 할 수 없는 새로운 가능성을 제공하기 때문입니다. 인류는 돌로 도끼를 만들면서 다른 동물들과 구별되는 행동을 하기 시작했습니다. 인류의 기원과 그 고유한 진화의 특징에 대해서는 아직 미지의 부분이 있지만, 도구의 역사는 분명히 인류의 역사와 상당 부분 중첩됩니다. 여기에서 말하는 비인간에는 도구만 포함되는 것이 아닙니다. 비인간은 인간이 아닌 존재 전부를 총칭합니다. 비인간에는 기술 이외에도 자연물, 동식물, 세균, 논문, 지도, 활자, 그림, 소리처럼 여러 유형이 있습니다.

우리가 일상에서 만나는 대표적인 비인간은 기술입니다. 기술이 제공하는 가능성은 매일 사용하는 핸드폰만 봐도 잘 드러납니다. 핸드폰 때문에 우리는 멀리 떨어진 친구나 애인의 목소리를 듣고 얼굴을 봅니다. 요즘은 스마트폰으로 인터넷 검색도 하고 카카오톡과 같은 메신저도 주고받습니다. 동호회에 가입을 하고 SNS를 통해 더 많은 사람들을 사귀지요.

그렇지만 기술과 같은 비인간이 우리를 제약하기도 합니다. 핸드폰 때문에 퇴근 시간도, 주말도 소용이 없다고 한탄하는 사람들이 많습니다. 상사로부터 시시각각 이메일과 카카오톡이 오고, 이런 연락을 받으면 답을 하지 않을 수 없기 때문입니다. 극단적인 경우에는 SNS 중독과 같은 부작용이 나타나기도 합니다. 기술은 우리에게 가능성과 제약을 동시에 부과합니다.

어떤 기술은 도덕적인 태도를 강요합니다. 우리나라에서 판매하는 핸드폰은 사진을 찍을 때 '찰칵' 소리가 나도록 장치가 되어 있습니다. 이 소리는 동의 없이 몰래 다른 사람의 사진을 찍는 '몰카(몰래 카메라)'가 불법임을 계속 상기시킵니다. 더 나아가서 이 장치는 공공장소나 길에서 사진을 찍을 때 내가 찍는 사진이 몰카가 될 수 있는 것은 아닌지 걱정하게 만듭니다. 특히 찰칵 소리에 사람들이 뒤돌아보거나 쳐다볼 때 말이죠.

어떤 이는 이런 장치가 모든 사람을 잠재적인 몰카 촬영자로 만들었다고 분개합니다. 그렇지만 다른 많은 사람들은 이 장치를 환영하면서, 몰카를 찍지 않으면 겁낼 게 없는데 왜 분개하냐며 반박합니다. 또 다른 이들은 기존 카메라의 소리를 없애는 앱application, app이나 무음 카메라 앱이 있기 때문에 이런 기능이 실질적으로 무용하다고 주장합니다. 한국에서는 모든 핸드폰에서 다 찰칵 소리가 나기 때문에 이 소리에 익숙하지만, 외국에서, 특히 조용한 곳에서 핸드폰으로 사진을 찍으려면 이 찰칵 소리 때문에 자주 신경이 쓰입니다. 외국의 핸드폰 카메라는 찰칵 소리가 나지 않기 때문입니다. 외국에는 몰카 범죄가 없을까요? 외국과 한국의 차이는 무엇일까요? 사람들은 이 기술을 지지하는 사람과 그렇지 않은 사람으로 갈리고, 논쟁합니다. 논쟁을 하다가 다투어서 친구나 연인 사이가 멀어지는 경우도 있을지 모르겠습니다. 기술은 문제를 해결하면서 동시에 항상 새로운 문제를 낳습니다.

몰카 문제는 교육으로도, 법으로도, 문화를 바꿔서도 해결할 수 있습니다. 물론 기술로 해결할 수도 있습니다. 그렇지만 완벽한 해결은 있을 수 없습니다. 핸드폰이 없어도 몰카 문제는 일어날 수 있겠지요. 모든 핸드폰에 찰칵 소리가 나는 장치를 만들자고 생각하고 이런 지침을 입안한 관료와 이를 구현시킨 엔지니어는 핸드폰 사용자들이 피해갈 수 없는 어떤 지점을 만들어놓은 것입니다. 핸드폰을 사용하려면, 정상적인 방법으로는 몰카 방지용 찰칵 소리를 피해갈 수 없습니다. 이렇게 어쩔 수 없이 거쳐가야만 하는 지점을 '의무통과지점 obligatory passage point'이라고 부릅니다. 내가 모르는 사이에 매일 100번 이상 CCTV에 찍히듯이, 모르는 사이에 나는 누군가에 의해서 만들어진 의무통과지점들을 숱하게 거쳐갑니다.[6]

20세기 전반기 동안에 뉴욕 시의 구조를 기획하고 설계한 건축가 로버트 모지스는 당시 많은 백인들처럼 인종차별적인 생각을 가지고 있던 사람이었습니다. 그는 전쟁 용사들을 위한 주택을 건설하면서 흑인 병사들을 이곳에 살지 못하도록 했고, 존스 비치 공원을 설계하면서 흑인들을 들어오지 못하게 할 방법을 생각했습니다. 존스 비치 공원에 가기 위해서는 고속도로를 이용해야 했는데, 모지스는 이 도로 위로 설치된 구름다리의 높이를 낮게 만들었습니다. 흑인들이 주로 타고 다니는 버스가 공원으로 진입하는 것을 막은 것입니다. 승용차를 가진 백인들만이 공원에 갈 수 있었던 것이지요. 존스 비치는 백인들만의 쾌적한 공간이 되었습니다. 인공물은 한 사회의 정치적 이데올로기를 담을 뿐만 아니라 이를 강화하는 역할도 합니다.[7]

콤프턴효과의 발견으로 노벨 물리학상을 받고 맨해튼 프로젝트에도 참여했던 물리학자 아서 콤프턴은 전쟁이 끝난 뒤에 워싱턴대학교의 총장을 맡고 있었습니다. 1953년의 어느 날, 그는 자신의 집무실에서 교정을 내려다보다가 교내를 왕래하는 차들이 너무 빠른 속도로 운행하고 있음을 발견했습니다. 학교에는 경비가 있었고, 과속하지 말라는 표지판도 있었지만 별로 소용이 없었습니다. 콤프턴은 학생들의 안전을 위해서 차량 속도를 제한하는 방법을 생각하다가 과속방지턱을 고안하게 됩니다. 이는 놀라운 효과를 거뒀습니다. 운전자들이 과속방지턱 앞에서 속도를 줄이기 시작했습니다. 그래서 점점 더 많은 과속방지턱이 만들어졌습니다. 지금은 합성수지로 만들어져서 간단히 설치할 수 있는 제품들도 나옵니다. 운전자들이 과속방지턱 앞에서는 마치 경찰을 만난 것처럼 속도를 줄이기 때문에, 영국에서는 과속방지턱을 '잠자는 경찰'이라고, 크로아티아에서는 '누워 있는 경찰'이라고 부릅니다.

그런데 왜 운전자들이 속도를 줄이는지 살펴볼 필요가 있습니다. 운전자들은 교정에서 활보하는 학생들의 안전을 생각해서 속도를 줄이는 것이 아닙니다. 운전자들은 자기 차의 서

스펜션이 고장 날까 봐 속도를 줄인 것입니다. 실제로 과속방지턱을 빠른 속도로 넘다가는 차가 고장 날 가능성이 높습니다. 이웃을 배려하라는 말을 한 귀로 듣고 한 귀로 흘리는 사람들도 과속방지턱이 있으면 자기 차를 망가트리지 않기 위해 아파트 내에서 속도를 줄입니다. 과속방지턱이라는 기술은 이타심을 이끌어내기 힘든 사람들의 이기심을 이용합니다. 그런데 결과는 다르지 않습니다. 운전자들이 아파트와 교정에서 속도를 줄이니까요.

안전벨트는 교통사고 사망률을 현저하게 낮춘 기술입니다. 지금 우리가 사용하는 3점식 안전벨트는 20세기 중엽에 발명되어 스웨덴 자동차 볼보에 최초로 사용되었습니다. 이후 포드사에서 만든 차에 안전벨트가 장착되었고, 점차 모든 자동차로 확대됩니다. 안전벨트가 자동차 사고에서 운전자나 탑승자의 사망률을 크게 낮춘다는 것은 여러 가지 경험적인 연구를 통해 사실로 드러났습니다.

그렇지만 문제는 사람들이 여러 가지 이유에서 이를 지키지 않는다는 것입니다. 사람들은 귀찮아서, 잊어버려서, 옷이 망가질까 봐, 혹은 이를 강제하는 것에 저항하는 의미로 안전벨트를 매지 않습니다. 미착용자들은 벌금을 내도록 법률이 정해져 있지만 그래도 매지 않는 사람들이 많습니다. 그래서 자동차 회사들은 안전벨트를 강제하는 여러 가지 방안을 강구합니다. 자동차 벨트를 매라고 '삐, 삐' 하는 경고음이 첫 번째요, 벨트를 매지 않으면 아예 시동이 걸리지 않는 장치가 두 번째요, 아예 시동을 걸면 자동적으로 벨트가 움직여서 '철컥' 하고 벨트를 매게 하는 장치가 세 번째입니다.

기술은 단지 사고를 미연에 예방할 뿐 아니라, 특정한 도덕적인 관점을 사람들에게 부여합니다. 동승한 아이가 안전벨트를 매지 않았다가 사고를 당하면 운전자에게 비난이 쏟아집니다. 안전벨트를 매주지 않았다는 이유로 무책임한 부모라는 비난이 쇄도합니다.

그런데 이 문제가 그렇게 간단하지만은 않습니다. 아이에게 일반 안전벨트를 채워주면, 사고가 경미할 경우에도 아이가 안전벨트에 질식할 가능성이 커집니다. 따라서 아이에게는 아이용 카시트를 따로 준비해줘야 합니다. 그런데 이런 카시트가 20만 원에 달하고, 연령별로 카시트를 교체해야 하기 때문에 경제적 부담이 만만치 않습니다. 여유가 없는 부모들은 아이가 초등학교에 입학할 무렵이 되면 카시트를 또 살 것인지, 아니면 그냥 카시트 없이 어른이 매는 안전벨트를 매게 할 것인지를 놓고 고민합니다. 혹시 카시트를 달지 않았다가 사고가 나면 어쩌나 하는 생각이 떠나질 않습니다. 사고가 나서 아이가 다치면 사고를 낸 차량보다 자신의 무책임함을 한탄합

니다. 이렇게 기술은 특정한 도덕적인 태도를 강제합니다.[8]

경로석은 서양에서는 보기 힘든 우리나라의 문화입니다. 노인을 공경하는 유교적 문화가 자연스럽게 경로석으로 자리를 잡은 것입니다. 예전에는 지하철이나 버스에 경로석이 따로 없었습니다. 그렇지만 언제부터인가 경로석이 만들어졌고, 이제는 노인들이 지하철이나 버스를 타면 경로석에 앉습니다. 그런데 힘이 없는 노인들에게 자리를 양보하기 위해서 만들어진 경로석이 이후 점차 확대되었습니다. 요즘 경로석에는 노인만이 아니라 장애인, 임산부가 함께 앉을 수 있도록 새로운 표지들이 붙어 있습니다. 노인을 배려하는 마음이 경로석이라는 '의무통과지점'을 낳았고, 이것이 장애인이나 임산부와 같은 다른 사회적 약자에게로 확대되었다고 볼 수 있습니다. 경로석은 사회적 약자를 배려하는 것이 우리 사회의 건강한 발전을 위해서 필요하다는 특정한 도덕적 입장을 우리에게 전달하고 있습니다.

지금까지의 인문학은 인간에 대해서만 주목하고, 사회과학은 인간들 사이의 관계에만 주목했습니다. 인문학자들은 자연 속에서의 인간 본성을 성찰한 헨리 데이비드 소로의 『월든』에서 소로가 오비디우스, 셰익스피어, 다윈, 공자 등을 언급한 데에는 많은 관심을 가졌지만, 그가 지붕을 잇고 도끼에 손잡이를 만들어 붙이는 과정을 기술한 것에는 주의를 기울이지 않았습니다.

다른 사례로는 루소도 있습니다. 루소는『인간 불평등 기원론』2장의 첫머리에서 땅에 울타리를 치고 그 땅이 자기 것이라고 처음 주장한 사람의 얘기를 하는데, 사회과학자들은 이 에피소드를 사유재산의 기원이나 실추된 인간성에 대한 새로운 설명으로 해석했습니다. 그렇지만 사회과학자들은 울타리를 치는 데에 말뚝을 박고 도랑을 파는 기술이 필요하다는 사실에 주의를 기울이지 않았습니다. 이 기술에는 나무를 반듯하게 자르고, 톱질하고, 구멍을 뚫고, 땅을 파고, 배수로를 설치하며, 이를 위해 측량하고 선을 긋는 기술이 필요합니다. 이 단순한 작업에는 삽, 곡괭이, 부삽, 바구니, 밧줄, 반죽, 자, 대패, 도끼, 쐐기, 톱, 불 등의 도구가 동원됩니다. 인간과 인간사회에 대한 이해에 비인간을 배제하면 그 이해는 부분적일 수밖에 없습니다.[9]

우리는 비인간들과 영향을 주고받으면서 살아갑니다. 기술과 같은 비인간 존재들은 우리와 결합해서 일종의 '잡종적 존재'를 만들고, 우리에게 새로운 가능성과 제약을 부여합니다. 이들은 우리의 자유의지를 제한하며, 우리가 특정한 도덕적인 입장을 가지도록 강제하기도 합니다. 이런 의미에서 이들은 '행위자actor'입니다. 사회에 대해서 생각할 때, 인간만이 아니라 비인간들을 중요한 사회 구성원으로 간주해야 합니다. 이런 새로운 비인간들을 만들어내고, 이해하고, 길들임으로써 새로운 네트워크를 만들어내는 것이 테크노사이언스입니다.

테크노사이언스에 대한 이해는 복잡한 현대사회를 이해하길 꾀하는 사회과학의 일부는 물론, 인간의 내면에 대해서 더 깊은 이해를 원하는 인문학의 일부가 되어야 합니다.

까칠한 비인간 행위자들

인문학자들이나 사회과학자들이 기술과 같은 비인간 행위자에 대해서 별반 관심을 두지 않았던 이유는, 이에 대해서는 의미 있는 철학적, 사회적 분석을 할 구석이 많지 않다고 생각했기 때문이었습니다. 인문학자나 사회과학자는 어떤 식으로 풍차를 만들어야 가장 효율적인 풍차를 만들 수 있을까와 같은 기술의 세부사항들은 기술자들이 고민할 문제이며, 기술자들이 가장 잘 해결할 수 있다고 생각했습니다. 아마 이 얘기에 반대하는 사람은 많지 않을 것입니다. 그리고 이들은 더 나아가서 기술자들이 만든 풍차는 인간을 위해 일을 해주는 유용한 도구일 뿐이지 철학적인 고민이나 분석을 할 대상이 아니라고 생각했습니다. 인간이 특정한 목적을 가지고 만들었기 때문에, 기술은 거기에서 벗어날 수 없다는 것입니다. 그런데 과연 그럴까요? 우리는 비인간에 대해서 다 알고 있는 걸까요?

전화선을 예로 들어봅시다. 세계 각국에는 전화선이 거미줄처럼 깔려 있습니다. 전화가 제일 먼저 만들어졌고, 땅덩어리도 큰 미국의 전화선이 제일 복잡할 것입니다. 미국의 전화선이 어떻게 놓여 있는지 다 아는 사람이 있을까요? 아무도 없습니다. 전화선은 100년이 넘는 시간에 걸쳐서 확장되었고, 이후 계속해서 지역적으로 교체되고 새롭게 가설되곤 했습니다. 따라서 지금 미국의 전화선이 어떻게 놓여 있는지 그림을 그릴 수 있는 사람은 아무도 없습니다. 전력선도 비슷합니다. 인터넷도 마찬가지입니다. 세계의 인터넷선들이 어떻게 연결되어 있는지를 아는 사람은 아무도 없습니다. 각각의 회사들은 자신들이 설치한 인터넷선만을 알고 있을 뿐입니다. 그렇지만 전화, 전력, 인터넷은 큰 문제 없이 작동되고 있습니다.

그런데 가끔 문제가 생기기도 합니다. 미국과 캐나다에서는 2003년에 북동부 지역 전체가 정전이 되는 엄청난 사고가 있었습니다. 100개 이상의 발전소가 적게는 7시간, 많게는 이틀 동안 알 수 없는 이유에 의해서 가동을 멈췄습니다. 이 정전은 역사상 두 번째 최악의 정전 사고로 기록되어 있는데, 그 이유는 결국 명백하게 밝혀지지 않았습니다. 사람의 통제나 이해의 범위를 넘어설 정도로 복잡해진 발전·송전 시스템에 과부하가 걸렸다는 것이 유력한 이유입니다. 마치 가지가 너무 많은 나무가 그 무게를 견디지 못하고 부러져버리는 것 같은 일이 전력 시스템에서 일어났다는 것이지요. 복잡한 기술

은 잘 작동하기도 하지만, 잘 모르는 이유로 이렇게 순식간에 폭삭 주저앉기도 합니다.[10]

이렇게 우리의 이해와 통제를 벗어나는 비인간은 실타래처럼 복잡한 기술 시스템에 국한되어 있는 것이 아닙니다. 간단한 존재 '물쥐'를 생각해보지요. 영국의 버밍엄에는 멸종 위기에 처했던 물쥐가 아직 살고 있다고 알려져 있었습니다. 그래서 영국의 과학자들은 생존해 있는 물쥐를 위해 서식지를 마련하는 연구를 시작했고, 이를 위해서 물쥐가 어디에 생존해 있는지를 찾아다녔습니다. 그런데 쉽게 찾을 줄 알았던 물쥐가 생각처럼 잘 발견되지 않았습니다.

물쥐가 발견되지 않았던 이유는 나중에 밝혀졌는데, 예상했던 것과 매우 달랐습니다. 버밍엄의 생태학자들은 도시가 발달하기 전 물쥐의 서식 행태에 대한 지식만을 가지고 있었던 것입니다. 예전에는 자연 상태에서의 물쥐가 다른 쥐들과는 공생할 수 없다고 알려져 있었습니다. 그런데 도시에서 발견된 물쥐의 변소에서는 다른 쥐들의 배설물이 함께 발견되었습니다. 이는 도시에 사는 물쥐의 서식 행태가 다른 쥐들과 함께 사는 방식으로 변했음을 보여주는 증거였지요. 도시의 물쥐는 강의 제방, 하수구, 건물, 인간과 관계를 맺으면서 그 특성이 변했고, 더 이상 과학자들이 알던 물쥐가 아니었던 것입니다. 처음에 과학자들이 이 연구를 시작했을 때에는 물쥐에 대해서 충분히 알고 있다고 생각했지만, 연구를 하는 과정에

서 물쥐는 계속해서 새롭게 알아나가야 하는 논쟁적인 대상으로 변모했던 것입니다.[11]

이런 '까칠함'은 정도의 차이만 있지 모든 비인간에게서 발견됩니다. 조금 복잡하지만, 과학 연구의 사례를 하나 들어보겠습니다. 폴 자멕닉이라는 하버드대학교 의대 교수가 있었습니다. 그는 원래 내과 의사였지만 과학 연구에도 관심이 많아서, 연구를 하다가 아예 연구자로 '전업'했던 사람이었습니다. 그는 1940년대에 암 환자를 보면서 암에 대한 연구를 시작했습니다. 암세포는 일반 세포와는 다른 방식으로 세포 내 대사를 제어하는데, 특히 단백질을 합성하는 비율이 다르다고 알려져 있었습니다. 자멕닉은 단백질 합성이 어떻게 제어되는지 연구하는 것이 암세포와 일반 세포의 차이를 규명하고, 일반 세포가 어떻게 암세포로 전이되는지를 이해하는 데 중요하다고 생각했습니다. 따라서 그는 단백질 합성을 연구하게 됩니다. 처음에는 쥐의 간을 가지고 실험을 하다가 나중에는 대장균을 가지고 실험을 했습니다. 이 무렵이 되면 그는 원래 관심의 대상이었던 암에 대해서는 거의 잊어버리고, 단백질 합성 그 자체만을 깊게 연구하게 됩니다.

그런데 그가 합성한 단백질의 양은 너무나도 미량이었습

니다. 정상적인 생화학적 방법으로는 검출이 잘 되지 않았던 것입니다. 자멕닉은 이 문제에 대해서 고민하다가, 아미노산 중에서 방사능동위원소 ^{14}C를 포함하는 것을 사용하면 방사능 기술을 사용해서 이 동위원소를 검출하는 것이 가능하다는 생각을 하게 됩니다. 따라서 그는 방사능동위원소를 지닌 아미노산으로 실험을 했고, 이 실험은 생각했던 대로 잘 작동했습니다.

그런데 어느 날, 이 방사능동위원소 ^{14}C를 가진 아미노산이 RNA에서도 검출되는 것을 발견하게 됐습니다. 당시까지는 RNA가 단백질 합성에 관여한다는 실제 증거가 전혀 발견되지 않았었기 때문에, 이것은 전혀 예상치 못했던 현상이었습니다. 이에 대해서 고민하던 자멕닉은 이 RNA가 이전까지 보고되지 않았던 새로운 종류의 RNA이며, 단백질 합성에 관여한다고 결론지었습니다. 이렇게 해서 운반RNA[tRNA]가 발견되었던 것입니다. 암 연구에서 시작한 자멕닉의 연구가 운반RNA라는 새로운 RNA의 발견을 낳았습니다. 그가 암세포를 이해하기 위해서 단백질 합성을 연구하기 시작했을 때, 자신의 연구가 운반RNA라는 분자생물학의 중요한 발견을 낳을 것이라고는 꿈에도 생각하지 못했을 것입니다.[12]

그런데 여기에서 이야기가 끝나는 것이 아닙니다. 자멕닉의 단백질 합성 실험 기법이 다른 과학자들에게 알려지게 됩니다. 미국국립보건원에 연구원으로 있었던 마셜 니런버그와 그의 포닥post-doc 하인리히 마태이는 담배모자이크 바이러스를 이용해서 특정한 단백질을 합성하려고 했습니다. 이들은 담배모자이크 바이러스의 RNA가 관여하는 단백질 합성이 주형특이적이라는 것을 보이기 위해서 그 제어자로 합성RNA를 함께 사용합니다.*

그런데 이 과정에서 합성RNA인 폴리우리딜산poly-U이 폴리페닐알라닌 아미노산을 합성한다는 것을 발견하게 됩니다. 당시 많은 과학자들이 RNA가 어떻게 아미노산을 합성하는 것인지 고민하고 있었습니다. 그런데 UUU 서열을 가진 합성RNA를 가지고 실험을 하던 니런버그와 마태이가, 이것이 폴리페닐알라닌 아미노산을 합성한다는 것을 처음으로 발견한 것입니다. 이것은 수십 개의 유전암호 중에서 첫 번째 암호가 해독된 사건이었습니다. 니런버그는 비슷한 방법으로 다른 유전암호도 해독을 했고, 이 실험으로 1968년에 노벨상을 수상하게 됩니다.

자멕닉이 미량의 단백질을 검출하기 위해서 사용한 방사능동위원소는 운반RNA라는 새로운 RNA의 존재를 발견하게 하는 열쇠가 되었고, 니런버그와 마태이가 제어자로 사용했던 합성RNA는 유전암호를 해독하는 결정적인 열쇠가 되었습니다. 이렇게 비인간은 실험실에서조차 인간의 예측을 벗어납니

* 간단히 얘기해서 합성RNA에서는 아무것도 안 만들어지고 실험군에서만 단백질이 만들어진다는 것을 보이려는 목적입니다.

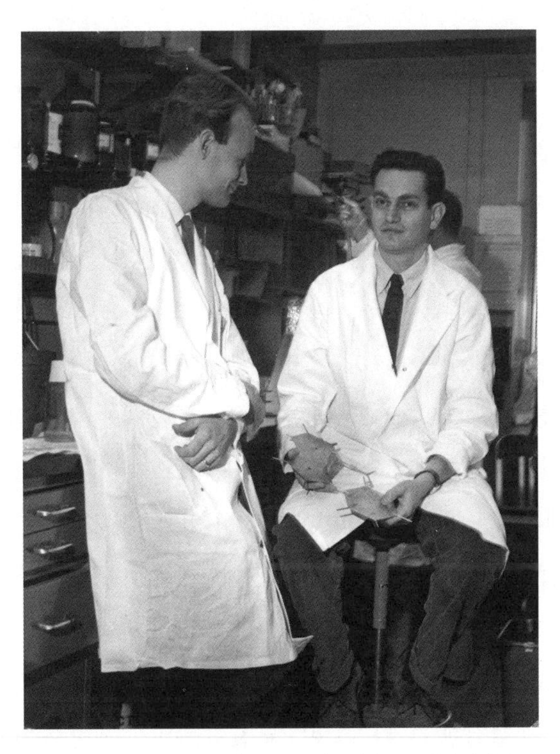

1961년 처음으로 유전자 암호를 해독한 니런버그(우)와 마태이(좌)

다. 예측한 결과와는 다른 실험 결과가 나왔을 때, 이런 변칙 현상에 대해서 고민하다 보면 매우 새로운 이론을 발전시킬 실마리를 얻을 수 있다고 강조하는 과학자들이 꽤 있습니다. 예측한 대로 결과가 나오면 그것은 대부분 평범한 실험이라는 것입니다. 혁신적인 과학 연구는 항상 의외의 '놀람'에서 출발하는 경우가 많습니다.

앞서 비인간 행위자에 대해 얘기하면서 모지스가 설계한 존스 비치 공원도로, 과속방지턱, 안전벨트, 경로석에 관한 얘기를 했습니다. 이런 사례들을 통해서 비인간들이 인간에게 일종의 윤리적인 부담을 지우는 것을 보았지요. 그런데 우리가 공원도로, 과속방지턱, 안전벨트, 경로석에 대해서 충분히 얘기를 했던 것일까요? 우리는 공원도로, 과속방지턱, 안전벨트, 경로석에 대해서 얼마나 알고 있을까요? 우리가 알고 있다고 생각하는 기술들의 역할은 항상 참일까요? 이런 간단한 비인간들도 물쥐와 ^{14}C의 사례처럼 예측과 기대를 벗어나는 일이 있지는 않을까요?

모지스는 존스 비치 공원도로 위를 지나는 구름다리를 전부 낮게 설계했습니다. 그렇다고 흑인들이 이 해변 공원에 갈 수 없었을까요? 뉴욕에서 존스 비치까지는 기차를 타고 가는 방법도 있었습니다. 그렇지만 한참 동안 이 공원을 즐겨 찾는 사람들은 백인에 국한되어 있었습니다. 흑인들이 그곳에 진입할 수 없어서가 아니라, 해변에서 여가를 즐기는 문화가 백인들의 문화였기 때문입니다.

문제는 다른 곳에서 생겼습니다. 모지스가 롱아일랜드 공원도로의 구름다리를 낮게 설계하는 바람에 나중에 컨테이너 트럭처럼 차고가 높은 차들이 이곳을 통과하는 데 어려움을 겪었고, 심지어는 전복 사고도 일어났습니다. 모지스는 가난한 흑인들이 타는 버스가 통과하는 것을 어렵게 하려고 했는데, 몇십 년 뒤에 엉뚱한 컨테이너 트럭이 곤경에 처한 것입니다.[13]

과속방지턱은 자동차의 속도를 줄여 인명 사고를 막기 위해 발명되고 설치되었습니다. 우리 스스로도 경사로나 학교 앞에 설치된 과속방지턱 앞에서 속도를 줄이기 때문에, 과속방지턱이 과속을 막는 효과가 확실하다는 것을 알고 있습니다. 그런데 이런 기능만 있는 것일까요? 과속방지턱은 오토바이 운전자들에게는 상당한 위협입니다. 과속방지턱을 인지하지 못하고 넘었을 때 자동차는 심하게 덜컹거리는 정도지만, 오토바이의 경우에는 전복 사고로까지 이어지는 심각한 문제가 일어날 수 있습니다. 과속방지턱은 자전거에게도 불편을 야기하는데, 영국에서는 자전거 운전자가 과속방지턱을 피하려다 사고가 나서 사망에 이른 경우도 있었습니다. 스포츠카처럼 차체가 낮은 차들은 과속방지턱을 천천히 넘더라도 차 하부가 긁히는 경우가 많습니다. 일반 차량들도 시속 30킬로미터 이상의 속도로 넘으면 하부가 긁히고, 심한 경우에는 핸들 조정에 문제가 생기기도 합니다.

그중에서도 가장 큰 문제는 앰뷸런스입니다. 과속방지턱을 넘어가기 위해서는 앰뷸런스도 속도를 줄여야 하며, 이는 조금이라도 빨리 현장이나 병원에 도착해야 하는 앰뷸런스에게 큰 장애가 됩니다. 하나의 과속방지턱을 넘는 데 10초의 시

앰뷸런스나 소방차가 쉽게 지나가도록 과속방지턱의 폭을 조절한 과속 쿠션

간 지연이 발생한다고 합니다. 2003년에 영국 런던의 앰뷸런스 담당 국장인 시거드 레인턴은 과속방지턱 때문에 앰뷸런스의 도착이 늦어져서 사망한 심장마비 환자가 매년 500명이 넘는다고 주장했습니다. 이 주장은 나중에 철회되긴 했지만, 과속방지턱을 설치한 모든 나라에서 앰뷸런스가 겪는 문제점이 지적되고 있습니다. 소방차도 비슷한 어려움을 겪습니다. 이런 문제를 해결하기 위해서 턱 없이 도로에 색칠만 하는 경우가 늘고 있지만, 이것으로 문제를 충분히 해결하지는 못합니다. 최근에는 차폭이 넓은 앰뷸런스나 소방차는 쉽게 지나가고, 일반 차량은 속도를 줄여야 하는 과속 쿠션이 논의되고 있습니다.

안전벨트는 어떨까요? 안전벨트를 살펴보기 전에 먼저 헬멧을 생각해봅시다. 오스트레일리아에서는 1990년대 초에 모든 연령대의 자전거 운전자들이 의무적으로 헬멧을 착용해야 한다는 법률을 최초로 제정하였습니다. 지금도 이런 강제적인 법률을 가진 나라는 두 곳 밖에 안 됩니다. (다른 한 곳은 오스트레일리아의 이웃 나라인 뉴질랜드입니다.) 오스트레일리아에서도 빅토리아 주가 이 법률을 최초로 입안해서 시행했는데, 시행 후 몇 년 뒤에 조사를 해보니 자전거 사고로 인한 부상, 사망률이 확실히 줄어든 것을 알 수 있었습니다.

빅토리아 주 당국은 이 사실을 자축했지만, 조금 시간이 지나자 부상, 사망률이 줄어든 것은 헬멧을 강제적으로 착용시켜서가 아니라는 것이 밝혀졌습니다. 진짜 이유는 젊은이들 중 자전거를 타지 않는 비율이 늘었기 때문이었습니다. 많은 젊은이들이 헬멧을 쓰고 자전거를 타는 것은 '쿨cool'하지 않다고 생각해서, 더 이상 자전거에 열광하지 않았던 것입니다. 아무래도 더 빠르고 위험하게 운전하는 이들이 자전거를 덜 타니까, 자전거로 인한 사고와 부상, 사망률이 줄었던 것이지요.[14]

심지어 안전장치 중에는 정반대의 결과를 낳는 것도 있습니다. 안전한 경기를 위해서 권투는 글러브를 반드시 껴야 하고, 허리 벨트 아래로는 때리면 안 된다는 식의 엄격한 규정을 가지고 있습니다. 그렇지만 사망사고가 가장 많이 발생하는 경기도 권투입니다. 맨주먹으로 싸우는 격투기보다 사람이 더 많이 죽는 경기가 권투입니다. 12라운드까지 싸우기 때문에 더 많은 타격을 받는다는 이유도 있겠지만, 글러브나 여러 규정이 심판과 선수 모두에게 '이 경기는 안전한 경기겠지'라고 생각하게 만드는 것이 더 큰 이유입니다. 이런 생각이 치명적인 사고를 미리 방지하지 못하게 만드는 요인일 수 있습니다. 안전장비를 잔뜩 착용하는 미식축구에서, 그렇지 않은 럭비보다 부상자가 더 많이 나오는 이유도 같습니다.

안전벨트가 사람의 생명을 구한다는 것은 상식입니다. 우리는 안전벨트가 생명벨트라고 생각합니다. 그런데 안전벨트에 대한 여러 통계들은 사실이 그렇게 간단하지 않다는 것을 보여줍니다. 2009년에 29개의 조사 연구를 메타 분석한 결과에 따르면, 안전벨트는 사고 시 운전자의 부상률을 25퍼센트에서 50퍼센트 정도 감소시킵니다. 치명적인 부상일 경우에 가장 효과가 높고(50퍼센트), 심각한 부상이 그 다음(45퍼센트), 경미한 부상일 때 가장 효과가 낮습니다(25퍼센트). 동승자의 부상률도 비슷하게 줄어들지만, 뒷좌석 탑승자에게는 충분히 효과적이지 못한 것으로 드러났습니다.

더 큰 논란은 안전벨트가 교통사고 자체에 영향을 주는가 하는 문제입니다. 영국 런던대학교의 교수를 역임하고 위험분석 전문가로 활동한 존 애덤스는 안전벨트 착용이 법으로 강제되었던 시기와 그렇지 않던 시기의 사고 데이터를 분석했습니다. 그는 안전벨트 착용의 의무화가 교통사고 부상, 사망률을 줄이지 못했음을 발견했습니다. 영국에서 자동차로 인한 사망률은 자동차가 많이 보급되면서 보행자와 아이들에 대한 여러 안전조치들이 취해진 1965년 이후 꾸준히 감소해왔습니

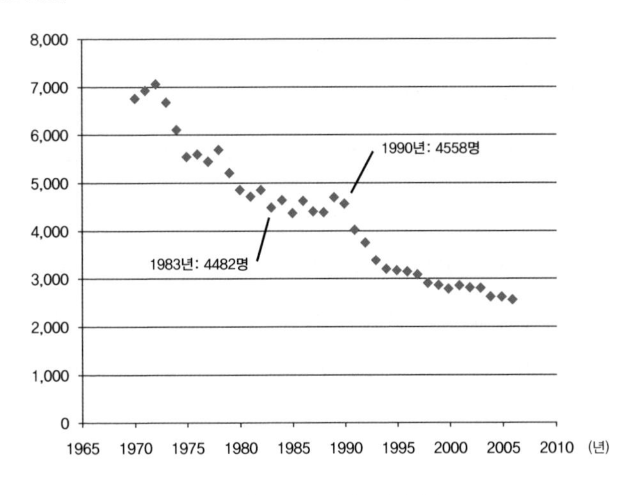

1970~2006년 영국의 교통사고 사망자 수

다. 그런데 안전벨트가 의무화된 1980~90년대 동안에는 사망자 수가 감소되지 않고 오히려 정체되어 있습니다.

존 애덤스는 이런 결과가 운전자가 안전벨트를 착용하면 스스로 안전하다고 생각하고 주변에 신경을 덜 쓰기 때문이라고 주장합니다. 사고의 대부분은 운전자의 실수, 과욕, 운전 미숙, 부주의, 졸음 때문에 일어나는데, 안전벨트를 맨 운전자는 스스로 안전하다고 생각하고 과속을 하거나, 커브길에서 속도를 줄이지 않거나, 행인이나 자전거, 옆의 차에 신경을 덜 쓰거나 한다는 것입니다. 안전벨트마저도 우리가 생각했던 것처럼 그 효과가 그렇게 단순하지만은 않습니다. 기술은 우리의 기

대와 예측을 항상 벗어납니다.[15]

마지막으로 경로석의 사례를 보도록 하겠습니다. 경로석은 노인을 존중하는 문화에서 시작되었습니다. 이런 인공물이 노인을 공경해야 한다는 관념을 우리에게 매일 각인시키고 있는 것도 사실입니다. 그런데 역효과도 만만치 않습니다. 경로석이 지정되기 전에는 노인들이 앞에 서면 젊은이들이 일어나서 자리를 양보하곤 했습니다. 그런데 경로석이 지정된 후에는 일반석에 앉은 젊은이들이 여간해서는 자리를 양보하지 않습니다. 노인을 위한 경로석이 따로 있다고 생각하기 때문입니다.

이제 경로석은 노인만이 아니라 장애인, 임산부가 같이 공유하는 노약자석으로 바뀌었는데, 여기 앉은 임산부들은 좌불안석입니다. 노인들이 와서 "젊은 여자가 노인들 앉는 자리에 앉아 있다"라고 호통을 치기도 하고, 임신을 했다고 밝혀도 "임신한 게 뭐가 대단하냐"라며 야단을 치는 할머니도 있다고 합니다. 노인들은 노인들대로, 젊은이는 젊은이대로, 장애인이나 임산부는 또 이들 나름대로 불만이 많습니다. 트위터 같은 SNS와 인터넷 게시판에는 이런 일을 겪거나 들은 젊은이들의 불만이 쏟아집니다. 경로석이 더 많은 문제를 낳으니까 경로석을 없애자는 주장도 나옵니다. 경로석을 없애면 젊은이들이 자리를 더 잘 양보할 것이라고 생각하는 것입니다. 지금 우리의 경로석은 경로 문화를 유지하는 역할을 하지만, 그에

못지않게 세대 간 갈등을 부추기는 역할도 합니다.

인간은 항상 비인간과 붙어서, 쌍을 이뤄서 존재합니다. '인간만의 세상'은 소설 속에서만 존재하는 가상의 세상입니다. 비인간은 인간이 부여한 역할을 하는 것 같지만, 그것과는 다른, 심지어 정반대의 결과를 낳기도 합니다. 따라서 인간-비인간의 관계들이 어떻게 새롭게 만들어지고, 어떻게 변화하면서, 어떤 예상치 못한 결과를 낳는지 예의 주시해야 합니다. 문제를 해결하기 위해서 만든 기술은 하나의 문제를 해결하지만 다른 문제를 낳습니다. 이런 기술이 새로운 네트워크를 만들기 때문입니다. 비인간의 이런 특성은 사회에서든 실험실에서든 마찬가지입니다. 우리가 만든 비인간에 주의를 기울이고, 또 애정을 가지고 그 궤적을 살피는 일이 과학기술학STS의 역할 중 하나입니다.

인간과 기계의 차이

인간과 기계가 본질적으로 다른 점은 무엇일까요?

아마 여러 가지 대답이 가능할 것입니다. 인간은 감정이 있다, 인간은 자유의지가 있다, 인간은 기계를 만들지만 기계는 인간을 만들지 못한다 등등. 모두 훌륭한 답입니다. 그렇지만 모두 부분적으로만 옳은 답이라고 할 수 있습니다.

네트워크의 관점에서 생각해보면 감정, 자유의지 같은 인간의 고유한 특성이 모두 다 네트워크의 속성을 가지고 있기 때문입니다. 내 감정은 내가 누구와 연결되어 있는지에 따라서 달라집니다. 집에서 혼자 야구 경기를 보는 것도 나쁘지 않겠지만, 이러면서 격하게 흥분하는 사람은 많지 않습니다. 친구나 가족과 같이 보면 즐거움이 배가되고, 야구장에 가면 즐거움이 흥분으로 바뀝니다. 야구장의 초록색 잔디, 원색의 막대 풍선, 전광판, 치어리더들의 흥겨운 춤, 팡파르, 흥겨운 음악, 하늘로 날리는 풍선, 함께 하는 율동 등이 결합해서 내 즐거움을 배가합니다. 혼자서 무인도에 고립되어 있다고 생각해 보십시오. 감정을 표출할 일이 아마 거의 없을 것이며, 시간이 가면서 감정이라는 것 자체를 쉽게 잊어버릴 수도 있습니다. 감정의 많은 부분은 사회적이며, 인간만이 아니라 다양한 비인간의 영향을 받아서 만들어집니다.

자유의지도 마찬가지입니다. 우리는 인간의 자유의지를 칭송해왔습니다. 우주의 행성과 지구상의 미물들은 자유의지를 가지지 못하지만, 인간만이 자유의지를 가진다는 것입니다. 자유의지에 대해서는 철학적이고 신경과학적인 논쟁이 많지만, 여기에서는 자유의지를 '내가 마음먹은 대로' 행동한다는 상식적인 의미로 생각하겠습니다. 그런데 자유의지를 상식적으로만 놓고 보아도 내가 이런 자유의지를 충분히 가지고 있는지는 의심스럽습니다. 내가 무인도에 혼자 산다면 하고 싶은 대로 하겠지요. 그렇지만 실제 현실은 그렇지 못합니다. 나는 가족을 생각해서 하고 싶은 것을 마음대로 못하는 경우가 많습니다. 이웃을 생각해서 집 안에서 쿵쾅거리지도 못합니다. 과속방지턱을 생각해서 과속을 하지 못하며, CCTV를 생각해서 노상방뇨를 하지 못합니다. 추상적이고 철학적인 의미로는 인간이 자유의지를 가지고 있을지 몰라도, 우리에게 의미 있는 현실 세계에서 나의 자유의지는 내가 맺고 있는 인간-비인간의 네트워크에 의해 제약을 받습니다.

인간은 기계를 만들지만 기계는 인간을 만들지 못한다는 얘기는 어떻게 될까요? 이 얘기는 상식적으로 참입니다. 기계가 지식이나 의식을 활용해서 인간을 만들지는 못하니까요. 그렇지만 인간만의 힘으로 기계를 만들 수도 없습니다. 아주 오래전부터 인간은 도구를 만드는 데 다른 도구의 힘을 빌렸습니다. 산업혁명기에는 공작기계라고 불리는 선반, 밀링 머신 등이 만들어져서 다른 기계의 부품을 만들기 시작했습니다. 장인들이 손으로 깎던 기계보다 훨씬 더 정밀한 기계들이 다른 기계의 힘을 빌려 만들어지기 시작한 것이지요. 지금 우리가 사용하는 대부분의 기계들은 기계의 도움을 빌려서, 인간과 기계의 하이브리드hybrid에 의해서 만들어집니다. 인간이 기계를 만든다는 것은 절반만 참입니다.

이 얘기의 역은 어떨까요? 기계는 인간을 만들지 못합니다. 적어도 그렇게 보입니다. 그런데 아이가 만들어지는 과정을 볼까요? 예비 부모들은 임신 초기에 초음파검사를 이용해서 임신 여부와 아이의 건강 상태를 체크합니다. 부모가 아이와 최초로 만나는 것도 초음파를 통해서입니다. 그리고 아이가 치명적인 질병에 걸렸는지 아닌지를 테스트하는 여러 검사를 받습니다. 출산을 할 때에도 자연분만이 잘 안 되면, 수면분만, 유도분만, 제왕절개 등 여러 가지 기술적인 방법을 사용합니다. 아이들은 장난감과 책을 가지고 놀면서 자라고, 수많은 예방주사를 맞으며, 약국과 병원에 가고, 인공적으로 만든 놀이터에서 힘을 키웁니다. 요즘 아이들은 환한 밤에 익숙해져서 귀신과 같은 존재를 잘 믿지 않습니다. 세계사적으로 보아도 귀신, 유령 같은 존재에 대한 믿음은 전기가 도입되고 밤이 환하게 밝아지면서 급속하게 약해졌습니다. 이렇게 인공물과의 관계는 인간이라는 존재 자체를 만들고 유지하는 데, 적어도 인간이 자기 정체성을 만드는 데 핵심적인 역할을 합니다.

인간-비인간의 네트워크를 생각하면 인간만의 본성 같은 것은 얘기하기가 힘들어집니다. 그러기 위해서는 인간을 네트워크 속에서 떼어내서 순전히 생물학적인 존재로만 생각해야 하기 때문이지요. 그런데 이렇게 홀로 살아가는 인간은 세상에 존재하지 않습니다. 우리는 다른 인간들과 관계를 맺으면서 살아가고, 이런 관계는 비인간들에 의해서 새롭게 탄생하고, 증폭되고, 변형되고, 비틀어집니다.

그러면 앞의 질문을 조금 바꿔서, "인간과 기계가 본질적으로 다른 점은 무엇일까요?" 대신에 "기계가 하기 어려운 인간의 행위는 무엇일까요?"라는 질문을 해봅시다. 17세기 프랑스의 사상가이자 과학자였던 데카르트는 "나는 생각한다, 그러므로 나는 존재한다"라는 명제를 제시했습니다. 그는 아주 정교하게 만들어져서 스스로 움직이는 자동인형과 인간의 차이에 대해서 오랫동안 고민했고, 생각한다는 것이 기계와는 다른 인간의 가장 중요한 특성이라고 결론 내렸던 것입니다. 데카르트는 동물이 정교한 기계라고 생각했기 때문에, 생각한다는 특성은 인간과 동물을 구별하는 잣대이기도 했습니다.[16]

지금은 이런 생각을 그대로 받아들이는 사람이 거의 없습니다. 동물도 본능으로만 움직이는 존재가 아니지요. 동물 중에는 사고를 하는 것들도 많고, 영장류의 동물들은 자기가 생각을 한다는 것을 안다는 것, 즉 의식을 가지고 있다는 것이 밝혀졌기 때문입니다. 게다가 기계 중에서도 생각을 하는, 아니 생각을 하는 듯한 기계들이 있습니다. 구글 번역기는 인간이 하듯이 번역을 합니다. IBM의 슈퍼컴퓨터 딥블루Deep Blue는 1997년에 세계 체스 챔피언 카르파로프를 이겼고, 역시 IBM의 슈퍼컴퓨터 왓슨Watson은 2011년에 퀴즈쇼 〈제퍼디!〉의 세계 챔피언들을 이겼습니다.[17] 구글의 무인 자동차는 290만 킬로미터를 달리는 동안 단 13번의 경미한 충돌사고가 있었는데, 모두 다른 자동차들이 후반에서 추돌한 경우였다고 합니다. 구글 자동차의 운전 미숙 때문에 일어난 사고는 한 건도 없었다는 것이지요. 게다가 컴퓨터로는 도저히 정복할 수 없다고 알려진 바둑마저도 컴퓨터가 이겼습니다. 2016년 3월에 구글의 인공지능 자회사 딥마인드에서 만든 알파고는 세계 챔피언 이세돌 9단을 4 대 1로 이겼습니다.

이 기계들은 인간이 하듯이 사고를 하는 것일까요? 여기에는 두 가지 문제가 있습니다. 알파고를 예를 들자면, 바둑은 잘 두지만 자신이 이겼다는 사실도 모른다는 것이 첫 번째 문제입니다. 4국에서 패하면서 돌을 던졌지만, 자신이 돌을 던졌다는 것도 모른다는 얘기입니다. 알파고는 그냥 복잡한 계산기계라는 것이지요.

이런 문제는 무인 자동차의 경우에 특히 심각합니다. 무인 자동차는 프로그래머가 심어둔 프로그램에 따라 판단을 합니다. 자동차가 두 사람을 치게 된 상황에서, 이들을 구하려면 운전자를 희생해야 한다고 해봅시다. 사람이라면 이 순간에 본능적인 판단으로 핸들을 꺾거나, 보행자를 칠 것입니다. 어떻게 해도 그 행위의 책임은 운전자에게 있습니다. 그렇지만 무인 자동차에는 사회적으로 용인된 규범에 맞는 프로그램을 심게 됩니다. 두 명을 구하고 운전자 한 명을 희생하는 쪽이 될지도 모릅니다. 이런 경우라면 무인 자동차를 구입하는 운전자들이 거의 없겠지요. 반대로 두 명을 희생하고 운전자를 구하는 쪽으로 프로그래밍된다면, 사회적인 비판과 비난이 가해질 가능성이 높고, 이런 저항으로 무인 자동차의 도입이 어려워질 수도 있습니다.

두 번째 문제는 이들이 인간이 배우듯이 세상에 대해 배우는 것이 아니라는 점입니다. 인간은 비교하고 차이를 익히면서 세상을 배웁니다. 어린 아이들은 오리를 보면 그것이 무엇인지 물어보고, 다른 오리를 보면 또 물어보고 하면서 오리가 무엇인지 익힙니다. 그리고 백조를 보면 그것이 무엇인지 물어보면서, 오리와의 차이를 직관적으로 파악합니다. 물론 이렇게 사물을 파악하는 과정에서 실수를 합니다. 그렇지만 어른들이 이런 실수를 고쳐주곤 하면서, 아이들은 결국 이 세상 사물들의 동질성과 이질성을 익혀나갑니다.

그렇지만 컴퓨터는 이런 식으로 사고하는 법을 배우지 않습니다. 그래서 구글 번역기는 '옛날에 백조 한 마리가 살았습니다'라는 문장을 'The 100,000,000,000,001 lived long ago'라고 번역하기도 합니다. '백조 한'이 100,000,000,000,001(100조 1)이 되는 것입니다. 새의 한 종류인 백조와 숫자 100조를 구별하지 못해서 이런 우스운 결과가 나오지요. 어린 아이들도 잘하는 개와 고양이를 구별하는 작업이 컴퓨터에게는 매우 어려운 일입니다. 그래서 요즘 구글에서는 연관 검색어들을 이용해서 컴퓨터로 하여금 지식을 스스로 배우게 하는 시도가 이루어지고 있습니다.*

기계가 인간처럼 사고하는 것이 아니라면, 지식은 어떨까

* 예를 들어 사람들이 토머스 제퍼슨을 검색하고 독립 선언을 검색한다든가, 토머스 제퍼슨을 검색하고 벤저민 프랭클린을 검색하면 토머스 제퍼슨, 독립 선언, 벤저민 프랭클린이 서로 관련 있다고 배우는 것입니다.

요? 인간이 지식을 가지고 있듯이 기계도 지식을 가지고 있다고는 말할 수 있을까요? 이 문제에 답하기 위해서는 인간의 지식 자체를 어떻게 분류할 수 있는지 생각해볼 필요가 있습니다. 인간과 기계와의 관계에 관련된 논의에서 지식을 나눌 때 가장 많이 쓰는 기준은 암묵지와 형식지입니다.

암묵지tacit knowledge는 헝가리 출신의 화학자이자 과학철학자였던 마이클 폴라니가 최초로 제안했던 개념입니다. 그는 "우리는 우리가 말할 수 있는 것보다 더 많은 것을 알고 있다"라는 유명한 얘기를 남겼습니다. 자전거를 잘 타는 사람에게 자전거 타는 법을 글로 쓰라고 하면 잘 쓰지 못할 것입니다. 가까스로 글로 적었다고 해도, 이 글을 읽고 자전거 타는 방법을 배울 수는 없습니다. 수영 매뉴얼을 읽는다고 수영을 배우지는 못합니다. 그런데 한번 수영하는 법을 배우면 잘 잊어버리지 않습니다. 10년 이상 수영을 안 해도, 물에 들어가면 다시 예전의 수영 실력이 나오곤 합니다.[18]

과학에도 이와 비슷한 일이 많습니다. 예를 들어, '실험을 잘하는 방법'을 교육하기는 매우 어렵습니다. 교과서에 실험의 프로토콜에 대한 이런저런 얘기들이 있고, 고등학교와 대학교를 다니면서 실험 실습을 합니다. 이런 실험들에는 대개 정답이 있지요. 그런데 연구자가 되어 수행하는 실험은 정답이 있는 실험이 아닙니다. 연구자들은 선임 연구자나 교수가 실험을 디자인하고 수행하는 것을 보면서 실험의 노하우를 배우는데, 이는 예전에 장인들을 훈련시켰던 도제apprenticeship 과정과 흡사합니다. 실험을 위해서는 각각의 기기에 최적화된 조건들을 잘 알아야 하고, 기기를 변형시킬 줄도 알아야 하며, 측정할 때의 중요한 노하우도 배워야 하고, 미세한 변화에 따라서 결과가 달라지는 것에도 주목해야 합니다. 실험을 잘하는 요령을 체득하는 것은 숙련된 요리사가 되는 과정과 흡사합니다. 실험에 필요한 암묵지는 이렇게 오랜 훈련과 시행착오를 겪으면서 습득되며, '접촉'을 통해서 스승으로부터 제자에게 전해지는 경우가 많습니다.

실험에 암묵지가 개입하기 때문에 실험이 재현되는 데에 어려움이 있습니다. 몇 가지 사례를 들어보지요. 19세기 영국 엔지니어 헨리 베서머는 강철을 만드는 새로운 방법을 발견한 뒤에 이 특허를 다른 사람에게 팔았습니다. 베서머법은 회전이 가능한 항아리 모양의 전로를 사용하는데, 원료의 인의 함량에 따라 모양이 다른 전로를 사용해서 불순물을 산화시킵니다. 그리고 산화 과정에서 생성된 열로 선철에 공기를 불어넣음으로써 탄소를 제거합니다. 그런데 그의 특허를 산 사람들이 특허에 나와 있는 방법을 따라도 강철을 만들 수 없다며 베서머를 고소했습니다. 베서머는 이런 논란 끝에 결국 자기가 회사를 차립니다. 베서머는 자신의 방법을 다른 사람에게 충분히 설명할 수는 없었지만, 스스로 강철을 만들 수는 있었으니까요. 이렇게 만들어진 베서머 회사는 세계 최대의 강철 생산 회사가 됐습니다.

너무나 분명해서 암묵지가 개입할 여지가 전혀 없어 보이는 경우에도 '접촉'이 중요한 역할을 합니다. 간섭계는 한 줄기 빛을 두 줄기로 분산시켜서 반사시킨 뒤에 이를 다시 모아서 두 줄기 빛 사이의 간섭현상을 측정하는 기구입니다. 19세기 말과 20세기 초에 마이컬슨이 에테르의 효과를 측정하기 위해서 처음 간섭계를 만들고 개량했는데, 1980년대 이후로 이 간섭계가 중력파를 측정하기 위한 기구로 탈바꿈했습니다.

중력파 같은 아주 미세한 진동을 감지하기 위해서는 반사 거울에 의한 빛의 산란을 최소화하는 것이 중요합니다. 이런 특성을 알 수 있는 것이 물질의 Q값(공명 감쇄율)입니다. 블라디미르 브래긴스키가 이끄는 모스크바대학교의 연구팀은 사파이어가 Q값이 매우 높기 때문에, 간섭계의 거울로 가장 적합한 물질이라는 결과를 발표했습니다. 그런데 이 실험을 재현해보려 했던 유럽의 연구자들에게서는 사파이어의 Q값이 러시아의 결과처럼 높게 나오지 않았습니다. 당시 유럽과 러시아 사이에는 냉전의 여파가 남아 있었고, 유럽의 물리학자들은 러시아 과학자들의 실험 결과를 신뢰하지 않았습니다. 결국 오랜 시간이 흐른 뒤에 유럽의 물리학자들이 모스크바대학교를 직접 방문해서 이들의 실험을 보고 배운 뒤에야 러시아에서 얻은 Q값과 같은 값을 얻어낼 수 있었습니다. 이 실험을 위해서는 진공의 정도, 거울을 매단 서스펜션의 길이, 서스펜션 파이버의 재료, 클램프의 조정, 비단실에 그리스를 묻히는 방법 등을 적절하게 맞춰야 하는데, 출판된 논문만 봐서는 이런 조건들을 모두 정확하게 재현할 수가 없었던 것입니다.

실험에서만이 아니라 이론에서도 암묵지가 중요한 역할을 합니다. 1950년대에 미국의 물리학자 리처드 파인먼은 양자전기동역학의 틀에서 입자들의 궤적과 상호작용을 쉽게 기술할 수 있는 파인먼 도형을 만듭니다. '파인먼 다이어그램'이라 불리는 이 도형은 지금은 입자물리학자들에게 없어서는 안 되는 도구가 되었지만, 초기에는 전파되는 데 상당한 어려움을 겪습니다. 파인먼의 친구인 프리먼 다이슨은 파인먼과의 잦은 접촉을 통해 이 도형을 이용한 계산 방식을 이해했고, 이에 대한 일련의 세미나를 프린스턴에서 개최했습니다. 다이슨의 세미나에서 직접 다이슨과 접촉한 사람들은 파인먼 도형을 이해하고 이를 미국 곳곳에 퍼트립니다. 하지만 일본에서 비슷한 작업을 하던 도모나가의 그룹은 스스로 파인먼 도형을 충분히 이해하지 못했고, 결국 미국에서 온 물리학자들과 접촉하면서 이를 이해하게 됩니다. 러시아 물리학자들은 파인먼 도형을 잘 아는 미국 물리학자들과 접촉하는 데 실패했고, 그 결과 러시아에서는 파인먼 도형의 방법이 오랫동안 사용되지 못하는 결과를 낳습니다.[19]

마지막으로 한국의 사례를 하나 들어보겠습니다. 서울대학교의 곰팡이독소학 실험실에서는 곰팡이 독소를 연구하기

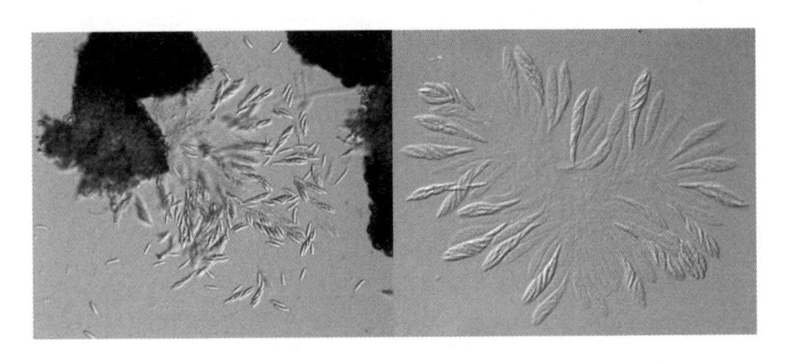

라주 박사에게 노하우를 배우기 전(좌)과 후(우)의 곰팡이 포자 사진

위해서 포자의 현미경 사진을 찍어야 했는데, 아무리 이런저런 방법을 써봐도 뚜렷한 사진이 나오지 않았습니다. 원래 곰팡이독소학 실험실에서는 이쑤시개를 사용해서 물을 떨어트려놓은 슬라이드 위에 채취한 자낭각을 올려놓고, 그 위에 다른 슬라이드를 놓고 두드리면서 자낭각을 터트렸습니다. 이 과정은 2분 정도 걸렸는데, 자낭각을 터트리는 게 우연에 의존하는 것이었고, 사진을 찍을 때에 현미경 심도 처리가 잘 이루어지지 않아서 흐릿한 사진들이 나오곤 했습니다.

그러다가 2009년에 미국 스탠퍼드대학교의 유전학 실험실에서 선명한 현미경 사진을 찍는 일을 담당했던 남부리 라주 박사를 초청해서 방법을 배우게 됩니다. 연구원들은 라주 박사로부터 광학현미경을 사용해서 성숙한 자낭각을 선별하는 방법을 배우고, 뾰족한 해부 도구로 자낭각을 해부하여 얇게 펴는 기술을 익힐 수 있었습니다. 이 과정은 매우 정밀한 손놀

림을 요하는 과정이고, 숙련을 필요로 합니다. 이런 과정은 스탠퍼드대학교에서 낸 논문에는 나와 있지 않은 내용들이었고, 라주 박사와의 '접촉'을 통해서만 배울 수 있었던 것입니다.[20]

암묵지는 과학 정책에서도 중요한 함의를 제공합니다. 실험이나 상대적으로 간단한 기구의 제작에 암묵지가 필요하다면, 핵무기 같은 복잡한 기술의 설계와 제작에도 암묵지가 필요하겠지요. 1970~80년대에 미국에서 핵무기 설계에 종사했던 디자이너들이 50~80명 정도 있었습니다. 이들 대부분은 물리학 내에서 핵분열, 핵융합과 관련된 전공을 한 뒤에 핵무기 설계 분야에 뛰어든 사람들이었습니다. 그렇지만 이런 지식을 알고 있다고 해서 바로 무기를 만들 수 있는 것은 아니었습니다. 선배 디자이너들이 신입 디자이너를 훈련시키는 데 5년 정도가 필요했고, 이런 훈련 과정 이후에도 이들이 실제로 무기를 디자인할 능력을 갖추는 데에는 또다시 5~10년 정도의 시간이 필요했습니다.

이 과정에서 선배들의 노하우가 후배들에게로 전해집니다. 이들 무기 디자이너들은 자신들의 디자인을 과학이 아니라 '예술' 혹은 '경험적 기술'이라고 부르길 좋아했는데, 이들이 하는 핵무기 설계의 95퍼센트 정도는 컴퓨터를 이용해서 코딩할 수 있는 것이지만, 나머지 5퍼센트는 경험적인 숙련에 의존하는 것이었기 때문입니다. 어떤 이들은 코딩이 불가능한 부분이 5퍼센트가 아니라 50퍼센트에 달한다고 평가하기도 합니다. 특히 핵무기의 위력을 높이기 위해서는 '부스트'(핵융합 물질을 넣어서 핵분열을 유도하는 중성자의 수를 늘리는 것)를 해야 하는데, 이와 관련해서는 마땅한 이론도 없고, 실험을 하는 것도 불가능하기 때문에 대부분 경험적 노하우에 의존할 수밖에 없다고 합니다. 디자이너들의 암묵지는 컴퓨터로 코딩할 수 없는 부분들을 채워주고, 이런 암묵지의 타당성은 핵실험을 통해 얻어진 데이터를 사용해서 보충되는 것입니다.

핵무기가 암묵지에 많이 의존하기 때문에, 핵무기가 처음 미국에서 발명된 뒤에 다른 나라로 확산되는 과정은 쉽지 않았습니다. 러시아(당시 소련)는 미국에 심어두었던 스파이를 통해서 미국 핵무기에 대한 많은 정보를 얻었지만, 이렇게 얻은 정보(즉, 명백지)에만 기초해서는 핵무기 개발이 쉽지 않다는 것을 알게 되었습니다. 러시아의 핵무기 개발은 미국에서 온 정보에 근거한 것이었다기보다 독자적인 재발명에 가까운 것이었습니다. 반면에 영국의 핵무기 개발은 미국 맨해튼 프로젝트에서 일했던 영국 과학자들이 중요한 중개자의 역할을 해서 가능했으며, 중국의 핵무기 개발은 러시아의 개발자들의 인적인 도움을 받아 이루어졌습니다.

이렇게 핵무기 디자인이 암묵지에 의존하고, 이런 암묵지가 숙련된 디자이너로부터 신입 디자이너에게로 전수되며, 컴퓨터 프로그램이 채워주지 못하는 변수들에 대한 추정이 핵실험을 통해 얻어진다면, 핵실험이 금지되고 핵폭발에 대한 지식이 컴퓨터 시뮬레이션으로 대체된 지금은 핵무기 디자이너들이 가졌던 암묵지가 더 이상 전수되지 못하고 사라질 가능성도 있습니다.

실제로 1990년대 미국에는 1970~80년대의 전성기에 비해서 훨씬 더 적은 수의 핵무기 디자이너들이 활동하고 있고, 이 숫자도 점점 줄어들고 있습니다. 이런 과정이 2~3세대 지속된다면, 핵무기 디자인과 관련된 암묵지는 더 이상 전수되지 못할 것이고, 지구상에서 제대로 작동하는 핵무기를 만들 수 있는 사람이 사라질 수도 있다는 희망적인 전망을 생각해볼 수 있습니다.[21]

암묵지에 대한 고려는 생물학무기도 다르게 생각해보게 합니다. 요즘은 DNA 재조합 같은 실험이 대학생들도 쉽게 할 수 있는 실험이 되었고, 미국에서는 바이오해커들이 차고에 실험실을 차려놓고 인공 생명체를 만드는 합성생물학 실험을 할 정도가 되었습니다. 동시에 이런 바이오해커들이 대량살상용 독성생명체를 만들 가능성에 대한 우려도 커지고 있습니다. 그런데 이런 무기들이 매뉴얼만 보고 만들 수 있는 것일까요? 실제 생물학적 무기를 만들었던 구소련의 스테프노고르스크 과학실험생산기지에 대한 기록을 보면 문제가 이보다 복잡하다는 것을 알 수 있습니다. 이 기지의 연구자들이 이전에 탄저균을 만들었던 실험실의 보고서만으로 탄저균을 만들어 내는 데 성공하지 못했기 때문입니다. 결국 이전에 탄저균을 만들었던 다른 실험실의 인력 65명이 스테프노고르스크 기지로 와서 자신들이 사용했던 여러 노하우를 전수한 뒤에야 실험에 성공하게 됩니다.

이러한 분석은 생물무기 확산을 억제하는 데 중요한 함의를 지닐 수 있습니다. 1990년대 이후에 구소련이 여러 나라들로 쪼개지면서, 소련의 이런 설비들이 테러리스트들에게 유출될 위험이 커지고 있습니다. 논문을 통한 지식의 확산을 막기는 힘들지만, 암묵지를 지닌 사람들의 이동은 막을 수 있습니다. 따라서 생물무기 확산을 방지하는 방법 중 하나는 미국과 같은 나라가 이런 생화학무기 실험실에서 일했던 과학자들을 흡수하는 것입니다. 물론 미국이 생화학무기를 만들지 않는다는 가정 아래에서요. 생화학무기의 제조에 암묵지가 필요하기에, 이런 암묵지를 소유한 사람들이 없는 상태에서 매뉴얼만으로 무기를 만드는 것은 매우 어려운 일이기 때문입니다.[22]

글의 출발점은 인간과 기계의 차이를 묻는 것이었습니다. 이제 여러분들도 암묵지에 대한 논의가 어디를 향하고 있는지 짐작할 것입니다. 일단 한 가지 분명히 해야 할 사안은 암묵지가 인간만의 지식은 아니라는 것입니다. 어떤 암묵지는 기계로도 구현됩니다. 폴라니는 자전거 타는 노하우를 정보화할 수 없다고 했지만, 일본의 엔지니어들은 자전거 타는 로봇을 이미 오래전에 만들었습니다. 일본 가전 회사 마쓰시타는 유명한 제빵 장인의 노하우를 오랫동안 연구해서 결국 이를 알아내는 데 성공했습니다. 반죽을 늘일 때 비틀면서 늘이는 것이 맛의 비밀이었던 것입니다. 마쓰시타에서는 이런 기술을 체화해서 장인의 빵과 똑같은 맛을 내는 제빵 기계를 생산했고, 이 과정에서 그전까지는 사람들도 몰랐던 새로운 제빵 노하우를 발견해서 특허를 내기도 했습니다. 이렇게 많은 암묵지들은 명백지 혹은 정보로 전환 가능합니다.

그렇지만 기계에 구현하거나 정보로 바꾸는 것이 거의 불가능한 암묵지도 있습니다. 아무도 없는 강당에서 혼자 뱅글뱅글 자전거를 타는 로봇을 만드는 것은 가능하지만, 복잡한 도로에서 자동차와 행인 사이를 질주하면서 자전거를 모는 로봇을 만드는 것은 거의 불가능합니다. 복잡한 거리에서 자전거를 탄다는 것은 시간의 흐름에 따라서 그때그때 달라지는 여러 가지 요소들과의 상호작용을 필요로 하기 때문입니다. 이런 암묵지는 사회적인 성격의 암묵지입니다. 인간이 수많은 다른 인간-기계와 상호작용하면서 습득하고, 사회 환경 속에서 발현시키는 암묵지입니다. 이는 기계가 모방하기 정말 어려운, 아니 불가능한 암묵지입니다.

이러한 논의는 최근 자동기계에 대한 담론과는 조금 달라 보입니다. 구글 자동차에서 알파고까지, 우리 주변에는 인간 없이 작동하는 기계들이 넘쳐나는 것 같기 때문입니다. 구글은 “다른 회사들은 운전자에게 더 좋은 차를 만들어주려고 하지만, 우리는 운전자보다 더 좋은 차를 만들려고 한다”라고 자신들의 무인 자동차를 광고합니다. 구글은 네바다의 한적한 도로에서 성공적인 운전을 마쳤고, 이를 대대적으로 홍보했습니다.

그렇지만 아직도 구글의 무인 자동차가 복잡한 도시에서 운전이 가능한지는 미지수입니다. 도시에는 공사 현장, 무단횡단을 하는 사람, 과속하는 자전거 운전자, 비나 폭풍처럼 시야를 가리는 악천후 환경, 눈이 쌓인 뒤에 완전히 변하는 거리의 풍경, 교통 체증을 뚫고 차선 몇 개를 바꿔야 하는 상황 등이 존재합니다. 구글은 이런 도시의 상황이 한적한 도로보다 10~100배 복잡하다고 보는데, 무인 자동차에 대해서 회의적인 사람들은 이런 상황이 그때그때 생겼다가 없어지는 사람들 사이의 규약에 의존하기 때문에 어떤 알고리듬으로도 구현하기 불가능하다고 합니다. 회의론자들은 구글의 자동차가 도로 위를 달리는 차가 아니라 지도 위를 달리는 차라고 비판합니다.

무인 자동차의 가장 큰 문제는 자동-수동의 변환입니다. 차가 자동으로 움직이다가 알고리듬으로 다룰 수 없는 상황이 발생하면 수동으로 전환해야 합니다. 입력한 지도와 실제 상황이 다를 때 이런 일이 생길 수 있습니다. 그런데 이런 위기 상황에 익숙하지 않은 운전자들은 갑작스런 환경에 처하면 새로운 사고를 낼 수 있습니다. 2009년 6월 1일, 자동으로 운항하던 에어프랑스 447기가 나빠진 기상에서 운항 방식을 수동으로 바꿨는데, 그동안 자동 항법에 과도하게 의존해와서 이런 상황을 처음 겪게 된 기장들이 상황을 수습하지 못해 200명이 넘는 승객들이 몰살당한 사고가 일어났습니다. 무인 자동차가 도로를 질주할 때 이와 비슷한 작은 사고들이 끊임없이 일어날 수 있다는 것입니다. 사람 없이 혼자서 움직이는 무인 자동차는 실제 복잡한 도로에서의 로드테스트road test를 아직 거치지 않은, 엔지니어들의 이상적인 도로에만 존재하는 것이라고도 할 수 있습니다.

인간은 자동인형을 만들기 시작했을 때부터 사람 없이 혼자서 잘 작동하는 기계를 꿈꿔왔지만, 기계는 인간-기계의 복합체로서 존재할 때에만 제대로 된 역할과 기능을 한다고 볼 수 있습니다. 자율성을 가진 기계는 가까운 미래가 아니라 머나먼 미래의 얘기입니다.[23]

로봇 과학자는 불가능한가

창의적이고 중요한 과학 연구의 대부분은 주어진 문제에 대한 답을 내는 것이 아니라, 새로운 문제를 찾고 이에 대한 답을 만드는 과정입니다. 과학자들과 과학철학자들은 이 과정에서 암묵지가 중요한 역할을 한다고 생각합니다. 그리고 이런 과정은 아직 기계가 흉내 내지 못하는 영역이라고 간주됩니다. 창의적인 결과물이라고 무無에서 만들어진 것은 아닙니다. 새로운 지식 대부분이 기존에 존재하는 지식을 조합한 것이지요. 창의적인 사람들은 대체 어떻게 기존의 지식을 이용하기에 새로운 이론을 만들어내는 것일까요?

지금 기계가 무엇을 할 수 있는지 봅시다. 기계는 인간이 하지 못하는 계산을 하고, 인간이 풀지 못하던 방정식도 풉니다. 체스 프로그램이나 바둑 프로그램은 그 프로그램 개발자들과의 게임에서 이기고, 심지어 세계 챔피언도 이겼습니다.

IBM의 왓슨 컴퓨터는 미국에서 가장 인기 있는 퀴즈쇼 〈제퍼디!〉에 참가해서, 기존의 인간 챔피언을 이겼고, 구글의 무인 자동차는 네바다의 고속도로를 혼자서 질주합니다. 웬만한 사람보다 그림을 잘 그리는 기계도 있고, 작곡을 잘하는 기계도 있으며, 혼자서 과학 연구를 해서 논문을 쓰는 기계도 나왔습니다.

사람들은 지금부터 20년 안에 인간의 직업 중 40퍼센트가 소멸될 것이라고 얘기하면서, 미래 사회에 대한 낙관론자와 비관론자로 나뉩니다. 낙관주의자들은 인간의 일을 대부분 컴퓨터가 할 것이기 때문에 인간은 일을 하지 않고 삶을 즐기는 세상이 될 것이라고 합니다. 비관론자들은 기계 때문에 일자리를 잃는 사람들이 많아져서 지금의 불평등이 훨씬 더 심해질 것이라고 우려합니다.

기계가 무슨 일을 할 수 있는지 알기 위해서는 소위 '인간의 창의성'을 모방한 기계들에 대해서 조금 더 자세히 살펴볼 필요가 있습니다. 1990년대에 해럴드 코언이라는 화가는 인공지능 연구자들과 친해진 뒤에 컴퓨터 프로그램을 배워서 '아론'이라는 컴퓨터 화가를 만들었습니다. 아론은 추상화, 구상화, 채색화 등을 그렸고, 아론이 그린 그림들은 독특한 화풍을 가지고 있다고 평가되기도 합니다. 최근에는 유명한 화가들의 화풍을 분석해서 프로그래밍한 뒤에 마치 화가처럼 붓과 연필로 그림을 그리는 인공지능 로봇 '이-다비드'가 만들어졌

인공지능 이-다비드가 그린 그림

습니다. 이-다비드의 그림 역시 기계가 그렸다고 생각하기에는 놀라울 정도의 창의성을 보여줍니다. 2016년 4월에는 또 다른 인공지능 프로그램이 그린 그림이 900만 원에 팔려서 놀라움을 자아내기도 했습니다.[24]

이들의 창의성을 좀 더 들여다봅시다. 아론의 작품에 눈길이 가는 것은 프로그램을 만든 해럴드 코언이 잘 알려진 영국의 화가이고, 그가 프로그램을 만들 때 예술적 가치가 있는 기존 그림들에 어떤 요소들이 공통적으로 담겨 있는지 분석해서 프로그램에 담았기 때문입니다. 아론이 잘하는 것은 여기까지이며, 스스로 자신의 화풍을 뛰어넘어서 새로운 화풍을 만들어낸다든가 하는 일은 하지 못합니다.

이-다비드도 마찬가지입니다. 이-다비드는 유명한 기존 화가들의 화풍을 모방하고 그것을 하나로 결합시킴으로써 자신만의 독특한 화풍을 만들었기 때문에 사람들이 이-다비드의 그림에서 약간의 예술성을 발견하는 것입니다. 그렇지만 이-다비드가 이렇게 조합한 화풍을 뛰어넘어서 새로운 화풍을 만들어내지는 못합니다.

영국 맨체스터대학교에서 컴퓨터 과학을 전공하는 로스 킹 교수는 2008년부터 영국 정부의 지속적인 지원을 받아서 '로봇 과학자' 아담과 이브를 만듭니다. 킹은 아담과 이브가 '사람 과학자'가 하지 못하는 발견을 해낼 수 있다고 장담했지만, 의미 있는 결과가 나왔다는 얘기는 아직 없습니다. 앞으로도 로봇 과학자가 중요한 발견을 할 것 같지는 않습니다.[25]

현대 과학에서 컴퓨터와 같은 기술이 널리 사용되는 것을 보면 이런 예측이 좀 의아할지도 모르겠습니다. 컴퓨터는 계산을 간단하게 하고, 데이터베이스를 만들어서 복잡한 자료를 정리하고, 사람이 할 수 없는 시뮬레이션을 하기도 합니다. 복잡한 단백질 구조나 미세한 중력파처럼 컴퓨터를 통한 시뮬레이션 없이는 연구 자체가 아예 불가능한 것들이 많습니다. 그렇지만 컴퓨터들이 새로운 발견을 주도하지는 못합니다.

왜 컴퓨터 예술가와 컴퓨터 과학자가 이런 한계를 가지는 것일까요? 20세기, 큐비즘이라는 새로운 예술 사조를 열었던 피카소의 〈아비뇽의 처녀들〉(1907)을 살펴보지요. 피카소는 청색 시대와 장밋빛 시대를 통해 이미 꽤 명성을 얻은 젊은 화가였습니다. 그렇지만 그는 오랫동안 기존의 회화를 지배

피카소의 〈아비뇽의 처녀들〉

한 근본 가정을 의심스럽게 생각하고, 이를 극복해보려 했습니다. 그 가정은 '화가는 눈에 보이는 3차원의 세계를 2차원의 캔버스에 정확하게 재현해야 한다'라는 것이었습니다.

피카소는 친구였던 브라크, 그리스와 이런 문제를 고민했고, 1907년 봄부터 새로운 양식을 구현해서 〈아비뇽의 처녀들〉을 그리기 시작했습니다. 이 과정에서 친구에게 소개받은 엘 그레코라는 화가의 작품에서 영감을 얻었고, 생빅투아르 산을 그리면서 산과 같은 구체적인 사물을 점차 추상화한 세잔에게서도 큰 영향을 받았습니다. 고갱을 통해서 원시주의를 접했고, 고갱의 작품과 당시 파리에서 열린 전시회에서 이베리아 조각상과 아프리카 마스크의 영향을 받았습니다. 또 피카소는 친구들과 푸앵카레의 4차원 공간을 공부했고, 이를 통해 3차원의 시각적 재현에서 벗어나려고 했습니다. 이 복잡한 과정을 거치면서 완성된 걸작이 〈아비뇽의 처녀들〉입니다.[26]

과학의 사례를 하나 더 얘기해보겠습니다. 1953년에 DNA의 구조가 밝혀지자, 아데닌, 구아닌, 시토신, 티민 등 4개의 염기가 서열을 이루고 있다는 것이 알려집니다. 이후 작업을 통해서 DNA가 아닌 RNA가 단백질의 원료인 아미노산을 만드는 역할을 한다는 것도 알려집니다. RNA의 핵염기에는 아데닌(A), 구아닌(G), 시토신(C), 우라실(U) 등 역시 4종류가 있습니다. 이것들이 일렬로 배열되어 20가지 종류의 아미노산을 만드는 것이지요. 따라서 '유전암호'의 해독은 RNA의 핵염기(아데닌, 구아닌, 시토신, 우라실) 4개가 어떻게 20개의 아미노산을 만들 수 있는가 하는 문제로 환원됩니다.

염기 몇 개가 일렬로 쌍을 이뤄서 아미노산을 만들어

야 하는데, 염기 2개로는 조합이 너무 조금 나오고, 4개로는 조합이 너무 많아집니다. 분자생물학자들은 3개의 염기 서열이 하나의 아미노산을 만든다고 추측했습니다. 염기 4개 중 3개가 모여서 만드는 조합은 64가지가 가능하기 때문에 (4×4×4=64), 20가지의 아미노산이 만들어지려면 64개의 조합 중에 어떤 조합들은 같은 결과를 내야 합니다. 여기까지는 실험 없이 논리적으로 알 수 있었습니다.

처음 이 문제에 도전했던 사람들은 생물학에 관심을 가진 물리학자, 수학자들이었습니다. 이들은 이 문제를 64개의 염기 서열을 가지고 20개의 아미노산을 만드는 간단한 수학 연산의 문제 혹은 암호 해독의 문제라고 생각했습니다. 이들은 수학적 모델을 만들고 컴퓨터를 돌려서 가능한 조합을 계산했습니다. 그렇지만 이런 수학적인 시도는 성공하지 못했습니다.[27]

답은 RNA로 생화학적 실험을 수행한 마셜 니런버그와 그의 포닥 연구원이었던 하인리히 마태이에게서 얻어집니다. 앞서 "까칠한 비인간 행위자들"에서도 얘기가 나왔지만, 이들은 1961년 5월에 합성RNA를 가지고 실험을 하다가, 연속적인 우라실 염기 조각을 넣은 시험관에 페닐알라닌이라는 아미노산이 존재하는 것을 발견하고, UUU의 조합이 페닐알라닌을 합성하는 역할을 한다고 결론을 내립니다. 이들은 이어서 비슷한 방법을 사용해서 다른 유전암호들을 해독하고, 이 업적을 높게 인정받아서 1968년에 노벨상을 수상합니다.[28]

니런버그의 발견에는 흥미로운 점이 있습니다. 그는 이 발견을 알리기 위해 1961년 여름에 모스크바에서 열린 학회에서 논문을 발표했습니다. 유전암호의 해독이 당시 분자생물학자들에게 가장 중요한 문제였다는 점을 생각해보면, 니런버그의 발표에는 많은 사람들이 몰렸을 것이라고 추측됩니다. 그렇지만 니런버그는 생화학자였지 분자생물학자가 아니었고, 당시 지배적이었던 분자생물학의 패러다임으로부터 멀리 떨어져 있는 사람이었습니다. 결국 그의 발표장은 썰렁했고, 참석한 소수의 사람들조차 아무런 질문도 하지 않았습니다.*

그런데 이 발표를 하기 전날, 니런버그는 DNA 구조 발견으로 세계적으로 유명해진 제임스 왓슨을 학회장에서 만나 자신의 발견에 대해 잠깐 얘기를 나눕니다. 왓슨은 니런버그의 발견이 참이 아닐 것이라고 생각하면서도, 동료 한 명에게 자기 대신 니런버그의 발표를 듣게 합니다. 왓슨의 동료는 니런버그의 발표를 듣자마자 곧바로 이 발견의 중요성을 간파할 수 있었습니다. 그는 흥분해서 왓슨에게 이 얘기를 했고, 왓슨은 니런버그를 DNA에 대한 중요한 심포지엄에 초청합니다. 이 심포지엄을 계기로 그의 발견이 전 세계에 알려지게 됩니다.

* 여기에 대해서는 니런버그의 발표가 청중들을 감전시킨 것이라는 상반된 얘기도 있지만, 실제로는 대부분의 청중들이 관심을 기울이지 않은 것이 맞습니다. 나중에 시드니 브레너라는 생화학자가 학회장에서 찍은 사진으로 이런 무관심한 분위기를 설득력 있게 보여주었습니다.

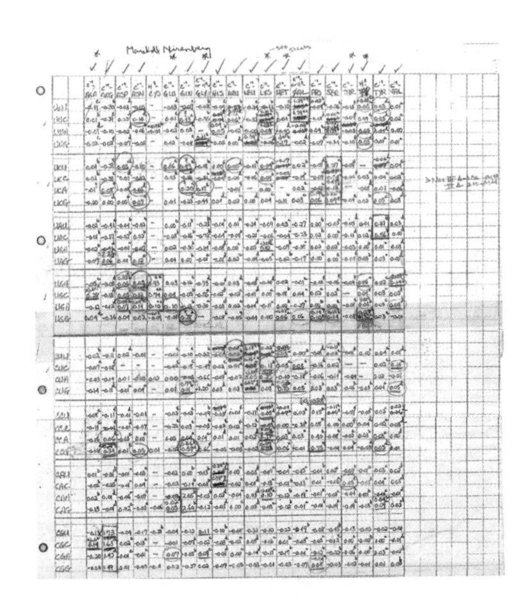

니런버그의 1961년 실험 노트의 일부

여기서 보듯이 예술가와 과학자의 창의성에는 '상호작용'이 필수적입니다. 과학과 예술의 상호작용은 사람들과의 상호작용만이 아니라 비인간들과의 상호작용을 포함합니다. 그리고 이런 상호작용은 의도적인 탐색의 결과이기도 하지만, 많은 경우 우연적인 사건이 계기가 되어 일어납니다.

뉴턴은 1665년 이후 오랫동안 행성의 운동에 대해서 고민했지만, 1679년에 로버트 훅과의 서신 교환을 보면 여전히 행성의 운동을 구심력이 아닌 원심력으로 이해하고 있음을 볼 수 있습니다. 둘의 서신을 보면 곡선운동을 접선 방향의 운동과 구심력의 합으로 이해할 수 있다는 아이디어를 제시했던 것은 뉴턴이 아니라 훅이었습니다. 뉴턴은 훅에게서 이 결정적이고 중요한 아이디어를 얻어 만유인력 개념을 형성하는 과정에서 사용했던 것으로 보입니다. 뉴턴의 『프린키피아』에서 가장 중요하고 또 가장 독창적인 증명은 '거리의 제곱에 반비례하는 힘을 받을 때 물체가 타원운동을 한다'라는 정리 11번인데, 사실 이 증명을 위해서 '힘'을 전제한 것이 과학계에 훨씬 더 중요한 기여를 합니다. 이렇게 중요한 아이디어를 형성하는 데 로버트 훅과의 서신 교환이 큰 영향을 준 것입니다. 뉴턴이 스스로를 가리키며 "거인의 어깨 위에 선 난쟁이"라는 표현을 쓸 만큼, 뉴턴의 업적은 다른 사람들의 연구와 통찰력에 크게 기대고 있었습니다.

아인슈타인은 1907년에 등가원리에 대한 '가장 행복한 생각'('자유낙하를 할 때 중력의 힘을 느낄 수 없다'라는 생각으로, 중력질량과 가속질량의 등가성을 확립한 생각)을 한 후, 회전하는 원판의 문제, 친구 마르셀 그로스만과의 협업, 잘못된 일반상대성이론(소위 '초안이론')의 제창과 수정 작업, 미셸 베소와의 공동 작업, 힐베르트와의 경쟁 등을 통해서 1915년 11월에 올바른 형태의 일반상대성이론 장방정식을 발표하게 됩니다. 이외에도 그는 에르빈 프로인틀리히, 아드리안 포커, 막스 아브라함, 군나르 노르트스트룀으로부터 영향을 받았습니다. 20세기 물리학사를 전공하는 사람이 아니라면 이름도 들어보기 힘

일반상대성이론의 발견에 대한 로랑 토댕의 그림. 아인슈타인은 거인들(뉴턴, 맥스웰, 가우스, 리만)만이 아니라 덜 알려진 과학자들(그로스만, 노르트스트룀, 프로인틀리히, 베소)이 함께 받쳐주는 곡면의 매트 위에서 일반상대성이론을 만들고 있습니다. 베를린의 엘리트 과학자들과 아인슈타인의 가족들은 그가 일반상대성이론을 만드는 과정을 예의 주시하고 있습니다(그림의 왼쪽).

든 과학자들입니다. 흔히 아인슈타인은 혼자서 외롭게 작업을 했던 과학자라고 알려져 있지만, 사실은 많은 상호작용을 통해서 혁신적인 이론을 만들어냈던 것입니다.

실험실의 협동 연구도 비슷합니다. 실험 과학자는 가설을 가지고 실험을 하는데 대부분의 실험 결과는 생각처럼 나오지 않습니다. 문제는 이런 경우에 실험이 잘못 디자인된 것인지, 가설이 틀린 것인지 잘 모른다는 겁니다. 실험을 반복해보고, 조건을 바꿔보고, 논문들을 읽어보고, 실험실 멤버나 지도교수와 토론을 하는 과정을 지루하리만큼 반복합니다. 그래서 어떤 아이디어를 가지고 실험을 시작해서 논문 초고를 쓸 때까지 1~2년의 시간이 걸리기도 합니다.

초고가 나와도 이를 가지고 어떻게 과학자 공동체를 가장 효과적으로 설득할지에 관한 전략을 세워야 하는데, 이 과정도 쉽지 않은 과정입니다. 논문 발표장에 그 분야에서 유력한 학회지 편집인을 불러오고, 미리 전화 통화를 해서 자신의 연구를 얘기하는 일은 이런 전략의 일환입니다. 이런 일은 인공지능이 대신할 수 없습니다. 논리가 과학의 전부라면, 여러분들이 사용하는 스마트폰이 과학 연구를 충분히 할 수 있어야 합니다. (여러분들의 스마트폰을 만만히 보지 마세요. 지금의 스마트폰은 1970년대 미국항공우주국이 사용하던 슈퍼컴퓨터보다 컴퓨팅 용량이 더 큽니다.) 그렇지만 이런 일은 지금도 일어나지 않고, 앞으로도 가능하지 않을 것입니다.

인공지능이 금융 전문가들의 투자 상담 같은 것을 대체할 수 있다는 예측도 있습니다. 아마 가까운 미래에 여러분들이 은행 창구에서 직원에게 상담을 받는 것보다 더 괜찮은 상담을 해주는 인공지능 서비스가 나올 것입니다. 그렇지만 인공지능이 월스트리트에서 일하는 금융 전문가들을 대체할 수는 없습니다. 최고의 금융 전문가가 하는 일은 투자 상담이 아니라, 새로운 금융 상품을 만들어내는 것입니다.[29] 새로운 상품을 만들고 그것을 위한 시장을 만들어서, 다른 은행과 투자 회사를 설득해야 합니다. 이를 위해서 상품에 대한 모델을 만들어야 하고, 어떤 때에는 복잡한 수식을 사용해서 문제를 풀어야 합니다. 큰 거래는 사람과 사람 사이에서 이루어집니다. 설득해야 할 사람을 만나 밥을 먹기 위해 여행을 하고, 회의에 참석하고, 세미나를 개최하는 일은 금융 전문가의 일상입니다. 이런 일들을 인공지능 컴퓨터가 할 수는 없습니다.

법률 분야도 비슷합니다. 인공지능이 화두가 되면서 판사들의 판결을 컴퓨터가 대신할 것으로 예측되기도 합니다. 인공지능 판사가 나오면 인간의 어쩔 수 없는 편견을 극복할 수 있다는 전망도 나옵니다. 실제로 판사들은 배가 고플 때 가장 엄격하게 판결을 한다고 알려져 있습니다. 피고인의 외모, 신분 등에 따라서 판결이 좌우된다는 연구도 있습니다.

실제 법정에서 일어나는 일은 실험실에서 일어나는 일과 비슷합니다. 판사들이나 배심원들이 법정에 처음 들어올 때에는 마치 과학자가 새로운 실험을 디자인할 때처럼 개략적인 아이디어만 가지고 있습니다. 이런 개략적인 생각은 변호인과 검사의 서로 반대되는 주장들, 새롭게 제시되는 증거들에 의해 바뀝니다. 아예 방향이 바뀔 수도 있고, 생각이 더 정교해질 수도 있고, 타협을 이룰 수도 있고, 어느 단계에서는 생각이 한쪽으로 점점 더 굳어질 수도 있습니다. 오판이 있을 수는 있지만, 법적인 판단은 이렇게 이루어집니다. 판결은 시간의 흐름 속에서 나타나는 여러 상호작용을 통해 서서히 만들어지는 것이지, 방정식의 여러 변수에 수치를 대입해서 답을 얻는 알고

리듬적인 방식으로 이루어지지 않는다는 것입니다. 이런 이유에서 인공지능이 판사를 대신하기도 쉽지 않을 것 같습니다.[30]

이렇게 인간 행위자들의 창의성은 반짝하는 아이디어가 아니라, 오랜 기간 동안의 상호작용 속에서 잉태되는 것입니다. 즉, 창의성은 시간의 흐름을 견뎌내는 것입니다. 그리고 그 과정은 동료와 토론하고, 자신의 생각을 고쳐나가는 것들을 포함합니다. 인간은 지능만이 아니라, 육체를 가지고 사회 속에서 사람들과 상호 영향을 주고받으면서 살고 있는 존재이며, 이런 상호작용 중에 많은 부분이 우연적으로 일어납니다. 창의적인 사람들은 이런 우연들을 연결해서 자기의 문제를 해결하는 사람들입니다.

컴퓨터가 이런 상호작용을 하지 않는 이상, 인간의 창의성을 모방할 뿐 이를 만들어낼 수는 없습니다. 인공지능이 인간보다 멍청해서가 아니라, 창의적 업적이 사회적 관계와 상호작용 속에서 만들어지는 것이기 때문에 창의성은 인공지능의 영역이 될 수 없습니다. 인공지능AI을 가진 로봇이 이런 사회적 상호작용을 하지 않는 한, AI 아인슈타인, AI 스티브 잡스, AI 피카소, AI 콘스탄스 모틀리(미국의 유명한 법률가) 같은 사람들은 나올 수 없는 것입니다.

사냥꾼과 학자

'주변인'이라는 개념은 사회의 중심이 아니라 주변에 있는 사람들이란 의미로, 사회과학 분야에서 종종 사용되는 개념입니다. 주변인이라는 말은 원래 미국에서 흑인과 백인 사이에 태어난 혼혈아들의 특성을 지칭하기 위해 만들어졌습니다. 이들은 자신의 정체성에 대해서 힘들어하고, 특히 사춘기 때에는 정체성 혼란을 겪는 경우가 많지만, 이 고비를 잘 넘기면 매우 창의적인 일을 합니다. 백인 문화와 흑인 문화를 동시에 체화했고, 이를 섞어서 다른 사람이 해내기 힘든 독창적인 일을 할 수 있기 때문입니다. 한 세상의 주변은 다른 세상에 더 가까운 곳이며, 따라서 두 세상의 경계에 위치한 주변인은 중심에 있는 사람이 보지 못하는 것을 볼 수 있습니다. 저는 오래전부터 '잡종' 혹은 '하이브리드'의 중요성을 강조해왔는데, 주변인은 대표적인 잡종적 존재입니다.

과학의 경우는 어떨까요? 과학에서의 혁신은 항상 중심에서만 일어나는 것같이 보입니다. 그렇지만 자세히 살펴보면 과학의 경우에도 주변에서 일어난 혁신이 많습니다.

19세기 초엽 프랑스에서 빛의 파동이론을 제창한 오귀스탱 프레넬은 당시 과학의 중심지인 파리가 아니라 지방에서 활동하던 무명의 과학자였습니다. 당시 파리에서 활동하던 유명한 물리학자들은 모두 당시 과학계의 최고봉이었던 물리학자 라플라스가 발전시킨 빛의 입자론을 받아들여서 이를 정교하게 만들고 있었습니다. 그렇지만 시골에서 엔지니어로 일하던 프레넬은 파리의 직접적인 영향력에서 벗어나 있었고, 지적으로 자유로운 상태에서 빛의 파동이론을 발전시킵니다.

19세기 독일에서 실험심리학이라는 새로운 분야가 부상합니다. 독일의 실험심리학은 곧 심리학의 주류가 되었고, 실험심리학이라는 새로운 분야를 선점한 독일은 심리학이라는 학문 전체에서도 영국과 프랑스를 앞질렀습니다. 그런데 이 새로운 분야를 열었던 빌헬름 분트는 원래 심리학자가 아니라 생리학의 영역에서 심리학으로 진입했던 사람이었습니다. 당시 심리학은 과학이라기보다는 인문학적인 분야였습니다. 분트와 그 제자들은 심리학에서는 주변인이었지만, 자연과학의 한 분과였던 생리학의 실험적 방법을 도입해서 심리학의 패러다임을 혁신했습니다. 심리학자들이 마치 자연과학자들처럼 실험을 하는 실험 과학자가 된 것입니다.

'박테리오파지'라는 바이러스를 모델로 박테리아 유전학을 연구해서 분자생물학을 출범시킨 '파지 그룹'의 멤버 중 일부는(막스 델브뤼크, 샐버도어 루리아 등) 물리학에서 유전학 분야로 건너간 사람들이었습니다. 이들의 지적 배경과 방법론은 주류 생물학과는 거리가 멀었지만, 생명에 대한 물리적인 정의와 접근으로 20세기 생물학이 거대한 전환을 갖는 데 크게 기여하게 됩니다. 이들과는 조금 다른 방식으로, 역시 물리학을 전공했던 에르빈 슈뢰딩거는 유전자가 정보를 암호화해서 저장하며 유전은 암호화된 정보가 전달되는 과정이라는 '정보 유전자이론'을 주장합니다. 물리학자의 눈으로 생명현상을 보았기 때문에 가능한 일이었습니다.[31]

과학의 역사를 보면 이렇게 주변에서 일어난 혁신의 사례들을 많이 찾아볼 수 있습니다. 과학에서 이런 혁신을 이룬 주변인은 경계인이라고도 할 수 있습니다. 한 과학 분과의 경계에 존재하는 사람들은 그 분야의 중심으로부터 멀리 떨어져 있지만, 또 다른 세계에는 가까이 있습니다. 과학의 경계인들은 두 분과의 경계에 존재하는 사람들입니다. 과학자들 중에는 의도적으로 자신의 분야와 인접한 다른 분야의 경계를 넘나들면서 두 분야를 교배하려고 하는 사람도 있지만, 자신의 의도와는 무관하게 자기가 속해 있던 과학자 공동체에서 떨어져 나오게 되어서 다른 분야로 넘어가는 사람들도 있습니다.

분트는 자신의 전공 분야였던 생리학과의 교수가 되는 데 실패하고 철학과 교수가 된 뒤에, 철학의 분파인 심리철학을 연구하다가 심리학에 관심을 갖게 됐습니다. 파지 그룹을 만든 델브뤼크과 루리아는 파시즘을 피해 각각 독일과 이탈리아에서 미국으로 망명했는데, 미국에서 우연히 만나 공동 연구를 수행하면서 새로운 생물학을 제창했습니다. 이론물리학자 슈뢰딩거는 베를린대학교에서 교수를 하던 중, 히틀러의 파시즘이 창궐하는 것에 혐오감을 느끼고 아일랜드의 더블린으로 망명했습니다. 더블린고등연구소에서 그는 자신이 예전부터 관심을 가졌던 생명의 문제와 철학적 사유에 깊이 몰두할 수 있었고, 그 결과로 나온 것이 정보유전자이론이었던 것입니다.

과학자 공동체로부터 고립된 상황에서 창의적인 결과를 낳은 또 다른 인물은 미국의 물리학자 데이비드 봄입니다. 봄은 칼텍(캘리포니아공과대학)과 버클리대학교에서 물리학을 공부하고 원자폭탄 프로젝트 책임자를 맡았던 물리학자 오펜하이머 밑에서 박사 학위를 받았습니다. 그리고 버클리에 있던 '방사능연구소'에서 맨해튼 프로젝트와 관련된 주제에 대해서 연구를 했습니다. 그는 정치적으로 좌파였는데, 파시즘에 반대하는 그룹에서 마르크스주의 철학을 깊게 공부했고, 당시 캘리포니아 공산당이 조직한 과학기술자들의 조합에 가입해서 정치적 활동도 했습니다. 봄은 원자폭탄을 제조하던 로스앨러모스에서 연구를 하고 싶어 했지만, 그의 정치적 성향 때문에 번번이 거절을 당했습니다. 전쟁이 끝나고 봄은 미국 동부의 명문인 프린스턴대학교의 조교수가 되었고, 양자전기동역학, 플라즈마물리학 등에 대해서 연구를 계속했습니다. 프린스턴대학교에서 양자역학 강의를 맡았고, 1951년에는 이 강의를 묶어서『양자이론』이라는 책을 내기도 했습니다.

당시 국제 정세는 봄에게 불리한 쪽으로 흘러가고 있었습니다. 세계대전이 끝나고 미국과 소련은 급속하게 사이가 나빠졌고, 소련이 1949년에 원자폭탄을 개발하면서 냉전에 돌입했습니다. 당시 미국 상원의원이었던 매카시는 의회에서 비미활동위원회를 이끌면서, 미국에 해가 된다고 생각되는 공산주의자들을 숙청하는 작업을 합니다. 이때 봄의 정치적 전력이 문제가 되어 위원회에서 봄을 호출했는데, 봄이 사상의 자유를 이유로 위원회에 참석하는 것을 거부합니다. 결국 이게 문제가 되어 1951년에 프린스턴대학교에서 해직당합니다. 봄은 아인슈타인과 오펜하이머의 도움을 받아 미국을 떠나서 브라질에 있는 상파울로대학교의 교수가 됩니다. 브라질에 도착했을 때 봄은 미국 당국에 의해 여권을 압수당하게 되고, 이제 브라질 밖으로는 여행도 할 수 없는 상태가 됩니다.

봄이 미국에 있을 때에는 미국의 여러 물리학자들과 매우 밀접한 네트워크를 맺고 있었습니다. 그는 미국에서 가장 뛰어난 물리학자들의 학회였던 셸터아일랜드학회(1947년)에 참석한 30명의 물리학자 중 한 명이었습니다. 봄의 연구 주제들은 당시에 소위 '인기 있는' 연구 주제들이었고, 1951년에 냈던 『양자이론』에서는 전통적인 코펜하겐 해석의 틀에서 크게 벗어나지 않으면서도, 양자역학을 자신의 관점에서 서술했습니다. 그런데 그가 브라질에 '유배'되고 미국의 주류 물리학계에서 떨어져 나간 뒤, 그의 관심과 연구 스타일은 급격하게 변하기 시작했습니다. 1952년 미국의 《피지컬 리뷰》에 보낸 논문에서는 물리학자들이 받아들이던 양자역학의 정통 해석과는 완전히 다른, 이를 대체할 새로운 해석을 제시했습니다.

봄의 기여가 무엇인지를 조금이나마 이해하기 위해서는 양자역학의 역사를 잠깐 살펴보아야 합니다. 코펜하겐 해석이 1927년에 발표되기 직전에 슈뢰딩거는 파동함수를 이용해서 양자현상을 해석할 수 있는 파동방정식을 제안했는데, 이 파동함수가 물리적으로 무엇을 나타내는 것인가 하는 문제를 해결하지 못했습니다. 이 파동함수에는 실제 세상에 존재하지 않는 허수 i가 존재했기 때문입니다.

반면에 보어와 하이젠베르크가 중심이 된 코펜하겐 학파는 입자의 궤적이 확률적으로만 존재하고, 슈뢰딩거 파동함수 제곱의(허수를 제곱하면 실수가 됩니다) 절댓값이 이 확률 분포를 나타낸다고 보았습니다. 즉, 입자가 측정되기 전까지는 확

양자역학의 코펜하겐 해석에 반기를 들고 새로운 해석을 제창한 데이비드 봄

률적으로만 존재하지만, 측정하는 순간에 파동함수가 붕괴되고 한 지점에서 발견된다는 코펜하겐 해석을 제창한 것입니다. 코펜하겐 해석은 입자라는 존재의 확률적 분포, 측정에 따라서 물리 상태가 달라지는 현상(소위 '슈뢰딩거의 고양이'가 이런 현상을 비판한 것입니다), 불확정성의 원리 등 상식적으로 받아들이기 힘든 부분이 많았지만, 1927년 솔베이학회를 기점으로 점차 정통 해석으로 받아들여졌습니다. 슈뢰딩거와 아인슈타인은 끝까지 코펜하겐 해석을 받아들이지 않았지요. 특히 아인슈타인은 "신은 주사위(확률) 놀이를 하지 않는다"라면서 이에 반대했습니다.

봄은 브라질에 고립된 뒤에 자신이 강의했던 양자역학과 1951년에 낸 『양자이론』 책을 다시 반추합니다. 그리고 젊었을 때 자신이 믿었던 마르크스주의 유물론이 양자역학의 코펜하겐 해석과 모순을 일으킨다는 점을 직시하게 됩니다. 주류 과학자 사회와 거리가 멀어지면서 봄은 코펜하겐 해석에 메스를 가합니다. 그는 기본적으로는 슈뢰딩거, 아인슈타인과 같은 입장이었지만, 1952년에 이들이 하지 못했던 방식으로 슈뢰딩거의 파동함수를 이해하는 새로운 틀을 제시합니다. 파동함수가 빛의 속도를 넘는 향도파pilot wave이고 향도파가 물질인 입자를 이끈다고 가정한다면, 양자역학의 해석을 둘러싼 모든 논란이 해결될 수 있다는 것이었습니다. 즉, 코펜하겐 해석이 제시하는 대부분의 상식을 벗어난 주장들, 예를 들어 입자-파동의 이중성, 불확정성의 원리, 측정의 문제, 파동함수의 붕괴 등을 가정하지 않아도 된다고 주장한 것입니다.

그의 이러한 급진적인 주장은 물리학계의 몇몇 뛰어난 학자들에 의해서 신선하고 중요하다고 평가되었지만, 그가 주류 물리학계에서 벗어나서 브라질에 체류하고 있었기 때문에 최근까지 제대로 평가되거나 수용되지 못했습니다. 최근 들어서는 점점 더 많은 과학자들이 봄의 해석을 양자역학의 새로운 대안으로 평가하고 있습니다. 봄은 주류 과학자 사회에서 유리되면서 물리학의 토대에 대해 철학적으로 깊이 고민하기 시작했고, 그 결과 양자역학에 관한 새로운 해석을 이끌어냈습니다.[32]

봄과는 약간 다른 의미에서 알베르트 아인슈타인도 경계인입니다. 아인슈타인은 서로 다른 두 세계의 특징들을 섞어서 새로운 업적을 만들어내는 데 천재적인 창의성을 발휘했습니다. 잘 알려져 있듯이 1905년, 스위스 베른 시의 특허 사무소에서 일하던 무명의 물리학자 아인슈타인은 광전효과, 브라운운동, 특수상대성이론에 대한 세 편의 논문을 연달아 독일의 학술지 《물리학 연보》에 발표했습니다. 물리학자들과 과학사학자들은 이 세 편의 논문 각각이 노벨상감이었다는 데에 동의합니다. 남들은 평생 노력해도 한 편도 쓰기 힘든 논문을 한 해에 세 편이나 발표했으니, 아인슈타인의 1905년은 '기적의 해Annus Mirabilis'라고 부르기에 손색이 없습니다.

스위스의 작은 도시 베른의 특허 사무소에서 근무하던 아인슈타인이라는 청년이 어떻게 이렇게 폭발적인 창의성을 드러냈던 것일까요? 간단히 말해서 세 편의 논문들은 모두 물리학에서 두 영역 간의 경계를 파고든 것들이었습니다. 특수상대성이론에 대한 논문은 역학과 전자기학의 공통분모 혹은 그 '경계'를 다루었고, 광전효과에 대한 논문은 전자기학과 열역학(통계역학)의 경계를 탐구한 논문이었으며, 브라운운동에 대한 논문은 열역학과 역학의 경계에서 얻어진 논문입니다. 대부분의 다른 물리학자들은 경계에 속하는 문제에 별로 관심이

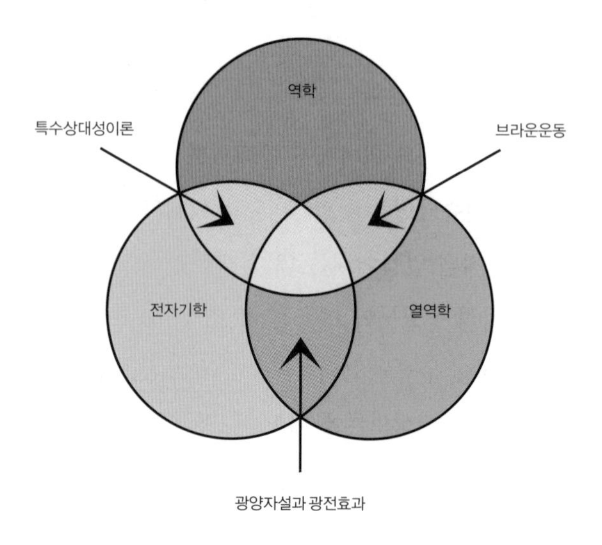

1905년 '기적의 해' 무렵 아인슈타인 연구의 지형도

없었지만, 아인슈타인은 이런 경계의 문제들을 몇 년 동안 골똘히 생각했습니다.

예를 들어, 브라운운동은 용액 같은 매질 속에서 미세한 입자들이 보이는 불규칙한 운동으로 100년 가까이 사람들에게 알려져 있었지만, 이를 눈에 보이지 않는 원자나 분자들의 확률적인 운동과 결합시켜서 생각한 사람은 아인슈타인이 처음이었습니다. 마찬가지로 빛을 금속에 쬐였을 때 전자가 튀어나오는 광전효과도 1887년에 발견된 이래 여러 사람들이 설명을 시도했던 문제였지만, 이를 빛 입자가 가지는 불연속적인 에너지의 통계적 분석으로 설명했던 사람은 아무도 없었습니다. 1905년, 아인슈타인은 다른 사람들이 한 편도 쓰기 힘든 노벨상감 논문을 세 편이나 쓴 것이 아니라, 서로 연관된 논문 세 편을 각각 노벨상감의 논문으로 만들었던 것입니다.

경계를 탐구하는 아인슈타인의 성향은 여기에서 그치지 않았습니다. 특수상대성이론은 시간, 공간, 물질의 질량과 에너지 같은 물리적 변수들을 일정한 속도로 운동하는 물체에 적용할 때 완전히 새롭게 이해할 수 있다는 놀라운 사실을 보여주었습니다. 예를 들어, 거의 빛에 가까운 속도로 빠르게 움직이는 물체의 경우, 시간이 천천히 가고 거리가 줄어든다는 것이지요. 조금 전문적인 얘기지만, 아인슈타인의 특수상대성이론은 뉴턴역학에만 해당되던 상대성원리를 전자기학까지 확장한 것으로도 볼 수 있었습니다.

그런데 문제가 있었습니다. 우리 주변은 물론 우주에서 볼 수 있는 대부분의 운동은 일정한 속도의 운동이 아니라 가속운동입니다. 태양의 자전 같은 원운동, 행성의 운동인 타원운동도 다 가속운동입니다. 물체가 직선으로 움직인다고 해도, 어디엔가 다른 물체가 있다면 중력의 영향을 받아 가속하게 됩니다. 특수상대성이론은 정말 '특수한' 경우에만 적용되는 이론이라는 것입니다. 따라서 아인슈타인은 특수상대성이론을 만들고 나서 가속운동의 경우, 중력이 작용하는 경우에도 일반적으로 적용할 수 있는 일반상대성이론을 만드는 작업에 바로 착수했습니다.

그런데 이 일은 생각처럼 쉽지 않았습니다. 등속운동을 어떻게 중력에 의한 가속운동으로 확장할 수 있을까요? 이 문제에 대해서 이런저런 생각을 하던 아인슈타인은 1907년에 그의 생애에서 '가장 행복한 생각'을 떠올리게 됩니다. 밖을 볼 수 없는 엘리베이터에 갇혀 있다고 가정해봅시다. 나는 바닥을 딛고 있고, 높이 뛸 수도 없기 때문에 내가 지구 위에 있다는 것을 알 수 있습니다. 그런데 만약에 이 엘리베이터가 지금 중력가속도(g)로 우주를 날아가고 있다고 생각해봅시다. 물체가 가속을 하면 반대 방향으로 힘을 받습니다. 따라서 내가 지구에 서 있을 때와 똑같은 힘을 느낄 것입니다. 중력의 효과는 가속운동의 효과와 같다는 결론이 여기에서 도출됩니다.

물리학에서는 이를 두고 '관성질량이 중력질량과 같다'라고 하며, 이 원리를 등가원리라고 합니다. 아인슈타인은 이 등가원리가 생애를 통틀어서 자신이 했던 "가장 행복한 생각"이라고 했습니다. 왜냐하면 이 생각으로부터 아인슈타인은 그의 가장 중요한 업적이었던 가속운동과 중력에 대한 일반상대성이론을 발전시킬 단초를 잡았기 때문입니다.

그가 어떻게 이런 생각을 한 것일까요? 운이 좋아서일까요? 그가 천재이기 때문일까요? 줄이 끊어진 엘리베이터에서 중력의 효과가 없어진다는 것은 누구나 할 수 있는 생각 같은데, 이전까지 이런 생각을 했던 사람이 없다는 것이 신기할 뿐입니다. 과학사가들은 이 생각을 출발점으로 아인슈타인이 어떻게 일반상대성이론을 발전시켰는지를 연구했지만, 어떻게 이런 '가장 행복한 생각'을 하게 되었는지 확실하게 알아내지는 못했습니다.

이 열쇠는 아인슈타인이 1921년에 학술지 《네이처》에 기고하기 위해서 집필한 미출판 원고에서 발견되었습니다. 여기에서 아인슈타인은 자신이 일반상대성이론에 도달한 과정을 서술하면서, 1907년의 행복한 생각에 대해서 "중력장은 전자기유도에 의해서 만들어진 전기장과 비슷하게 생각될 수 있으며, 오직 상대적인 존재자의 지위만을 갖는다"라고 썼습니다. 전자기유도에서 자석을 고정시켜 두고 도선을 움직이면 자기장이 도선에 전류를 유도하지만, 거꾸로 도선을 고정시켜 두고 자석이 움직일 때는 자기장만이 아니라 전기장이 생기며, 아인슈타인에 따르면 이런 전기장은 상대적인 존재자라고 할 수 있는(첫 번째의 경우에는 생기지 않았으니까요) 것이었습니다.* 간단히 정리하자면, 아인슈타인의 가장 행복했던 생각은 중력과 가속운동에 대한 역학적 고민의 영역에 전자기학에 대한 유비를 중첩시켜서 만들어졌던 것입니다.[33]

* 전자기유도에서 보이는 비대칭성은 아인슈타인이 특수상대성이론을 만들 때 계기가 되었습니다. 뉴턴역학에서는 보이지 않는 비대칭성이 전자기학에서는 보인 것인데, 특수상대성이론은 이를 극복하는 해법이었습니다.

경계인들은 이렇게 서로 다른 두 학문이나 전문성의 경계, 공통분모, 접면을 이용해서 창의적인 업적을 내는 사람들입니다. 그런데 인간-비인간의 네트워크라는 관점에서 보면, 인간의 관점이 아니라 사물의 관점에서 이 모든 것들을 생각해볼 수도 있습니다. 어떤 때에는 인간이 서로 다른 자연 세계를 매개하는 것이 아니라, 사물이 서로 다른 사회 세계를 매개하는 경우도 있습니다. 경계인에 비유를 해서 이런 사물은 '경계물'이라고 부릅시다.

경계물의 역할을 이해하기 위해서 19세기 말~20세기 초의 캘리포니아로 가보겠습니다. 19세기 후반에 캘리포니아의 생물학자들은 새로운 도전에 직면했습니다. 그들은 진화론을 수용하고 자신들의 연구가 진화론을 어떻게 지지하는지를 보여야 했고, 동시에 새롭게 등장한 정량적인 방법을 생물학에 도입해야 했습니다. 특정한 지역에 서식하는 종들의 개수나 특정한 종의 출현 빈도수 같은 것을 알아서, 그 지역의 생태계가 시간에 따라 어떻게 변하는지를 이해해야 했던 것이지요. 요즘 말로 하자면 진화론적인 생태학을 연구해야 했던 것입니다.

그런데 캘리포니아 생물학자들에게 예기치 않았던 기회가 찾아왔습니다. 아버지로부터 많은 재산을 물려받은 애니

알렉산더라는 여인이 자신의 부의 일부를 캘리포니아의 자연을 보존하는 작업에 쓰기로 결심을 했고, 그 과정에서 버클리대학교의 생태학자 조지프 그리넬과 알게 됩니다. 둘은 서로에 대한 신뢰를 쌓아나갔고, 알렉산더는 버클리대학교에 '척추동물박물관'을 설립할 돈을 기부하면서 그곳의 소장으로 그리넬을 추천합니다. 그리넬은 1908년부터 1939년까지 무려 30년 동안 이 박물관의 소장으로 있으면서, 박물관을 캘리포니아 지역의 생물과 환경을 진화적으로 연구하는 데 핵심적인 연구 센터로 발전시킵니다.

여기서 그리넬의 전략을 좀 더 자세히 살펴볼 필요가 있습니다. 그리넬의 가장 중요한 목표는 캘리포니아에 서식하는 생물들을 진화적이고 정량적으로 연구하는 것이었습니다. 그의 목표는 생물학 연구였지만, 그는 박물관의 유지와 확장이 자신의 연구를 위해 결정적으로 중요한 일이라는 것을 알고 있었습니다. 알렉산더에게는 캘리포니아의 풍요로운 자연을 보존하는 것이 가장 큰 관심사였습니다. 그녀는 그리넬을 신뢰했지만, 그녀 자신이 연구자는 아니었고, 연구 자체의 중요성을 충분히 이해하지는 못했습니다. 아마 박물관이 자연을 보존하는 데 도움이 되지 않는다고 판단되었다면, 지원을 중단했을지도 모릅니다.

대학 관계자들은 박물관의 건립을 허락했지만, 그리넬이나 알렉산더의 이상을 공유했던 사람들이 아닙니다. 이들의 관심사는 버클리대학교의 발전이었고, 박물관이 이에 기여한다고 생각했기 때문에 박물관에 관심을 가졌던 것입니다. 수렵꾼과 아마추어 채집자들도 있었습니다. 수렵 사냥꾼이나 채집자들은 그리넬이 자신들의 일을 방해할 수 있는 잠정적인 위협 인물이라고 생각했습니다. 이들은 그리넬의 연구가 사냥이나 채집을 금지하는 규제로 이어질까 봐 걱정을 하고 연구를 탐탁하지 않게 여긴 사람들이었습니다.

그리넬은 이 모든 사람들을 끌어안으면서 박물관을 유지하고 확장해야 했습니다. 이게 어떻게 가능했을까요? 그는 다양한 그룹들이 서로 공유하는 비인간들을 적극적으로 활용했습니다. 예를 들어, 사냥꾼과 채집자들에게 동식물의 표본을 가져다주면 사례금을 지급한다는 제안을 하고, 제안을 받아들인 사람들에게는 표본을 수집할 때 지켜야 하는 표준화된 수칙을 가르쳐주었습니다. 이 표본은 그리넬과 박물관의 전문가들이 연구를 하는 데 매우 중요한 존재였습니다. 표본은 서로 이해관계가 상충할 수도 있는 박물관 학자들과 사냥꾼들의 관계를 악화시키지 않았을 뿐 아니라, 사냥꾼들을 박물관의 연구와 확장에 도움이 되는 존재로 탈바꿈시켰습니다. 표본이라는 비인간은 이해관계가 상충될 수 있는 두 집단 사이에서, 두 집단의 이해를 매개하면서 서로 등을 돌리지 않게 했던 것입니다.

그리넬이 동원한 또 다른 비인간에는 '캘리포니아 주'가 있습니다. 이는 표본과는 달리 상당히 추상적인 존재입니다.

그리넬은 캘리포니아 주를 자신의 연구가 이루어지는 물리적인 경계로 삼을 수 있었습니다. 대학의 보직 교수들에게 '캘리포니아 주'는 매우 중요했고, 그리넬의 연구와 박물관이 캘리포니아 주에서 버클리대학교의 위상을 올릴 수 있을지가 가장 민감한 문제였습니다. 또 아마추어 채집가들에게는 자신들의 표본 수집 활동이 캘리포니아 주의 자연을 보호한다는 자부심을 심어주었습니다. 캘리포니아 주는 이들의 활동을 연결해주는 고리 같은 역할을 잘 수행했던 것입니다.[34]

경계물은 이렇게 여러 집단의 경계에 존재함으로써 이해관계를 매개해서 작은 네트워크들을 만들고, 이것들을 하나의 목적에 일관성 있게 기여하도록 해주는 비인간입니다. 경계물은 상충되는 이해관계를 완화할 수 있습니다. 경계물을 통한 소통은 한쪽이 다른 한쪽에 자신들의 가치나 세계관을 따르도록 강요하는 '제국주의적' 소통 방식과 반대되는 소통 방식입니다. 사람들 사이에 존재하는 차이는 사람이 정치력을 발휘해서 해소할 수 있습니다. 그런데 사람들 사이에 '경계물'이 놓임으로써 이런 차이가 유지되면서도 동시에 소통이 가능한 상태를 만들 수도 있습니다. 협상가들이 하는 일을 사물들도 수행할 수 있는 것이지요. 경계물을 잘 이용하는 것은 서로 다른 학문 분야들 사이의 협동 연구에서만이 아니라, 서로 다른 세계관이 충돌해서 사회적 갈등을 일으킬 때 이를 완화시키는 데에도 유용합니다.[35]

제2장
네트워크로 보는 테크노사이언스

미 항공모함이 쿠웨이트까지 가려면

과학은 보편적입니다. $F=ma$라는 뉴턴의 공식은 뉴턴이 살았던 영국에서도, 한국에서도, 인도네시아의 자바 섬에 있는 한 초등학교에서도, 그리고 아직도 문명의 혜택을 받지 못한 브라질의 인디오족에게도 참입니다. 역학의 원리와 실험을 잘 이용하면 떨어지는 물체의 중력가속도가 $9.8m/sec^2$이라는 것을 어렵지 않게 알 수 있습니다.[1]

그런데 정말 그럴까요? 이 간단한 문제를 조금 다른 각도에서 분석해봅시다. 낙하하는 물체로 실험을 한다고 했을 때, 물체의 중력가속도를 알기 위해서는 가장 기본적으로 시간과 거리를 측정해야 합니다. 거리를 측정하기 위해서는 눈금이 매겨진 자가 있어야 하고, 시간을 측정하려면 시계가 필요합니다. 그런데 이런 시계와 자가 서로 일치해야 합니다. 자바 섬에서 학생들이 수업 시간에 쓰는 자의 30센티미터가 영국에서 쓰는 자의 30센티미터와 같다는 것을 어떻게 보장할 수 있을까요? 영국 학생들이 쓰는 시계로 잰 1초와 한국에서 잰 1초가 같다는 것을 어떻게 확신할 수 있을까요?

표준이 잘 맞지 않는 경우는 일상에서 자주 경험할 수 있습니다. 아이가 열이 나서 체온을 재면 체온계에 따라서 체온이 달리 나타납니다. 한 체온계로 쟀을 때에는 37.4도여서 좀 안심을 했는데, 다른 체온계로 재니 38.2도가 나와서 병원에 뛰어가는 경우도 있습니다. 그런데 병원에서 열을 재보니 38도였습니다. 병원에서 쓰는 체온계를 보니 집에서 쓰는 체온계와 똑같은 제품입니다. 누가 잰 체온이 옳은 것일까요? 배터리를 쓰는 전자 체온계는 배터리가 약해지면서 오류를 범하는 경우가 많습니다. 그래서 요즘은 아예 예전에 사용하던 수은 체온계가 더 정확하다고 생각하는 사람들도 있습니다. 그런데 수은 체온계는 얼마나 물고 있는가에 따라서 또 다른 값을 냅니다. 공인을 받은 표준 기기라고 항상 같은 값을 내는 것은 아닙니다.

일상생활에서 접할 수 있는 다른 사례를 들어보지요. 집에서 사용하는 가스계량기는 모두 공인된 제품이지만, 얼마 전 여기에 문제가 있다는 것이 밝혀졌습니다. 가스계량기는 0도, 1기압으로 표준을 맞추는데, 0도보다 더 높은 일상 온도에서는 가스가 팽창하기 때문에 실제로 사용한 가스보다 더 많은 가스 요금이 나옵니다. 이 사실이 문제가 되자 온압보정계수를 만들거나 보정기를 설치하기 시작했습니다. 이런다고 모든 문제가 해결되는 것은 아닙니다. 보정기의 종류에 따라서 다른 값이 나오는 경우도 종종 있으니까요. 이번에는 보정기들이 잘 맞는지를 비교하는 표준이 문제가 됩니다. 그런데 보정기를 테스트하는 표준이 있다고 해도 이 표준이 맞다는 건 어떻게 보장할까요? 또 다른 표준이 필요할지도 모릅니다. 즉, 어디에나 균일하게 적용되는 '보편적인 가스 요금'을(이런 말이 사용되는 것 같지는 않습니다) 위해서는 넘어야 할 산이 많습니다.

표준과 관련된 문제는 예전부터 있었습니다. 필자가 어렸을 때 시장에 가서 쌀을 사 오는 심부름을 한 적이 있습니다. 쌀 한 되를 사면 됫박에 쌀을 담은 뒤에 이를 봉투에 넣어줍니다. 그런데 어떤 때에는 됫박에 쌀을 수북이 담아서 주고, 어떤 때에는 수북한 부분을 쳐내고 줍니다. 이럴 때는 쌀장수 아저씨가 야박하기만 합니다. 고기와 같이 무게를 다는 물건을 살 때 손님은 주인에게 "잘 좀 달아주세요", "잘 쳐주세요"라는 얘기를 하곤 했습니다. 저울을 어떻게 쓰는지에 따라서 고기의 양이 달라질 수 있었기 때문입니다. 사실 이런 방식은 가격을 바꾸기 힘들었던 농경 사회 시절, 물건의 공급 변동에 상인들이 대응하는 방식이었습니다. 쌀 공급이 잘 안 될 때 쌀값을 올리는 것보다 되나 말을 야박하게 쳐서 주는 게 더 효과적이었다는 얘기입니다.[2]

이런 방법이 잘 통하지 않았던 적도 있습니다. 프랑스혁명 직전에는 자꾸 작아지는 빵의 크기에 민초들의 분노가 폭발했습니다. 속임수 저울이 프랑스혁명을 낳았다고 볼 수도 있지요. 부분적으로는 이런 이유 때문에 프랑스혁명 이후의 혁명정부는 도량형을 개량하려고 했습니다. 당시는 이성과 계몽의 시대였고, 따라서 도량형 개량을 추진했던 사람들은 도량형이 합리적이면서 자연으로부터 얻어진 것이어야 하고, 속일 수가 없는 것이어야 하며, 쉽게 복제해서 전파할 수 있는 것이어야 한다고 생각했습니다. 외무장관 탈레랑이 과학아카데미의 서기 콩도르세에게 도량형 사업을 맡겼고, 과학아카데미 회원들은 적도에서 북극점까지의 자오선의 1,000만 분의 1의 길이를 길이의 표준인 1미터로 한다는 데에 합의했습니다.

여기까지는 별로 어렵지 않았는데, 문제는 자오선의 길이를 실측하는 데에 있었습니다. 파리 과학아카데미의 과학자들은 탐험을 위한 엄청난 경비를 제헌의회에 요청하고, 두 개의 팀을 만든 뒤에 한 팀은 파리에서 남쪽 바르셀로나로, 다른 팀은 파리에서 북쪽 됭케르크 지역으로 측량 탐사를 보냈습니다. 당시에 흔들거리는 진자를 사용해서 상대적으로 쉽게 길이의 표준을 얻어내는 방법이 있었지만, 프랑스 과학자들은 진자가 영국 과학을 대표하는 뉴턴의 중력이론과 밀접하게 연

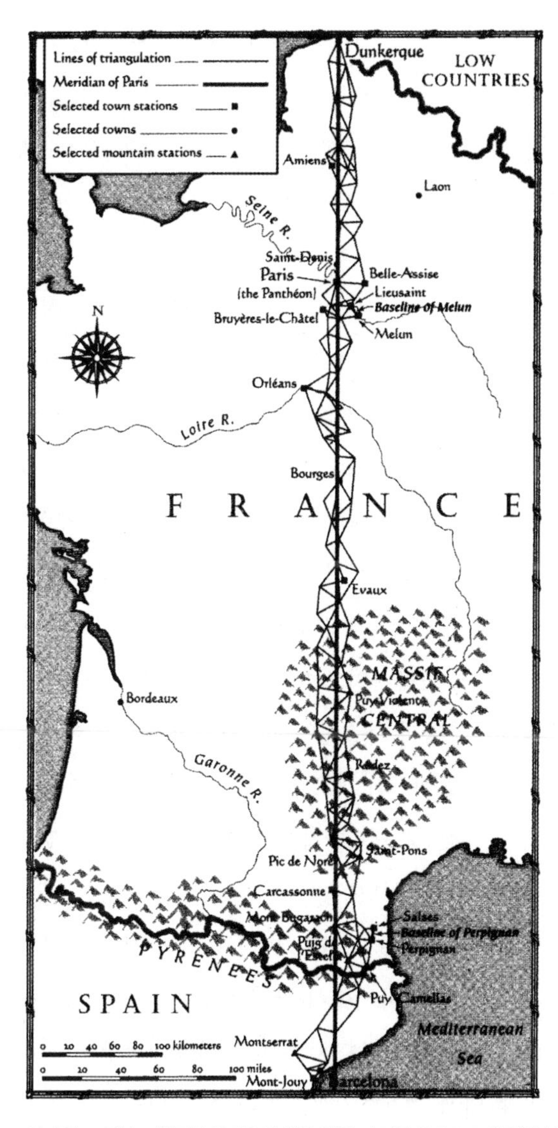

18세기 말, 프랑스 과학자들의 자오선 실측 탐험. 파리를 중심으로 한 팀은 북쪽으로, 다른 팀은 남쪽으로 측량 탐사를 떠났습니다.

결되어 있다는 이유로 이를 채택하지 않았습니다. 이들은 탐사를 통해 지구의 모양에 대한 지식을 얻을 수 있고, 새로 개발된 삼각측량법을 시험할 수도 있으며, 무엇보다 정부로부터 큰 연구비를 받아낼 수 있다는 점 때문에 탐사를 고집했습니다.

탐사를 떠나는 것까지도 별문제가 없었습니다. 하지만 그 뒤로 많은 문제가 생겼습니다. 스페인으로 떠난 탐사팀의 대표인 메셍은 스파이로 체포되어 감옥에 갇혔고, 북쪽으로 떠난 팀의 대표 들랑브르는 농부들에게 측량 기구가 파괴되는 수모를 겪기도 했습니다. 이사이에 프랑스에서는 제헌의회가 해산되고 국민공회가 설립되었습니다. 국민공회의 권력을 잡은 자코뱅파는 과학에 대해 적대적이어서, 과학아카데미를 해산하고 유명한 화학자인 라부아지에를 처형하기도 했습니다. 1795년에 자코뱅이 축출되었지만 탐사의 결과는 아직도 나오지 않은 상태였습니다. 새로운 정부는 60년 전인 1735년에 모페르튀이라는 프랑스 과학자가 측정한 결과를 임시로 채용해서 미터법을 일단 발효했습니다.

프랑스 과학자들은 다시 미터 표준의 제정에 박차를 가했고, 1798년에는 파리에서 국제 학회를 개최해서 미터법에 대해 토론을 했습니다. 당시 진자에 의한 표준을 고집하던 영국은 이 회의에 불참했지만,* 다른 여러 나라들은 참석을 해서 자연으로부터 얻어진 '미터'라는 표준에 대해 상당히 만족스러운 입장을 표명했습니다. 다음 해 프랑스 정부는 미터법에 대한 표준을 공표했고, 이것은 곧 유럽 전역으로 퍼져나갔습니다. 영국은 예외였고요. 다른 나라들이 이렇게 호의적인 입장을 표명한 것은 과학자들이 '미터는 자연으로부터 얻어진 표준'이라는 프랑스 당국의 생각을 공유했기 때문입니다. 지금도 우리는 1미터가 적도에서 북극까지의 지구 자오선의 1,000만 분의 1에서 만들어진 것이라고 배웁니다.

그런데 이것이 얘기의 전부가 아닙니다. 우선 당시 프랑스 과학자들이 실측한 것은 적도에서 북극까지의 지구의 자오선이 아니라 프랑스 지역에 국한된 최대 자오선이었습니다. 실제로 무슨 일이 있었던 것일까요? 프랑스 과학자들은 자신들의 관측 결과를 놓고 토론을 한 뒤에, 적도에서 북극까지의 자오선의 길이를 재고 이를 1,000만 분의 1로 나눠서 길이의 표준을 만드는 것이 실질적으로 불가능하다는 결론에 도달합니다. 이들은 결국 프랑스 내에서 이루어진 자신들의 실측 데이터를 이용해서, 자오선의 1,000만 분의 1에 가장 가깝다고

* 영국이 자오선 측정 기반의 프랑스 표준에 동의하지 않고 길이 표준으로 진자를 고집한 데에는 이유가 있었습니다. 진자를 표준으로 이용하려면 지구의 중력과 중력가속도를 고려해야 합니다. '중력'이라는 개념은 영국의 과학자였던 뉴턴이 최초로 주장했던 개념이었기 때문에, 진자 표준은 어디로 보나 '영국적인' 표준이었던 것입니다. 영국 과학자들은 19세기 초엽에 진자 표준을 만들기 위해서 여러 정밀한 실험을 수행합니다. 이들이 실험을 시작할 때만 해도 돈을 거의 들이지 않고도 프랑스의 미터 표준보다 더 정밀하고 자연적인 표준을 만들 수 있다는 데에 매우 낙관적이었지만, 실험을 하면 할수록 진자를 가지고 길이 표준을 만든다는 것이 쉽지 않다는 것을 알게 되었습니다. 중력가속도가 지역에 따라서 차이가 났고, 간단한 진자 실험에서 보정을 해줘야 할 요소들이 계속 발견됨에 따라서, 수십 년 동안 실험만 하다가 결국 이 시도를 포기했습니다.

생각되는 길이의 백금자를 만들었습니다. 그리고 1799년 6월 22일, 이 백금자를 1미터라고 선언했습니다.

정말 이 백금자가 자오선의 1,000만 분의 1일까요? 그런지 아닌지는 속된 말로 '며느리도 모르는' 것이었습니다. 이 백금자는 자연으로부터 나온 것이 아니었다는 얘기입니다. 그렇지만 이를 만들기 위해서 프랑스 과학아카데미는 10년에 가까운 시간과 5개의 위원회, 수십 명의 과학자들, 30만 리브르의 탐사 경비를 사용해야 했습니다. 1미터는 기존의 도량형으로 3피트 11.296리뉴*라는 결과를 냈습니다. 1735년에 프랑스 과학자 모페르튀이가 페루 탐사에서 얻은 3피트 11.44리뉴라는 수치와 큰 차이가 없었지요. 테크노사이언스 네트워크라는 시각에서 보면 '1미터'라는 표준은 자연에서 얻어져서가 아니라, 최고의 과학자들이 모인 프랑스 과학아카데미에서 동원한 10년에 가까운 시간, 5개의 위원회, 수십 명의 과학자들, 30만 리브르의 탐사 경비 때문에 권위를 가졌던 것입니다.[3]

자연이나 추상적인 단위를 표준으로 삼는 것은 항상 이런 문제에 봉착합니다. 19세기 전자기학에서 가장 기본이 되었

* 옛날 길이의 단위입니다. 1리뉴ligne는 12분의 1인치 정도였다고 합니다.

던 단위는 저항의 단위인 옴Ω이었습니다. 영국의 과학자들은 단위에 대한 논의를 통해서 1옴의 단위를 '초속 10^7미터'로 정의했습니다. 그리고 정밀한 측정을 통해서 이 수치에 해당하는 표준 도선standard coil을 만들었습니다. 그리고 이 표준을 복제해서 전 세계에 배포했습니다. 영국 표준을 사용하라는 얘기였지요. 그런데 영국에 있는 표준 도선이 초속 10^7미터의 값을 가질까요? 이를 어떻게 보장할 수 있을까요? 나중에 캐번디시연구소에서 측정을 해봤더니, 이 표준 도선의 값이 초속 10^7미터에서 상당히 빗나가게 나왔습니다.[4] 따라서 표준을 다시 제정할 필요가 생겼지요. 또 만들어도 또 달라질 가능성이 있기 때문에, 표준을 위한 측정을 담당하고, 표준을 제정하는 기초 연구를 수행하고, 표준을 관리할 기구가 필요해졌습니다. 19세기 말에서 20세기 초엽 사이에 독일, 영국, 프랑스, 미국 등 각국에 표준연구소가 만들어집니다. 표준연구소들을 시점으로 국가는 과학 연구를 위해 꽤 큰 예산을 쏟아붓기 시작합니다.

지금은 어떨까요? 지금은 길이와 시간에서 정밀한 표준이 제정되었다고들 합니다. 예를 들어, 시간의 표준은 세슘이라는 원자의 진동을 사용합니다. 세슘 원자는 1초 동안 9,192,631,770번 진동하기 때문에, 세슘 원자가 한 번 진동하는 데 걸리는 시간을 9,192,631,770분의 1초로 잡으면 됩니다. 이 시계는 상당히 정확해서 30만 년에 1초의 오차를 보인다고 합니다. 그런데 모든 세슘 시계가 다 똑같을까요? 세슘 시계를 작동시키기 위해서는 유리관에 이온화된 세슘을 넣고 방전시켜야 합니다. 원리적으로는 긴 관 속에서 방전을 시키는 것이 좋은데, 그럴 경우에는 고전압이 필요할 뿐만 아니라 진공관을 태우기가 십상입니다. 이는 돈이 많이 드는 작업이기 때문에, 일상적으로는 긴 진공관 대신에 짧은 진공관을 많이 사용합니다. 긴 진공관이냐 짧은 진공관이냐에 따라서 결과는 매우 미세하긴 하지만 달라집니다. 세슘의 진동은 같을지 모르지만, 세슘 시계의 시간은 같지 않습니다. 그렇다면 어떤 튜브를 사용한 세슘 시계가 표준일까요? 두 개의 다른 세슘 시계가 미세하게 다른 결과를 낳았다면 이 중에 어떤 것을 표준으로 해야 할까요? 이를 결정하는 더 권위 있는 표준이 있을까요?

미국의 과학자들은 국립표준기술원에 있는 세슘 시계를 표준으로 하기로 합의했습니다. 이것이 1999년에 정해진 NIST-F1입니다. 이 시계는 30만 년에 1초의 오차가 있다고 평가되었습니다. 2014년에는 역시 세슘을 사용한 NIST-F2가 기존의 표준을 대체했는데, 이 시계는 오차가 300만 년에 1초 생긴다고 평가됩니다. 이렇게 시간의 표준은 자연으로부터 정해지면서, 동시에 사회적 합의가 개입하며 정해집니다. 한국에서는 표준과학원에 있는 세슘 시계를 표준으로 하지요. 그렇다면 미국의 국립표준기술원의 세슘 시계와 한국의 표준과학원의 세슘 시계 중 어느 것이 더 정확할까요? 사실 과학자들도 미국의 표준 시계와 한국의 표준 시계를 비교해서 맞출 정도의 표준을 필요로 하지 않습니다. 정말 정밀한 시계가 필요한 실험도 있지만, 대학이나 연구소의 실험실에서 이루어지는 많은 실험들은 그냥 실험실에 비치된 시계를 쓰고, 심지어 핸드폰의 시계를 사용하는 경우도 많습니다. 30~300만 년에 1초 틀리는 시계를 사용해야 하는 실험은 많지 않은 것입니다.

그렇다면 왜 이런 표준이 필요한 것일까요? 미국에서 표준 연구를 가장 많이 지원하고 표준 관련 측정 인력을 가장 많이 보유한 조직은 국방부입니다. 원자시계 연구를 최초로 지원한 기관도 미국의 국방부입니다. 군사적 목적의 인공위성이나 대륙 간 탄도미사일을 개발할 때 기존의 시계보다 훨씬 더 정교한 표준 시계가 필요했기 때문에 원자시계의 개발을 지원했던 것입니다. 미국 국방부의 표준 연구자들은 '이동식 표준 전압voltage' 같은 것을 들고 국방부와 계약한 납품 업체나 실험실을 돌아다니면서 이들의 제품들이 국방부가 요구하는 표준을 만족하는지 계속 점검을 하곤 했습니다. 인공위성이나 미사일의 부품들은 여러 연구소와 공장에서 만들었는데,* 표준에 맞지 않으면 이것들을 조립해놨을 때 제대로 작동하지 않

* 큰 공장을 지어 모든 부품을 만드는 것은 기술적으로 가능하지도 않을 뿐만 아니라, 의회의 반대 때문에 정치적으로도 불가능합니다.

기 때문이지요.

게다가 군부가 만든 무기들은 외국에서 사용되는 경우도 많습니다. 1990년대에 이라크가 쿠웨이트를 침공하기 전에 미국은 쿠웨이트에 비행기와 다른 군사 무기를 많이 팔았는데, 쿠웨이트 군부는 미국의 비행기를 작동시키려면 쿠웨이트 내에 미국의 표준연구실과 비슷한 연구실을 만들어놔야 한다는 것을 알게 됐습니다. 쿠웨이트는 비행기 값만 지불한 것이 아니라, 표준연구실을 설치하는 데 드는 비용까지 지불해야 했던 것이지요. 미국 비행기는 미국의 전압, 저항, 시간 등의 표준을 준수하도록 만들어졌고, 이 표준들이 잘 맞는지 알기 위해서는 미국에서 정한 표준을 측정하고 관리하는 실험실이 필수적이었기 때문입니다. 이런 표준 실험실이 있어야 미국의 비행기는 쿠웨이트 상공에서 제 기능을 발휘하며, 쿠웨이트 앞바다에 정착한 미국의 항공모함에 내릴 수 있습니다. 마찬가지로 미국의 항공모함도 제 기능을 발휘하려면, 어딘가 고장 나거나 부품이 필요할 때 현지에서 조달할 수 있어야 합니다. 이런 목적을 위해서도 표준을 지키는 것이 중요했습니다.[5]

표준을 생각하면 머릿속에 네트워크를 생각하지 않을 수 없습니다. 19세기에 영국의 식민지였던 인도는 영국과 해저

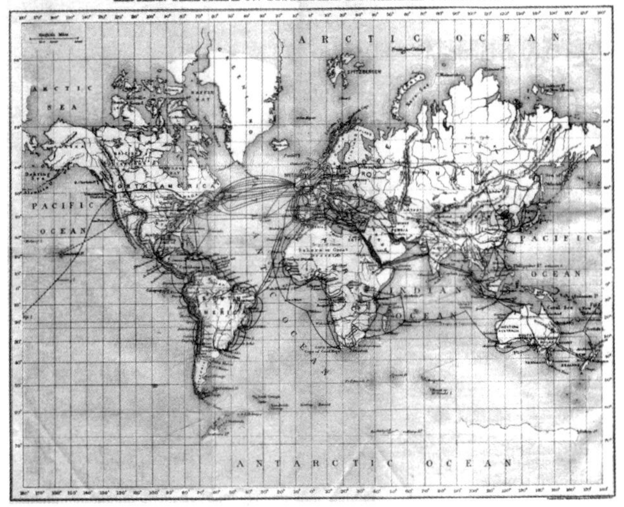

영국의 동부전신회사가 운영하던 전신선. 영국을 중심으로 전 세계의 국가들, 특히 영국의 식민지들을 거미줄처럼 연결하고 있습니다.

전신을 통해 연결되어 있었고, 두 나라는 식민지의 통치와 관련된 엄청난 양의 메시지를 주고받았습니다. 인도의 엔지니어들은 전신을 고치고 수리하기 위해서 영국의 표준 저항과 전압을 사용해야 했지요. 표준이 오래 사용되어서 낡아지면 다시 요청을 하고 새로운 표준을 받아 써야 했습니다. 표준은 인도의 전신을 영국의 전신과 말썽 없이 이어주는 효율적인 인터페이스이자, 네트워크의 마디node 같은 존재였습니다. 과학기술학에서는 이런 네트워크의 마디 같은 존재들을 '의무통과지점'이라고 부릅니다.

표준을 장악한다는 것은 의무통과지점을 만들고 다른 사람들이 이곳을 통과할 수밖에 없는 상황을 만드는 것을 의미합니다. 표준은 권력이라는 것이지요. 뉴턴의 법칙으로 돌아가봅시다. 자바 섬에 있는 초등학교에서도 뉴턴의 법칙이 참일까요? 물론 그렇겠지요. 그런데 뉴턴의 법칙이 동일하게 작동하기 위해서는 물리학 교과서는 물론 적절한 실험 도구들이 있어야 하고, 정해진 길이, 시간, 무게 등을 표준에 맞게 잴 수 있어야 합니다. 또 이것이 한 번에 그치는 것이 아니라면, 표준 관련 측정을 지속적으로 하고, 표준을 관리할 수 있는 더 큰 실험실도 필요합니다. 어떤 의미에서 이런 과정은 영국의 실험실 네트워크를 옮겨놓는 것입니다. 과학기술학자 라투르는 파스퇴르가 실험실에서 만든 백신이 실험실 밖으로 나와서 아이들에게 의무 접종되는 과정을 '프랑스의 파스퇴르화'라고 명명하기도 했습니다.

앞서 보았듯이, 표준을 한번 만들었다고 해서 이게 영원히 유지되는 것은 아닙니다. 표준을 그냥 놔두면 낡아지고 유용성이 떨어지게 되고 맙니다. 영국에서 잘 작동하던 네트워크를 자바 섬에서도 잘 작동하게 하려면, 자바 섬에서 사용하는 실험 기구들이 표준에 맞는지 계속 측정을 하고, 잘 맞지 않으면 고치고, 정확한 표준을 보관하고 관리하는 작업이 이루어져야 합니다. 즉 '의무통과지점'이 의무통과지점으로서 잘 기능을 하려면, 계속 관리하고, 조정하고, 간섭하고, 검토하는 일들이 필요하다는 것입니다. 이런 관리 작업이 잘 이루어지지 않으면, 영국에서는 잘 작동되던 네트워크가 자바 섬에서는 이상하리만큼 무기력해지기도 합니다. 보편성을 획득하는 데 실패한다는 얘기이지요. 보편성은 과학의 성공 원인이 아니라 성공 결과인 것입니다.

실험실 속 제왕나비

책은 "내게 실험실을 달라, 그러면 지구를 들어 올리겠다"로 시작했습니다. 그리고 실험실이 비인간을 길들여서 인간과 새로운 동맹을 맺게 하는 공간이라는 것도 살펴보았습니다. 실험실은 자연을 연구하지만 자연 그 자체는 아닙니다. 실험실은 자연의 일부를 떼어오거나, 무질서한 자연을 질서 잡힌 환경으로 인위적으로 탈바꿈시킴으로써 자연에서 일어나는 혼란스럽고 질서가 없는 현상들을 연구할 수 있게 합니다. 실험실에서 이루어지는 실험은 복잡한 자연의 깔끔한 시뮬레이션 비슷한 것으로 생각할 수 있고, 어떤 철학자는 이를 두고 '제2의 자연'이라는 표현을 쓰기도 했습니다.

바로 이런 이유 때문에 오랜 기간 동안 실험은 과학자들이 해서는 안 되는 것으로 받아들여졌습니다. 고대 그리스 과학을 집대성해서 과학의 체계를 세운 아리스토텔레스는 실험이 자연을 망치기 때문에 과학의 방법이 될 수 없다고 했습니다. 그는 자연을 교란시키지 않는 '관찰'만이 과학의 정당한 방법이라고 생각했습니다. 이런 관점에 따르면 실험은 자연을 가지고 무엇을 만드는, 예를 들어 나무를 가지고 배를 만드는 기술자에게나 적합한 방법이었던 것입니다.

근대 과학에서 실험이 다시 부상하게 된 역사는, 과학과 기술, 자연과 인공 사이의 구분이 허물어졌던 역사와 서로 영향을 주고받으면서 함께 발전합니다. 실험은 17세기에야 과학의 적법한 과정으로 인정을 받고 자리를 잡게 됩니다. 17세기 과학자들이 열심히 노력하고 반대자들과 논쟁한 끝에, 실험은 인공이 아니라 자연을 대상으로 한 탐구라는 것이 받아들여지게 됩니다. 일례로, 비록 지구상에서는 진공을 보기 힘들어도, 진공펌프를 가지고 하는 실험은 기술이 아니라 자연철학으로 간주되었습니다. 그것은 공기가 아주 희박해진 우주를 시뮬레이션한 것이기 때문입니다. (시뮬레이션은 20세기 용어이지 17세기 용어가 아닙니다. 여기에서는 단지 이해를 쉽게 하기 위해서 사용한 것이니 양해해주시기 바랍니다.)[6]

실험이 과학적 방법론으로 자리를 잡으면서 생긴 논쟁들 중 하나는 실험이 자연을 얼마나 근접하게 재현했는가 하는 것입니다. 19세기 말엽에 발생한 논쟁 하나를 봅시다. 19세기 유럽에 전신선이 거미줄처럼 놓이면서 번개가 가끔 전신선을 끊어버리는 문제가 발생했습니다. 물론 피뢰침을 세우면 될 일이었지만, 피뢰침을 얼마만큼의 간격으로 세워야 전신주를 보호할 수 있을 것인지의 문제가 다시 생깁니다. 피뢰침을 세우는 데 비용이 드니까요. 결국 이 문제를 해결하기 위해서는 번개의 본질에 대해 더 알아야 한다는 합의가 생깁니다. 번개가 전기의 작용, 특히 전류의 작용이라는 것은 벤저민 프랭클린 이후에 잘 알려진 사실이었지만, 정확하게 어떤 방식으로 하늘과 땅 사이에 전류가 흐르는 것인가 하는 문제가 논쟁의 대상이 됩니다.

영국의 물리학자 올리버 로지는 번개가 거대한 스파크 방전이라고 생각하고, 자신의 실험실에 작은 규모의 번개를 만드는 실험 장치를 만들어 실험을 했습니다. 실험은 이론을 입증하는 것처럼 보였습니다. 그는 자신의 이런 실험과 이론을 합쳐서 피뢰침의 끝이 꼭 뾰족할 필요가 없고, 그 재료도 저항이 적고 전류가 잘 통하는 구리가 아니라 저항은 크지만 자기유도계수inductance가 작은 쇠가 더 좋으며, 오히려 피뢰침의 표면적이 넓은 것이 더 좋다고 주장했습니다.*

* 직류 전류의 흐름을 방해하는 것이 저항이라면 교류 전류의 흐름을 방해하는 것은 자기유도계수라고 생각하면 됩니다. 스파크 방전은 고주파 교류이며, 만약에 번개가 스파크 방전이라면 하늘에서 땅으로 내리꽂는 직류가 아니라 하늘과 땅 사이를 왔다 갔다 하는(1초에 수만~수백만 회) 고주파 교류를 고려해야 합니다. 이럴 때 피뢰침은 저항이 작은 물질이 아닌, 자기유도계수가 작은 물질을 써야 하지요. 로지의 실험실 모형은 번개가 스파크 방전이라고 생각하고 고주파 스파크 방전으로 번개를 시뮬레이션했습니다. 그렇지만 실제 번개가 고주파 방전인지 아닌지는 이런 실험으로 판명 나기 힘든 문제였습니다.

프리스와 로지의 논쟁에 대한 삽화. 프리스의 뾰족한 피뢰침 깃발에는 '경험experience'이라는 글귀가 적혀 있고, 그의 벨트에는 피뢰침 5만 개, 번개 3만 번라는 문구가 적혀 있습니다. 프리스 밑에 쓰러져 있는 사람이 로지입니다. 로지의 이상한 모양의 피뢰침에는 '실험experiment'이라는 글귀가 적힌 깃발이 달려 있습니다.

피뢰침을 만들어서 전신주에 설치하는 일을 실제로 하던 윌리엄 프리스 같은 현장 엔지니어는 올리버 로지의 주장과는 반대로 두꺼운 구리 막대기가 가장 좋은 피뢰침이라고 주장했습니다. 프리스는 로지의 실험이 실제 들판에 꽂히는 번개를 재현한 것이 아니며, 그의 이론도 실제 번개를 대상으로 한 것이 아니라고 주장했습니다. 로지의 실험이 실제 번개라는 자연현상을 얼마나 잘 재현했는지에 대해서 이견이 존재했기 때문에, 어떤 피뢰침이 좋은 피뢰침인지 판단하는 데 결정적인 지침을 주지 못한 것입니다.[7]

실험이 자연을 이해하는 가장 강력한 방법이라는 사실은 지금도 참일 것입니다. 현대의 과학기술자들의 대부분은 실험실에서 실험을 하고 있으며, 실험이 자연에 대한 사실을 낳는다고 생각합니다. 그렇지만 현대의 테크노사이언스의 속성과 이것이 만들어내는 여러 문제들을 더 잘 이해하기 위해서는 실험과 자연을 다시 섬세하게 구별해야 할 때가 있습니다. 과학자들의 실험은 비인간을 이해하게 하고 길들이지만, 그 대가로 실제 존재하는 복잡한 자연을 변형시키고 단순하게 만듭니다. 그리고 때로는 자연과 실험실 간 조건의 차이가 중요하게 부상합니다. 의학 분야에서는 시험관에서 잘되는 실험이 세포 상태에서는 잘 안 되고, 세포에서 성공한 실험이 쥐에서는 잘 안 되고, 쥐에서 성공한 실험이 원숭이에서는 잘 안 되고, 원숭이에서 성공한 실험이 사람을 대상으로 한 임상 실험에서는 잘 안 되는 경우가 많습니다. 정도의 차이는 있지만, 이런 문제는 다른 과학에서도 나타날 수 있습니다. 특히 현대의 테크노사이언스가 낳는 위험과 관련해서는 이런 미묘한 차이들이 불확실성의 원천이 되고, 이런 불확실성이 다시 위험에 대한 인식을 증폭시킵니다.

영국 컴브리아 지역의 목양업 사례는 이런 간극이 어떻게 위험 커뮤니케이션의 실패를 가져왔는지를 잘 보여줍니다. 1986년에 소련의 체르노빌 원자력발전소에서 노심이 용융하는 사고가 발생했고, 여기에서 나온 방사능이 목양업을 주로 하는 영국의 컴브리아 지역을 오염시켰습니다. 영국 정부의 의뢰를 받은 과학자들은 토양에 흡수된 방사능의 준위가 언제 안전한 준위로 떨어질 것인지를 실험했습니다. 정부는 과학자들의 실험 결과에 근거해서 방사능 준위가 곧 하락할 것이라고 발표했고, 컴브리아의 목양업자들은 이러한 발표를 반겼습니다. 목양업자들은 곧 다시 양떼에게 풀을 먹일 수 있고, 시장에 양털을 내놓을 수 있다는 희망을 가졌던 것입니다.

그렇지만 과학자들의 실험은 이 지역에서 주를 이루는 산성 토양을 대상으로 한 것이 아니라 알칼리 진흙 토양을 대상으로 한 것이었기 때문에, 실험 결과와 과학자들의 예측은 곧 잘못된 것으로 판명되었습니다. 과학자들은 양 판매를 무기한 연장해야 한다는 새로운 결과를 보고했고, 이는 목양업자들의 분노를 유발하면서 과학자들에 대한 신뢰를 떨어트렸습니다.

또 다른 실험은 양의 체내에 축적된 세슘의 농도를 측정하는 것이었습니다. 과학자들은 정확한 실험을 위해서 양을 울타리에 가두고 실험을 했습니다. 그러나 목양업자들은 양을 울타리에 가두고 실험하는 것이 방목 상태에서 풀을 먹이는 컴브리아 지역의 목양 조건과 다르다고 항의했습니다. 처음에는 이런 의견을 받아들이지 않던 과학자들도 결국 목양업자들이 문제를 제기하는 것에 타당성을 인식하고 진행하던 실험을 중단했습니다. 현장의 조건을 무시했던 이 실험은 전문가에 대한 신뢰를 급격하게 떨어트리는 결과를 낳았습니다. 결국 이런 일이 반복되면서 목양업자와 과학자들 사이에 좁힐 수 없는 불신의 간격이 형성된 것입니다.[8]

더 최근의 문제로 관심을 돌려보겠습니다. 최근 미국에서는 꿀벌의 수가 급격히 감소하는 현상이 관찰되었습니다. 미국은 자연에 자생하는 꿀벌만으로는 모든 식물의 수정이 불가능하기 때문에 양봉업자들이 꿀벌 통을 들고 돌아다닙니다. 많은 수의 꿀벌을 풀어놓아서 식물의 수정을 가능하게 하는 동시에 벌이 모아온 꿀을 가지고 가는 것이지요. 보통 이 과정에서 다른 벌이나 해충의 습격 때문에 벌의 수가 약간씩 감소하는데, 최근에는 이 감소 비율이 70~80퍼센트에 이를 정도로 심각하게 나타났습니다.

양봉업자들은 여왕벌이 새끼를 낳고 기르는 과정을 세밀하게 관찰하면서 여왕벌과 새끼들의 건강 상태, 영양 상태 등의 패턴을 파악했습니다. 이런 직관적이고 경험적인 파악으로부터 양봉업자들은 벌이 오랜 기간에 걸쳐서 새로운 농약에 감염되었고, 치사량 미만의 농약이 오랫동안 체내에 축적되어 결국 사망한 것이라고 주장했습니다. 이들은 정부가 예방적 차원에서 농약 규제를 하든가, 아니면 적어도 농약의 장기적 영향에 대해서 환경보호국이 본격적인 연구를 시작해야 한다고 주장했습니다.

농약 회사에서는 농약이 시판되기 이전에 이미 독성 테스트를 거쳤고, 따라서 문제가 없다고 반박했습니다. 문제는 독성학자들도 양봉업자들의 주장이 아니라 농약 회사들의 주장을 뒷받침하는 설명을 내놓았다는 것입니다. 독성학자들은 독성학에 대한 전문 지식은 있었지만 야생의 꿀벌에 대해서는 충분한 지식이 없었습니다. 이들은 치사 수준의 농약의 영향에 대한 지식을 이용해서, 밭에 살포된 농약이 꿀벌의 치사를 가지고 올 정도가 아니라고 보았습니다. 또 이들이 실험실에서 수행한 실험도 역시 벌집이 아닌 개별 꿀벌을 대상으로 했고, 다양한 화합물을 고려하지 않고 농약의 한 가지 물질만을 고려했으며, 치사량 이하일 때의 영향을 고려하지 않았습니다. 치사에 이르진 않지만 치사량에 가까운 수준의 살충제의 효과나, 살충제가 유충에게 미치는 영향이나, 살충제를 묻혀서 돌아온 벌들이 벌집에서 서로 상호작용하면서 미치는 영향의 가능성은 무시된 것입니다.

꿀벌의 집단적인 죽음이 살충제의 장기적 영향 때문이었다는 양봉업자들의 주장이 엄격한 대조군 실험을 수행하는 독성학 패러다임 속에서는 받아들여지지 않은 것이지요. 그렇지만 이후의 연구를 통해서 실제로 벌집에서 집단생활을 하는 벌들은 한 가지 살충제가 아니라 최대 121가지 살충제의 복합적인 효과에 노출되었던 것으로 드러났습니다.[9]

벌도 수난을 당하는 상황이지만, 나비 역시 나름의 수난을 겪고 있습니다. 제왕나비는 북미에 서식하고 있으며, 우리에게 익숙한 호랑나비와 비슷하게 생겼습니다. 이 나비는 미국과 캐나다의 북동부에서 멕시코까지 매년 5,000킬로미터를 날아서 이동합니다. 엄청난 거리이지요. 아프리카 메뚜기 떼의 이동 거리 다음으로 곤충이 이동하는 두 번째로 긴 거리라고 합니다. 나비가 멕시코 미초아칸 마을에 도착할 때에는 수많은 곤충학자들과 관광객들이 이 마을을 찾아서, 경찰이 교통을 통제할 정도로 제왕나비는 명물이 됐습니다. 멕시코 사람들은 죽은 이들의 혼령이 돌아온 것이라며 제사를 지낸다고 합니다. 이렇게 멕시코 사람들과 미국 사람들이 아끼고 사랑하는 제왕나비는 1990년대 말, 큰 사회적 논란의 핵이 됩니다.

제왕나비와 관련해 문제가 되었던 것은 유전자 변형 옥

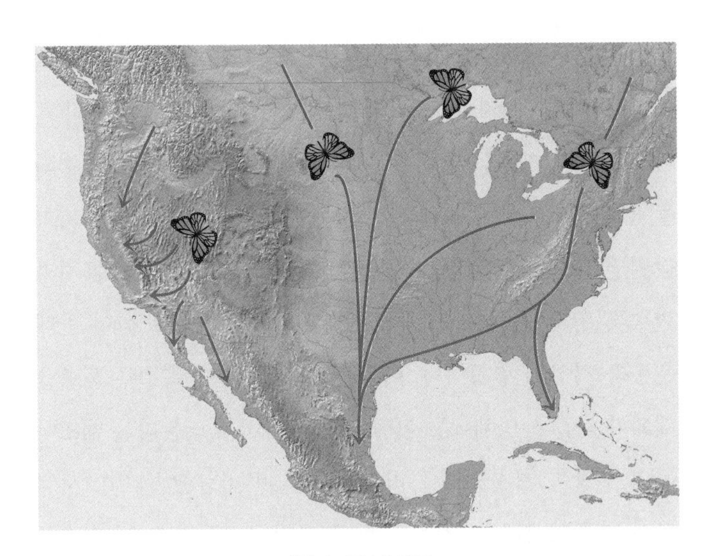

제왕나비의 이동경로

수수였습니다. 유전자 변형 옥수수에는 제초제에 내성을 가진 옥수수와 스스로 해충을 박멸하는 옥수수가 있었습니다. 후자를 Bt 옥수수라고 했는데, 이 옥수수는 특정 해충에 대해 살충 효과를 가지는 미생물 바실러스 튜린지엔시스Bacillus thuringiensis, Bt 유전자가 삽입된 옥수수였습니다. Bt 유전자 변형 옥수수는 Bt 단백질을 생성하는데, 이 단백질을 먹은 해충은 소화를 못 해서 성장을 못 하고 죽어버렸던 것입니다. 그렇지만 옥수수 해충이 아닌 다른 곤충, 동물, 식물에는 무해하다는 평가를 받고 있었습니다. 옥수수를 재배하는 농부들에게는 정말 꿈같은 기술이었지요.

1998년, 이런 상식을 뒤엎는 실험 결과가 나옵니다. 코넬 대학교의 곤충학자 존 로시와 그의 연구팀이 Bt 옥수수의 꽃가루를 먹은 제왕나비 애벌레의 44퍼센트가 사망했다는 결과를 얻은 것입니다. 이 결과는 1999년에 가장 권위 있는 과학 잡지인 《네이처》에 실려 큰 반향을 불러일으킵니다. 유전자 변형 생명체에 반대하던 사람들은 이때를 기회로 삼아 반대 운동을 격하게 펼칩니다. 이들은 Bt 옥수수가 옥수수 해충을 제외한 다른 생명체에는 어떤 위해도 가하지 않는다는 제조사들의 주장이 거짓으로 드러난 것이라며 비난했습니다. 사실 로시 교수의 실험 이전에도 미국 환경보호국이 Bt 옥수수가 제왕나비에게 영향을 미치는지에 대해서 실험을 한 적이 있었습니다. 당시 환경보호국은 위험이 거의 없다고 결론을 내렸었습니다. 그런데 로시의 연구를 통해서 환경보호국의 연구가 잘못된 가정에 근거했음이 드러났고, 큰 정치적 논쟁을 불러일으킨 것입니다.

이 연구가 정치적 논쟁만 불러일으킨 것은 아닙니다. 현장에서 곤충에 대해 연구하던 학자들도 로시의 실험에 이견을 제시했습니다. 결국 1999년 말에 미국 농무부 산하의 농업 연구소의 주도로 여러 분야의 연구자들이 포함된 연구팀이 만들어졌고, 실험실과 현장에서 Bt 옥수수와 제왕나비의 관계에 대해서 포괄적인 연구가 수행되었습니다. 이런 연구를 통해서 코넬대학교 연구팀의 실험이 Bt 옥수수의 위험성을 평가하기

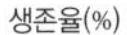

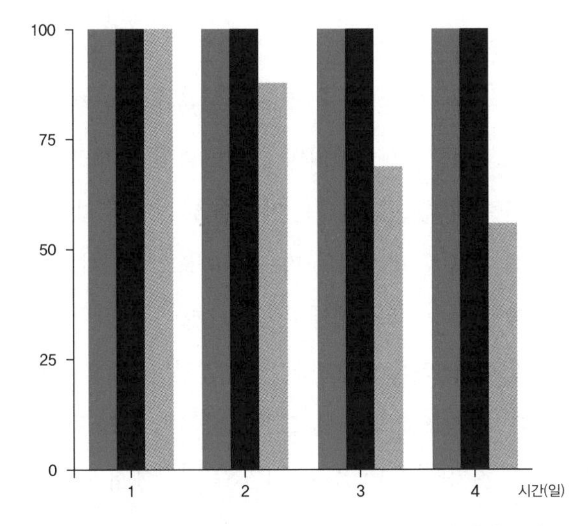

존 로시의 《네이처》 논문에 나오는 도표. 제왕나비 애벌레의 생존률을 보여줍니다. 꽃가루를 먹지 않은 제왕나비의 애벌레(붉은색)와 보통 옥수수의 꽃가루를 먹은 애벌레(검은색)는 4일째 100퍼센트 생존하는데, Bt 옥수수의 꽃가루를 먹은 애벌레(회색)는 4일째 44퍼센트가 죽고, 56퍼센트만 생존합니다.

에는 적합하지 않았다는 사실이 밝혀졌습니다. 실제 자연 환경에서는 제왕나비의 유충이 Bt 옥수수의 꽃가루에 과다하게 노출되는 경우가 거의 없다는 것입니다. Bt 옥수수의 꽃가루가 제왕나비의 유충에게 유해한 결과를 내기 위해서는 유충이 먹는 잎사귀의 1제곱센티미터 면적에 꽃가루가 1,000개 정도 떨어져 있어야 하는데, 실제 옥수수 밭에서는 이런 경우를 거의 발견할 수 없었습니다. 코넬대학교의 로시의 실험실이 실제 필드를 재현하는 데 성공적이지 못했다는 사실을 보여준 것입니다.

실험을 하면서 예상치 못한 새로운 사실도 알게 되었습니다. 'Bt 옥수수 176'이라고 이름 붙은 특정한 유전자 변형 옥수수의 꽃가루는 1제곱센티미터의 면적에 10개만 떨어져 있어도 유충에게 해를 입힌다는 사실을 발견한 것입니다. 이 정도는 실제 옥수수 밭에서도 가능한 빈도였습니다. Bt 옥수수 176이 제왕나비의 유충에게 위해를 가할 수 있다는 사실을 보여준 것입니다. 연합 연구팀의 실험 결과는 2001년에 발표되었습니다. 환경보호국은 이 결과에 근거해서 Bt 옥수수의 판매 재개를 허가하고, Bt 옥수수 176을 시장에서 퇴출시키기로 결정했습니다.

유전자 변형 옥수수와 제왕나비의 연관성에 대한 논쟁은 이대로 끝났을까요? 2001년 논문 발표 직후에는 많은 사람들이 그렇게 생각했습니다. 그런데 그 뒤에도 멕시코에 날아오는 제왕나비의 숫자는 꾸준히 감소했습니다. 이에 관해서 아이오와주립대학교와 미네소타대학교의 공동 연구팀은 Bt 옥수수가 아니라 제초제에 내성을 가진 유전자 변형 옥수수가 제왕나비 숫자의 감소를 낳는 주범이라는 사실을 발견했습니다. 제왕나비는 밀크위드라는 특정한 식물의 잎에 알을 낳고,

여기서 깨어난 유충은 밀크위드를 먹고 자라납니다. 원래 밀크위드는 미국 중서부에서 많이 자라는 식물이었습니다. 그런데 제초제 내성 옥수수가 만들어지면서 농부들은 옥수수 밭에 엄청난 양의 글리포세이트 제초제를 살포했고, 이는 주변의 밀크위드까지 모두 죽이는 결과를 낳았습니다.

연구자들이 조사한 바에 따르면 1999년부터 2010년 사이에 아이오와 지역에서 밀크위드가 절반 정도로 감소했고, 같은 시기에 미국 중서부 지역의 제왕나비 애벌레 수는 80퍼센트 감소했다는 것이 확인됐습니다. 연구팀은 제초제 내성 옥수수의 재배, 제초제의 과다 사용, 밀크위드의 감소, 애벌레의 감소의 차례대로 확연한 인과관계가 나타난다는 결론을 내렸고, 2013년에 논문으로 발표했습니다. 이 연구는 Bt 옥수수가 아니더라도 다른 종류의 유전자 변형 옥수수와 제초제의 과다한 사용이 제왕나비의 숫자를 감소시킨다는 사실을 보여주면서 유전자 변형 생물의 위험성을 다시 상기시켜주었습니다.

이 연구는 모든 사람들에게 설득력이 있었을까요? 연관관계를 보여주는 모든 연구들이 갖는 문제가 있습니다. 변수를 통제하는 것과 관련된 문제인데, 이 연구에서도 역시 같은 문제가 있었습니다. 10년 정도의 기간 동안에 농부들은 옥수수 밭에 많은 제초제를 뿌렸고, 밀크위드와 애벌레는 감소했습니다. 여기서 '제초제의 사용'이 통제된 변수가 아니라는 것이 문제입니다. 제초제를 더 뿌렸다면 밀크위드가 더 죽고 애벌레가 더 감소했을까요? 제초제를 덜 뿌렸다면 그 반대가 되었을까요? 이 연구만으로는 알 수 없습니다. 이런 문제가 제기되는 이유는, 밀크위드와 애벌레의 수가 감소한 것에 또 다른 원인이 있을 수 있기 때문입니다.

2014년, 제초제를 뿌리는 밭 주변에서 관찰되는 희귀 식물종과 일반 식물종이 제초제에 어떻게 반응하는지에 관한 논문이 발표되었습니다. 논문의 저자들은 제초제 때문에 식물 다양성이 파괴된다면, 어떤 특별한 식물종은 제초제 때문에 상대적으로 더 희귀해졌을 것이라고 생각했습니다. 즉, 희귀해진 종은 널리 발견되는 일반종보다 제초제를 견뎌내는 내성이 약하다는 것입니다. 이들은 '제초제로 인해 어떤 종이 희귀해졌다면, 그것은 그 종이 제초제에 약하기 때문이다'라는 가설을 세우고 테스트했습니다. 연구자들은 제초제가 뿌려진 지역에서 다섯 가지의 식물을 쌍으로 골랐습니다. 희귀한 것과 흔한 것의 쌍으로요. 여기에는 밀크위드도 포함되어 있었습니다. 그리고 이것들을 온실에서 재배하면서 제초제를 뿌리고 변화를 기록했습니다. 이들은 희귀한 종과 그렇지 않은 종 사이에 제초제에 대한 내성이 차이가 없다는 결과를 얻었습니다. 이 연구는 제초제가 식물 다양성을 파괴하는 원인이 아닐 수도 있다는 함의를 가집니다.

그런데 이 연구도 문제가 많습니다. 무엇보다 실험이 이루어진 온실의 환경이 들판이라는 실제 자연과 얼마나 비슷했을지 생각해봐야 합니다. 들판에는 식물의 성장에 영향을 주는 훨씬 복잡한 요소들이 많고, 이런 것들이 상호작용해서 식물의 성장을 결정하는데, 온실에서의 실험은 그렇지 못합니다. 실험 결과가 다 옳다고 해도 제초제 때문에 제왕나비의 숫자가 감소되었다는 주장을 논박하기는 힘듭니다. 이 연구는 식물군에 대한 제초제의 영향이 우리가 생각하던 것보다 더 복잡할 수 있다는 것을 함의하는데, 이런 함의조차도 필드와 온실 사이의 차이를 감안한다면 완화될 수밖에는 없습니다.

제초제의 해악이 여전히 공공연하게 인정되는 가운데, 최근에는 다른 요인이 새롭게 주목받고 있습니다. 바로 기후변화입니다. 온실가스에 의해서 지구의 온도가 올라가면서 이상기온이 자주 나타나는데, 북미에서는 여름에 더 덥고 건조하고, 겨울에 더 춥고 습한 기후가 계속되었습니다. 멕시코의 제왕나비 프로그램펀드의 코디네이터coordinator 에두아르도 렌돈은 제왕나비가 여름을 보내는 북미의 온도가 올라가고 가뭄이 계속되면서 나비가 알을 낳는 밀크위드의 개체 수가 감소했다고 봅니다. 이런 기후는 성충 나비는 물론 애벌레가 생존하기에도 힘든 조건이 되어 개체 수가 감소하는 원인이 되었다는 것입니다. 나비가 겨울을 보내는 멕시코가 춥고 습해졌기 때문에 멕시코를 찾는 나비가 줄어들기도 합니다. 물론 기후변화에 주목하는 사람들 대부분도 제초제의 영향을 제왕나비 수

감소의 원인 중에 하나로 지적하고 있습니다. 이 둘은 상충되는 설명이 아니기 때문입니다.[10]

제왕나비는 15년이 넘는 시간 동안 실험실에서 실험 대상이 되기도, 필드에서 관찰 대상이 되기도 했습니다. 많은 논문들이 쓰였고, 모르던 사실도 많이 밝혀졌습니다. 그렇다면 우리는 지금 왜 겨울에 멕시코를 찾는 제왕나비의 숫자가 감소했는지에 대한 답을 가지고 있을까요?

지금의 대략적인 합의는 제초제와 기후변화 때문에 제왕나비의 수가 감소한다는 것입니다. 그런데 이 각각이 제왕나비의 감소에 얼마만큼 책임이 있는가 하는 문제는 간단치 않습니다. 기후변화가 성충과 애벌레의 수를 얼마나 감소시키고 있는지 정확히 알 수 있을까요? 아니, 대략적으로는 알 수 있을까요? 제초제의 영향에 대해서는 논쟁이 끝난 것일까요? 그렇다고 보는 사람도 있고, 아니라고 보는 사람도 있습니다. 어느 것 하나 확실한 합의를 이룬 것은 없습니다. 유전자 변형 생물체에 반대하는 사람들은 제초제의 독성을 더 강조할 것이며, 제초제를 만들어 파는 몬산토 같은 회사는 제초제보다는 기후변화 쪽에 더 방점을 둘 것입니다. 무언가가 옳다고 믿는 가치관은 이런 불확실성의 틈을 비집고 들어갑니다. 그리고 가치의 차이는 불확실성과 위험의 인식을 증폭시킵니다.

우리는 예전에 비해서 제왕나비에 대해 더 많은 것을 알게 되었습니다. 그렇지만 아직도 대체 왜 개체 수가 감소하고 있으며, 이를 막기 위해서 어떤 실천을 해야 할지 확실한 지식을 얻어냈다고 할 수는 없습니다. 실험은 항상 실제 자연과 조금씩 다르고, 자연에서의 관찰과 통계적 분석은 인과관계를 잘 드러내지 못합니다. 이런 상황에서 논쟁은 논쟁 주제에 대한 사람들의 관심과 기억이 희미해질 때까지 계속됩니다.

네트워크로 읽는 세상

네트워크의 알파이자 오메가는 서로 관계없는 것들을 움직여서 연결하는 것입니다. 그것을 '동맹'이라고 부릅시다. 동맹을 맺기 위해서는 서로 다른 이해관계를 가진 행위자들이 하나의 지점을 바라보게 해야 합니다. 이를 위해서 다른 방향을 보는 행위자를 설득해야 하는데, 설득에는 여러 가지 방법이 있습니다. "나와의 동맹이 기존에 네가 맺은 동맹보다 더 이익일 수 있다", "나와 동맹을 맺으면 네 적을 제압해주겠다", "나와 동맹을 맺으면 미래의 이익을 보장해주겠다" 등등.

동맹이라고 하면 정치가 생각납니다. 정치적 입장을 관철시키기 위해서는 동맹을 통해 상대보다 힘이 세져야 하기 때문입니다. 일본의 사례 하나를 보겠습니다. 1960년대부터 도호쿠전력 회사는 니가타 현縣 마키 정町 지역에 원전을 지을 계획을 세우고 부지의 매입과 주변 정리를 진행했습니다. 보상금 때문에 원전 설치를 찬성하는 주민들이 많았지만, 1986년의 체르노빌 사고 이후에는 원전에 동요하는 사람들도 늘어났습니다. 그렇지만 전통적으로 보수적이었던 주민들은 원전을 추진하는 지역의 정치인이나 부호들에게 반대하는 것이 바람직하지 않다고 생각했고, 시골의 작은 도시민들이 가진 배타성 때문에 외부에서 온 반反원전 운동가들에게도 호의적이지 않았습니다. 사사구치와 같은 반원전 운동가들은 이 지역 출신이었기 때문에 지역의 이런 역사와 문화를 잘 알고 있었습니다. 그래서 그들은 원전 건설과 관련된 직접적인 이해관계를 갖지 않는 지역 출신들로 조직을 만들고, 천천히 주민들의 신뢰를 얻는 방식으로 반원전 운동을 전개했습니다.

지역에 근거한 운동가들은 우선 공정하고 중립적인 절차하에 주민 투표를 시행했습니다. 결과는 다수가 원전에 반대하는 것으로 나왔습니다. 이들은 공정한 투표 결과가 이전 시장이 진행했던 찬성 위주의 투표 결과와 다르다는 것을 홍보했습니다. 그리고 반원전 운동가인 사사구치를 새로운 시장으로 선출하는 데 성공합니다. 사사구치는 시장이 된 뒤에 공식적인 주민 투표를 다시 해서, 원전에 반대한다는 지역의 결정을 공식화합니다. 그리고 시장의 권한으로 부지의 일부를 매각했습니다. 도호쿠전력은 이 행동을 법원에 제소했지만, 대법원은 사사구치의 손을 들어주었습니다. 결국 대법원의 판결 이후 도호쿠전력은 원전을 포기하게 됩니다.

처음에 주민들은 보상금 때문에 도호쿠전력과 동맹을 맺었었습니다. 사사구치와 운동가들은 지역의 역사와 주민들의 문화를 잘 이해해서, 이들이 회사와의 동맹을 깨고 자신들과 새로운 동맹을 맺도록 했습니다. 공정한 투표, 정치권력의 장악, 공식적인 반대 입장의 확정, 부지의 매각 등의 절차가 주민들로 하여금 도호쿠전력과 맺은 동맹을 파기하고, 새로운 동맹을 맺도록 이끈 것입니다. 이 새로운 동맹은 도저히 이길 수 없을 것 같던 거대한 상대와의 싸움을 승리로 이끌었습니다.[11]

새로운 네트워크를 만들어서 기존의 네트워크에 대항할 때, 과학적 성과가 종종 사용되곤 합니다. 일본의 사례를 하나 더 들어보지요. 지구상 생물종들이 급격하게 줄어들고 있기 때문에, 요즘 전 세계 과학자들과 정치인들은 생물 다양성을 보존하는 일이 매우 시급한 과제라는 것에 동의하고 있습니다. 이런 상황을 상징적으로 보여주는 생물이 (돌고래를 포함한) 고래입니다. 특히 서양 사람들은 고래를 지능이 매우 높고, 서로 소통하면서 협력하는 동물로 생각합니다. 심지어 어떤 이들은 고래를 '영적인' 동물로 여기기도 합니다. 고래는 무분별한 포획의 결과로 멸종 위기에 처해 있어서, 국제포경위원회는 고래를 잡는 것, 즉 포경을 규제하고 있습니다. 서양인들에게 고래를 잡아서 먹는 행위는 생물 다양성에 대한 위협일 뿐만 아니라, 지능이 있고 영적인 동물을 해치는 야만적인 행위인 것입니다. 고래에 대한 이런 '사실들'은 서양의 환경운동가와 과학자들의 동맹이 만들어낸 것입니다.

그런데 일본은 고래를 사냥하고 먹는 대표적인 나라입니다. 원래 일본은 국제포경위원회의 규약을 준수하는 식으로 고래를 잡았지만, 국제적인 압력이 거세지면서 일본의 포경산업은 일본 과학자들과 동맹을 맺어 서양에서 만들어진 동맹에 저항합니다. 예를 들어, 일본 농림수산성 장관을 역임했고 국제포경위원회 일본 대표였던 모리시타 조지는 고래가 지능이 높고 영적이라는 것이 서양인들이 만든 이미지이며, 고래도 붕어와 다를 바 없는 물고기일 뿐이라고 강조합니다. 또, 고래가 멸종 위기가 아니고 아직도 상당히 많이 존재하며, 다른 물고기들을 마구 먹어치워서 오히려 어업에 해를 끼치는 존재라고 강조합니다.

이렇게 주장하기 위해 모리시타는 여러 과학적 데이터를 이용하고, 밍크고래의 배를 갈라서 거기에서 쏟아져 나오는 물고기들을 직접 보여주기도 합니다. 이런 캠페인의 일환으로 최근 일본에서는 '과학적 연구'라는 타이틀을 걸고 포경을 하는 경우가 많습니다. 이들은 서양의 동맹을 '환경 제국주의적인 동맹', '환경 테러리스트의 동맹'이라고 비난하면서, 이러한 동맹은 서구에서나 통하지 일본에서는 통하지 않는다고 주장합니다.

이 중 하나는 합리적이며 정당하고, 다른 하나는 비합리적이고 부당한 것일까요? 아마 그렇지 않을 것입니다. 오랫동안 고래를 잡았고 고래 고기를 먹었던 일본의(노르웨이, 아이슬란드, 캐나다도 비슷한 입장입니다) 입장에서 보면, 고래가 지능이 높고 보호해야 하는 물고기이기 때문에 잡아먹으면 안 된다는 것은 과학을 빙자한 신화에 불과합니다. 반대로 서양의 입장에서는 고래가 지능이 높고 멸종 위기에 있다는 것이 과학적으로 밝혀진 '사실'이기 때문에 일본의 포경 산업은 야만적이고 비과학적입니다.

고래는 어떤 네트워크에 포함되는지에 따라서 연약해서 보호받아야 할 존재가 되기도, 다른 물고기들을 마구 먹어치우는 사나운 포식자가 되기도 합니다. 포경 산업에서 서로 다른 두 네트워크는 이렇게 차이를 만들어내면서 퍼져나갑니다.[12]

이런 분석에 대해서 반론이 있을 수 있습니다. 고래가 원래 논쟁적 대상이기 때문에 논쟁이 되는 것이며, 대부분의 과학 연구는 이렇게 논쟁적이지 않고 확실하다는 것입니다. 즉, 논쟁적인 대상에 대한 과학적 사실은 기존의 논쟁에 휘말리기 때문에 '사실'로서의 역할을 다할 수 없겠지만, 대부분의 '확실한' 과학적 사실들은 논쟁의 여지가 없다는 것이지요.

그렇다면 조금 더 확실한 명제를 보겠습니다. '심장마비는 성인의 사망 원인 중 2, 3위를 다투는 무서운 질병입니다. 심장마비 환자 100명 중에 97.5명이 사망합니다. 살아날 확률은 2.5퍼센트밖에 되지 않습니다.' 이런 '사실'은 어떤가요?

우리는 언론과 인터넷에서 이런 사실을 자주 접합니다. 그런데 이런 명제는 어떤 네트워크에 속해 있는지에 따라 그 결과가 크게 달라집니다. 예를 들어, 국민 대다수가 응급심폐소생술 교육을 받은 스웨덴에서는 심장마비 환자의 소생률이 14퍼센트에 달합니다. 내가 스웨덴을 여행하다가 심장마비에 걸리면 한국에서 심장마비에 걸렸을 때보다 5배 이상 생존 확률이 높아지는 것입니다. 일본의 경우만 해도 7퍼센트입니다.

대한민국 안에서도 내가 어떤 네트워크 안에 있는지에 따라 다릅니다. 서울대병원 응급의학과의 한 교수는 "우리 병원에 실려 온 심장마비 환자 중 10층 이상 아파트 거주자가 살아난 경우는 극히 드물었다"라고 했습니다. 심장마비가 발생하면 4~10분 내에 응급 처치를 해야 하는데, 고층 아파트에서는 엘리베이터를 한참 기다려야 하고, 구급 침대가 엘리베이터에 들어가지 않기 때문에 시간이 또 지연된다는 것입니다. 도시의 아파트 1층에 살 경우에는 4퍼센트 정도의 생존 확률이 있지만, 10층 이상에 살 경우에는 생존율이 1퍼센트도 안 됩니다.[13] 같은 1층이라도 앰뷸런스가 접근하기 힘든 시골의 단층 집이라면 생존 확률이 평균보다 더 낮아질 수도 있습니다. '심장마비가 왔을 때 살아날 확률은 2.5퍼센트이다'라는 얘기는 이런 네트워크의 차이를 고려하지 않은 명제입니다. (이런 사실이 통계적 사실이라는 점을 생각하면 당연한 얘기겠지요.)

다른 한 가지 예를 생각해봅시다. 미국의 총기 자유화를 주장하는 전미총기협회NRA 같은 단체는 "총이 사람을 죽이는 게 아니라, 사람이 사람을 죽이는 것이다"라고 주장합니다. 정신이 나간 강도가 총을 들고 설칠 때, 시민들이 총을 휴대하고 있다면 생명을 구할 수 있다는 것이 NRA의 주장입니다. 이에 반대하는 사람들은 "사람이 사람을 죽이는 것이 아니라, 총이 사람을 죽이는 것이다"라고 합니다. 총이 사람을 죽이는 것일까요, 사람이 사람을 죽이는 것일까요?

총의 문제도 네트워크로 생각할 필요가 있습니다. 우선 '총이 사람을 죽인다'라는 명제는 참일까요? 내가 아프리카의 사하라 사막에서 총에 맞았다면 나는 살아날 가능성이 거의 없을 것입니다. 그렇지만 총기 사고가 빈번하게 일어나서, 이에 대한 응급 의료 시스템이 잘 갖춰진 로스앤젤레스LA라면 상황이 달라집니다. LA에서는 사하라 사막에서보다 살 확률이 훨씬 더 큽니다.[14] 그렇기 때문에 총이 허용되는 법률하에서 총기 사고에 따른 사망률을 낮추려면 LA의 경험으로부터 배울 필요가 있습니다.

'사람인가, 총인가'의 문제는 어떻게 될까요? 방아쇠를 당기는 것은 사람이니까, 총은 죄가 없고 사람이 문제인 것이라고 할 수 있을까요? 총이 장롱 속에 있을 때에는 아무 문제가 되지 않습니다. 그런데 그것이 사람 손에 쥐어졌을 때에는, 장롱 속에 있던 총과는 전혀 다른 존재가 됩니다. 꿔간 돈을 안 갚는 사람을 겁주기 위해서 총을 들고 찾아갔다면, 작은 말다툼을 하다가 방아쇠를 당길 확률이 높아집니다. 겁만 주러 간 것인데, 총이 손에 들려 있다 보니 자신도 모르게 다른 사람이 되어버립니다. 나의 자유의지가 100퍼센트 발휘되지 못하는 상황이 되어버린다는 것입니다. 총이 스스로 발사되는 것은 아니지만, 총기를 규제할 필요가 생기는 것이지요.

테크노사이언스의 네트워크는 국지적local입니다. 내가 어떤 네트워크에 속하는지에 따라서 나의 속성이 달라진다는 의미입니다. 이런 국지성을 생각하면 우리는 주변에서 일어나는 여러 가지 일들에 대해서 새로운 통찰을 얻을 수 있습니다.

산업혁명 이후에 유럽에서는 증기기관이 많이 만들어졌고, 새로운 동력의 시대를 열었습니다. 그런데 남미로 수출된 증기기관은 유럽에서처럼 잘 작동하지 못해서, 고장이 나고 폐기 처분되었습니다. 왜 그랬을까요? 증기기관이 잘 작동하기 위해서는 풍부한 석탄, 열차나 운하와 같은 석탄의 수송 체계, 기관이 고장 났을 때 이를 고칠 수 있는 엔지니어, 증기기관을 사용하는 대규모 공장 등이 갖춰져 있어야 합니다. 유럽의 증기기관은 이런 네트워크의 속에서, 이런 네트워크의 중요한 매듭의 역할을 하면서 발전했습니다. 증기기관이 수출된 남미 사회에서는 이런 네트워크가 존재하지 않았기 때문에 증기기관이 잘 작동하지 않았던 것입니다. 특히 고장이 났을 때 고치기가 힘들어서, 조금 사용되다가 곧 전통적인 수력 동력원으로 대체되곤 했습니다.

비슷한 문제가 지금도 발생합니다. 우리나라를 포함한 OECD 국가들은 상대적으로 못사는 저개발 국가들을 지원하기 위해 '적정기술' 프로젝트를 많이 진행합니다. 선진국의 발전한 기술을 바탕으로 저개발국의 낙후된 마을이 자립할 수 있도록 도와주는 것이지요. 적정기술 정책 중에는 저개발국의 마을에 공장을 세워주는 것들이 있습니다. 대부분의 경우, 처음에는 잘 돌아가던 이런 공장들이 곧 무용지물로 변합니다. 공장에 사용되는 원재료들이 마을 차원에서 공급되지 않는 경우가 생기고, 무엇보다도 부품들이 고장 났을 때 해결할 방법이 마땅치 않기 때문입니다. 공장의 작동에 대해서 잘 아는 엔지니어가 없다는 것도 문제입니다. 적정기술이 성공하기 위해서는 저개발 국가의 마을이라는 네트워크 속에서 작동하는 기술을 만들어야 하는데, 그 네트워크 속에 들어 있지 않은 우리

짐바브웨의 부시 펌프

는 우리의 관점에서 지원을 합니다.

아프리카 짐바브웨의 '부시 펌프'는 저개발국에서 성공한 적정기술의 좋은 사례입니다. 이 펌프는 짐바브웨의 시골 마을에 물을 공급하는 데 사용되지요. 1930년대에 개발되어 사용되다가 1960년대에 정부에 의해서 개량되었고, 1980년대에 피터 모건이라는 엔지니어에 의해서 다시 개량되었습니다. 이 기간 동안에 부시 펌프는 부품 수가 줄었고, 더 견고해졌으며, 사용자가 더 쉽게 조작하고 수리할 수 있게 발전했습니다. 시골에서 이를 사용하는 주민들은 부시 펌프의 간단한 고장을 고치는 일을, 지방 행정구역에서 파견된 숙련된 엔지니어는 심각한 고장을 고치는 일을 담당합니다. 어디에 이 펌프를 설치할지는 중앙정부 차원에서 결정합니다. 펌프를 놓는 일에는 마을의 모든 구성원이 동원되지요. 펌프는 공동체에 깨끗한 물뿐만 아니라, 함께 어울리고 연대하는 제식을 제공하는 기술인 것입니다. 더 나아가서 부시 펌프는 시골 마을에 건강을 제공한다는 상징적인 역할을 하면서, 짐바브웨라는 국가의 정체성을 만드는 데에도 큰 역할을 했습니다.

이런 네트워크를 만들었지만, 짐바브웨 부시 펌프는 영웅적인 엔지지어 한 명에 의해서 만들어져서 견고한 '의무통과지점'으로 작동하던 것이 아니었습니다. 여러 사람에 의해서 발명되어 여러 사람의 손을 거치면서 개량되었고, 아무도 이 펌프에 대한 소유권을 주장하지 않았습니다. 이 펌프가 엄격한 표준을 갖고 있었던 것도 아니어서, 지역적인 상황과 필요에 따라 조금씩 다른 형태로 만들어지고, 그것을 가장 잘 아는 지역 주민에 의해 유지되고 보수되는 것이었습니다. 정교하게 고정된 규격이나 표준이 없다는 점은 부시 펌프가 아프리카의 짐바브웨에서 오래 살아남고 사용되는 데 크게 기여했습니다. 아마 펌프의 유지와 수리를 위한 네트워크가 잘 갖춰진 선진국이었다면 규격과 표준이 없는 이런 펌프는 작동하기 힘들었을 것입니다. 반대로 이런 '유동적인' 펌프는 짐바브웨라는 저개발 국가의 시골 마을이라는 취약한 네트워크에 잘 어울렸고, 이런 국지적 상황에 민감했던 기술이라고 할 수 있습니다.[15]

앞서 말했듯이, 국지적인 네트워크에 주목하면 과학 이론의 형성, 전파, 수용에 대해서 새로운 통찰이 가능합니다. 이런 방법으로 과학의 역사를 어떻게 새롭게 볼 수 있는지 다윈의 진화론을 예로 들며 살펴보겠습니다.

찰스 다윈은 청년 시절까지 영국에서 살다가 1831년에 비글호를 타고 세계 여행을 떠납니다. 그는 5년 동안 세계를 일주한 셈이지만, 실제로는 남미에서 대부분의 시간을 보냈습니다. 남미를 탐험하던 그에게 가장 충격적이었던 것은 자신이 상상하던 것보다 훨씬 더 많은 동식물들의 종이 존재한다는 것이었습니다. 영국에 있을 때에도 '종의 기원'에 대해서 관심을 갖지 않았던 것은 아니지만, 남미에서의 경험은 그로 하여금 "이 수많은 종들은 다 어디에서 왔는가. 신이 모든 종들을 단 한순간에 전부 만들었다고 보기는 어렵다. 그렇다면 이렇게 무수히 많은 종들의 존재는 어떻게 설명될 수 있는가?"라고 심각하게 질문을 던지도록 만들었습니다. 다윈은 영국에서 경험했던 것보다 훨씬 더 많은 종을 보고 제한된 공간 속에서 유한한 자원을 놓고 경쟁하는 종들 사이의 관계에 대해서 고민하게 된 것입니다. 그리고 결국 이 관계의 핵심이 '생존경쟁'이며 이것이 진화의 메커니즘인 '자연선택'이라고 결론짓게 됩니다.

다윈과 공동으로 진화론을 세웠다고 평가되는 알프레드 러셀 윌리스는 다윈보다 14살 어린 생물학자였습니다.* 그는 아마존에서 필드워크fieldwork를 하면서 종이 분화되어 다양한 종이 발생한다는 진화의 원리를 알아내게 되고, 이 내용을 1855년「법칙에 대해서」라는 논문에 추상적인 형태로 기술합니다. 그의 초기 생각은 이런 진화의 결과로 비슷한 지역에 비슷한 종이 분포한다는 것이었습니다.

이후 윌리스는 동인도제도에서 동식물을 관찰하다가 놀라운 사실을 발견합니다. 약 20킬로미터 정도 떨어져 있는 발리와 롬복 섬에서 전혀 다른 동식물군이 발견된다는 것이었습니다. 두 섬은 매우 가까웠을 뿐만 아니라 지리적 조건도 비슷했습니다. 다만 두 섬 사이의 해협에는 유속이 강한 해류가 흐르고 있었습니다. 윌리스는 이 문제에 대해 고민하다가, 강한 해류가 지리적 고립을 낳았고 이런 상태에서 두 지역의 종이 서로 다르게 진화했다고 결론을 내립니다. 그의 진화론은 종이나 개체 간의 경쟁이 아니라 지리적 환경이 종의 분화를 낳는다는 쪽으로 더 기울게 됩니다. 다윈과 윌리스는 둘 다 자연에 대한 세심한 관찰에서 진화론을 만들어냈지만, 남미에서

* 1858년 월리스는 동인도제도에서 자신이 쓴 진화에 대한 논문을 영국의 다윈에게 보냅니다. 당시에 아직 진화이론을 출판하지 않았던 다윈은 월리스가 자신과 본질적으로 동일한 생각을 하고 있다고 판단하고, 우선권의 문제로 고민했습니다. 다윈이 이미 오래전부터 진화론을 생각하던 것을 알던 다윈의 친구들은 월리스의 논문을 다윈의 초록과 함께 1858년 7월 1일 런던의 린네학회에서 발표하게 함으로써, 우선권의 문제를 해결했습니다. 이후 다윈은 계속 미루고 있던 진화에 대한 책을 집필하기 시작하고, 1859년 12월에『종의 기원』을 출판합니다.

대부분의 관찰을 수행한 다윈의 진화론과 발리와 롬복 섬의 차이를 고민했던 월리스의 진화론은 미묘하게 달랐습니다.[16]

유럽의 생물학자들은 다윈의 진화론을 환영했습니다. 그렇지만 이들이 다윈의 이론 전부를 받아들인 것은 아닙니다. 시베리아 벌판에서 답사를 하면서 생명체를 관찰한 러시아 생물학자들은 진화론을 다르게 해석했습니다. 이들은 다윈의 진화론이 옳다고는 생각했지만, 생존경쟁이 모든 생명체들 사이에서 볼 수 있는 관계는 아니라고 판단했습니다. 러시아 식물생리학자 티미랴제프는 다윈의 진화론과 생존경쟁을 분리하고, 생존경쟁 대신 '조화'라는 단어를 써서 자연선택을 서술했습니다. 그는 황량한 시베리아 벌판 같은 곳에서 생명체 간의 경쟁으로는 아무도 살아남을 수 없으며, 따라서 생명체들이 환경과의 투쟁 속에서 서로 협력한다고 보았습니다. 자연선택이 잔인한 경쟁을 만들어가는 과정이 아니라 조화를 만들어가는 방식이라고 재해석했던 것입니다. 비슷한 시기에 러시아 무정부주의자이자 지리학자, 생물학자인 크로폿킨도 '상호 협력mutual aid'을 진화의 메커니즘이라고 생각했습니다. '생존경쟁' 개념에 대한 비판은 러시아 생물학자들만이 아니라, 독일과 프랑스 생물학자들 사이에서도 광범위하게 공유되고 있었습니다.[17]

과학기술을 수용하는 지역적인 네트워크의 상황이 모두 다르기 때문에, 한 나라나 문화에서 만들어진 테크노사이언스가 다른 나라나 문화로 전파되는 과정은 결코 부드럽지 않습니다. 다윈의 이론을 제대로 이해하려면, 분류학, 동식물학, 지질학 등 연관된 과학에 대한 이해가 병행되어야 합니다. 유럽에서는 17세기 이후에 자연사 분야가 발전하고 18세기 이후에 지질학 등이 발전했기 때문에, 이런 기초 위에서 진화론이 나올 수 있었습니다. 그렇지만 이런 관련 학문들이 부재한 상태에서는 다윈의 이론의 중요성과 설득력을 제대로 이해하기가 쉽지 않습니다. 따라서 한국, 일본, 중국과 같은 아시아 국가들은 다윈의 이론을 받아들일 때, 실제로는 허버트 스펜서의 '사회다윈주의(사회다위니즘 Social Darwinism)'를 주로 받아들였습니다.

스펜서의 사회다윈주의는 생존경쟁을 통한 자연선택보다 '적자생존'을 강조했던 사회이론이었고, 계급과 계급 사이의 투쟁, 민족과 민족 사이의 투쟁을 강조하면서, 강한 자가 살아남는다는 주장을 폈던 이론이었습니다. 동아시아의 지식인들은 스펜서의 이론으로부터 생존경쟁과 적자생존이 판을 치는 세상에서 진보하려면 '힘을 키워야 한다'라는 메시지를 얻어냈습니다. 유럽과 미국에서는 주로 보수적인 자본가들, 정치인들이 이런 식의 사회다윈주의 사상을 선호했습니다. 사회다윈주의의 핵심 사상들은 시기적으로 다윈의 진화론 이전에 등장했지만, 다윈의 『종의 기원』(1859)이 나오자 사회다윈주의자들은 다윈의 과학이 이런 정치적 가치를 정당화한다고 주장했습니다.

유럽과 미국에서도 다윈의 진화론과 스펜서의 사회진화론 사이의 관계는 논쟁적이었습니다. 다윈은 생물학적 진화가 어떤 지향점을 향한 사회적 진보와는 거리가 멀기 때문에, 인간 사회를 이해하는 데 생물학적 진화론이 유용한 부분도 있을 수 있지만, 그렇지 않은 부분도 있다는 식으로 이 문제에 대해서 신중한 입장을 표명하곤 했습니다. 당시 사상가나 과학자 중에서는 다윈의 진화론이 인간 사회에서는 적용이 되지 않는다고 생각한 사람도 있었고, 인간 사회에서도 진화론이 적용된다고 생각한 사람도 있었습니다. 후차처럼 생각한 사람들 중에서도 스펜서의 사회진화론을 신봉한 사람이 있었고, 스펜서의 사회진화론을 강하게 비판하면서 적자생존의 사회가 아니라 평등한 사회를 진보의 이상향으로 생각한 사람도 있었습니다. 이렇게 유럽과 미국에서도 다윈의 진화론과 스펜서의 사회진화론을 같은 것으로 간주하는 사람들과 이런 생각에 반대하던 사람들, 다른 의견을 제시하던 사람들이 광범위하게 존재했던 것입니다. 반면에, 서양과 같은 과학 전통이 부재했던 동아시아 국가들에서는 다윈의 진화론이 너무 쉽게, 그리고 특별한 반대 없이 사회진화론과 같은 것으로 간주되고 받아들여졌습니다.[18]

이러한 논의가 함의하는 바는 무엇일까요? 우리가 네트워크로 세상을 보는 것은 어떤 사물의 맥락성에 주목하는 것

토끼일까요, 오리일까요? 보기에 따라 토끼의 귀는 오리의 주둥이가 되기도 합니다.

입니다. 아침에 떠오르는 태양이 천동설을 믿는 사람에게는 천체가 지구 주위를 돈다는 증거로 생각되지만, 지동설을 받아들이면 지구가 자전하는 증거가 됩니다. 하나의 그림을 토끼로 보는지, 오리로 보는지에 따라서 토끼의 귀가 오리의 주둥이가 되기도 하지요. 오리의 주둥이가 토끼의 귀가 되듯이 하나의 존재가 어떤 네트워크에 포함되어 있는지에 따라서 그것에 대한 설명과 이해가 달라질 수 있습니다. 같은 대상에 대한 우리의 인식론적, 존재론적 해석이 달라진다는 것입니다.

그렇다면 사물의 '본질'이란 무엇일까요? 네트워크로 사

고한다는 것은 '나라는 인간의 본질은 내 속에 있다'라는 생각을 넘어서, '나라는 인간의 본질은 내가 맺는 관계의 총합이다'라는 식으로 세상을 보는 것을 함축합니다. 내가 좋은 환경과 좋은 친구들에게 둘러싸여 있다면 내 생각도 건전할 수밖에 없지만, 내 주변에 사기꾼들만 들끓는다면 나도 사기꾼이 될 가능성이 크겠지요. 사물의 본질이 그 속에 스스로 존재한다고 보는 관점을 '본질주의'라고 한다면, 그 반대는 '비非본질주의'입니다. 네트워크식의 사고는 비본질주의를 지향합니다.

이런 '비본질주의'가 휴머니즘과 상충되는 것처럼 보이기도 합니다. 우리는 지금까지 세상을 바꾸는 주체가 인간이라고 생각했습니다. 내가 어떻게 결정하고 행동하는지에 따라서 내 주변의 환경이 바뀌고, 그것이 인간의 가장 고유한 본질이라고 믿었습니다. 그런데 이미 우리는 이런 생각의 한계를 알고 있습니다. 내가 세상을 바꾸기도 하지만, 나 역시 세상에 의해서 바뀝니다. 휴머니즘을 비판하자는 것이 아니라, 인간 중심의 휴머니즘은 부분적일 수밖에 없다는 얘기입니다.

자전거는 제가 좋아하는 사례입니다. 자전거의 역사를 보면 여성 자전거 애호가들이 자전거를 위험한 스포츠용 기구에서 안전한 탈것으로 바꾸는 데 결정적인 역할을 했습니다. 19세기 말엽의 유럽의 여성들은 앞바퀴가 큰 스포츠용 자전거를 탈 수 없었습니다. 위험한 스포츠 자전거가 여성의 이미지와 맞지 않기 때문이기도 했지만, 당시 여성들의 치마 복장

자전거를 타면서 치마가 휘날리고 속바지가 드러나는 여성들

으로는 거대한 앞바퀴를 가진 자전거를 운전하는 것이 불가능하기 때문이기도 했습니다. 따라서 여성들은 치마를 입고도 탈 수 있는, 앞바퀴가 낮고 앞바퀴와 뒷바퀴가 프레임으로 연결되어 있는 자전거를 선호했습니다. 이런 선호가 안전 자전거로 이어진 것입니다.

여기까지는 인간이 기술을 만든, 인간이 세상을 만든 얘기입니다. 전체 이야기의 일부분일 뿐이지요. 여성이 자전거를 만들었지만, 동시에 자전거가 여성을 만들기도 했기 때문입니다. 서양에서는 '자전거가 남성에게는 장난감이었지만, 여성에게는 새로운 세상으로 질주하는 수단'이었다고 할 정도로 자전거가 여성의 해방에 지대한 영향을 미쳤습니다.

여성들은 일단 자전거를 타기 위해서 몸에 꼭 끼는 코르셋을 벗어던졌습니다. 대신 헐렁한 속바지를 입었지요. 자전거를 타다 보면 옷이 날리고 속옷이 보이는 광경이 연출되는

데, 19세기의 전통적인 사회에서는 상상할 수도 없었던 장면이었습니다. 그리고 자전거는 여성들에게 먼 거리를 이동할 수 있는 수단이기도 해서, 여성들이 이동의 자유를 만끽하게 해주었습니다. 더 나아가서 자전거를 타는 여성들은 사회적 성공을 위해 튼튼한 신체가 필수 불가결하다는 관념을 가지게 됩니다. '해방된 여성'으로서의 정체성은 이렇게 자전거와 여성의 네트워크가 확장되면서 더 공고해집니다.[19]

우리나라에서도 비슷한 과정을 관찰할 수 있습니다. 1946년 10월 17일 《경향신문》은 '씩씩한 우리 여성들: 자전거를 달리는 건각미建脚美'라는 기사를 실었습니다. 이 기사는 "민주주의 국가인 우리나라에서도 여성이 자전거를 탈 시대가 왔다. 싸늘한 추풍에 스커트 자락을 나부끼며 사슬을 돌리는 이 나라의 여성의 자태는 명랑도 하다"라며 자전거 타는 여성을 칭찬하고 있습니다. 우리나라처럼 오랫동안 여성의 지위가 낮았던 나라에서 자전거는 여성의 지위를 높여 남녀평등에 기여하고, 이를 통해서 여성의 정체성을 새롭게 정의하는 데 기여한 기술이라고 볼 수 있습니다. 여성들의 노력에 의해서도 여성이라는 정체성이 바뀌고 새롭게 정의되었지만, 자전거에 의해서도 그렇게 되었던 것입니다. 여성은 여성이 맺는 관계에 따라서 바뀝니다.

관계에 주목하는 비본질주의가 개별 존재자에 대해서 무관심해도 좋다는 의미는 결코 아닙니다. 오히려 그 정반대입니다. 세상을 네트워크로 이해한다는 것은 개인 간의 차이에 좀 더 예민해지는 것을 의미합니다. 여기서 개인의 차이는 체형의 차이, 성격의 차이라기보다는, 개개인이 속한 네트워크의 차이에서 발생하는 것입니다. '여성은 자궁경부암 검사를 받아야 한다'라는 명제를 생각해보지요. '여성'이라고 하긴 했지만, 모든 여성들은 다 다른 상황에 처해져 있습니다. 여성 개개인은 자신을 둘러싼 고유한 네트워크를 구성하는 일부이며, 이런 네트워크 속에서 자신이 검사를 받아야 하는지 아닌지를 고민하고 판단할 수 있습니다. 자궁경부암 검사가 내 네트워크 속에 새롭게 들어오면 이것은 나의 정체성을 바꾸며, 나와 주변인들과의 관계도 변화시킵니다. 그 속에서 자궁경부암 검사의 의미도 다시 변합니다. 그러면서 어떤 이에게는 긍정적인 의미를, 다른 이에게는 부정적인 의미를 가질 수 있습니다.[20] 결정에 이르는 과정은 수십 가지일 것이기 때문에, 하나의 정답이 존재한다고 할 수도 없습니다. 이렇게 네트워크에 주목하면, 사물과 인간 주체가 서로 역동적으로 만들어지는 과정을 볼 수 있습니다.

자신의 존재를 3차원 공간 속에서 피부로 둘러싸인 어떤 존재가 아니라 네트워크라고 생각해보십시오. 그러면 내가 맺고 있는 관계들이 훨씬 더 중요해집니다. 그 관계가 바뀌면 나 자신의 본성도 변합니다. 그 관계가 바뀌면 내가 할 수 있는 일도 달라집니다. 내가 맺은 관계를 똑같이 가진 사람은 있을 수 없기 때문에, 나는 고유하고 소중한 존재입니다. 이렇게 네트워크로 인간, 사물, 세상을 본다는 것은, 존재를 맥락적으로 이해하고, 그 속성과 본질을 그것이 맺는 관계로 파악하고, 뭉뚱그려진 전체가 아닌 개개인이나 개별 존재자들의 특수성에 주목한다는 것입니다. 네트워크식 사고는 성찰적 사고입니다.

패러다임

패러다임은 미국의 과학사학자 겸 과학철학자 토머스 쿤이 그의 명저 『과학혁명의 구조』(1962)에서 제창한 개념입니다. 패러다임은 과학자들이 세상을 바라보고, 조작하고, 이해하는 틀입니다. 서로 다른 패러다임을 가진 사람들은 서로 다른 세상에 사는 사람들과 같습니다. 패러다임이 다른 사람들은 같은 것을 보고도 다른 식으로 해석합니다. 전근대인에게는 우주가 영적이고 신비로운 유기체인 반면, 근대인의 우주는 복잡한 기계에 가깝습니다. 서로 다른 패러다임에 사는 사람들이 보고 경험하는 세계는 서로 다른 것이지요.

그렇지만 패러다임을 세계관이라고만 생각하면 안 됩니다. 패러다임은 추상적인 세계관이라기보다, 과학자들의 연구를 이끌어주는 모범적인 문제 풀이 방식같이 훨씬 구체적인 것입니다. 패러다임에는 모델, 이론, 법칙, 가설 같은 이론적인 요소만이 아니라, 실험의 방식, 기구, 표준과 같은 물질적이고 실험적인 요소도 얽혀 있습니다.

일단 과학자 사회가 한 패러다임을 받아들이면, 그 패러다임은 어떤 문제가 의미 있는 과학적 문제인지, 문제를 어떻게 풀어야 하는지, 여러 답안 중에서 어떤 답이 더 훌륭한 답인지에 대한 기준과 가이드라인을 제공해줍니다. 쿤은 하나의 패러다임이 지배하는 과학을 '정상과학'이라고 불렀습니다. 정상과학은 본질적으로 패러다임을 완벽하게 하고 확장하는 활동입니다. 퍼즐puzzle 풀이와 비슷한 면이 있지요. 그렇지만 패러다임으로 설명되지 않는 변칙적인 문제들이 연이어 등장하면 정상과학은 위기 국면으로 진입하게 되고, 새로운 패러다임이 등장해서 기존 패러다임을 대체하는 '과학혁명'이 뒤따릅니다. 쿤은 과학이 정상과학 상태에서 위기를 맞고 과학혁명을 겪으며 새로운 정상과학으로 발전한다고 본 것입니다.

패러다임을 습득한다는 것은 과학자 사회에서 공유되는 일종의 '암묵지'를 익히는 것입니다. 과학자를 꿈꾸는 과학도는 학교를 다니면서 표준적인 실험을 하고, 교과서의 각 장의 끝에 나오는 연습 문제를 풀면서 패러다임을 익힙니다. 어떤 종류의 문제를 어떤 방법을 사용해서 푸는지 배우는 것이지요. 그런데 교과서에 등장하는 이론을 배운다고 연습 문제들이 다 자동적으로 해결되는 것은 아닙니다. 문제를 잘 풀려면 이론을 '응용'해야 하는데, 응용을 하려면 이론과 문제 사이의 간격을 메울 수 있는 일종의 '상상력' 혹은 '통찰'을 필요로 합니다. 결국 이런 간격을 채워나가면서 연습 문제를 푸는 것은 패러다임을 체화하는 것이고, 나중에 전문 과학자가 되었을 때 필요한 연구 능력을 익히는 트레이닝 과정의 일부가 됩니다. 이런 트레이닝을 잘 받으면 패러다임을 완벽하게 하고 확장하는 등 문제 풀이를 잘하는 유능한 과학자가 될 수 있는 것입니다. 이런 문제 풀이는 결코 따분하거나 기계적이지 않습니다. 패러다임과 연구 주제 사이의 간극을 메우는 상상력과 도전 정신이 항상 필요하기 때문입니다. 쿤은 정상과학을 '뒤처리', '청소 작업'이라고 묘사했는데, 이런 묘사와 달리 많은 정상과학 활동들이 흥미로운 동시에 도전적입니다. 이런 이유 때문에 대부분의 과학자들이 평생 정상과학 활동을 하는데도 자신의 일에 지적 흥미와 짜릿함을 느끼곤 합니다.[21]

조금 철학적인 얘기를 해보지요. 패러다임에 기초한 정상과학에는 흥미로운 과학철학적 특성이 두 가지 있습니다. 우선 하나는 패러다임과 잘 맞지 않는 사례들이 중요하지 않은 것으로 무시되거나 패러다임 안으로 포섭되곤 한다는 것입니다. 과학자들은 이론에 역행하는 관찰이나 실험 결과가 나오면 그 이론을 폐기한다고 흔히들 생각하지만, 실제로는 한두 가지의 변칙 사례 때문에 패러다임을 포기하는 일은 드뭅니다. 뉴턴의 고전물리학 패러다임은 수많은 현상을 성공적으로 설명했지만 천왕성의 궤도에 대해서는 예상치의 2배에 달하는 오차가 나서, 과학자들이 골머리를 앓았습니다. 전통적인 과학철학에 의하면 이럴 경우에 뉴턴역학은 폐기되어야 합니다. 실제로 19세기 초에 이 문제를 고민했던 과학자들 중에는 뉴턴과 다른 형태로 중력이론을 제창한 사람들도 있었습니다. 그렇지만 과학자 공동체 대다수가 뉴턴역학을 포기하지 않았고, 다른 방법을 찾았습니다. 천왕성 다음에 또 다른 행성이 존재할지 모른다고 생각하고 그 행성을 찾기 시작했고, 결국 예상된 위치에서 해왕성을 발견했던 것입니다. 패러다임은 예상과 다른 한두 가지의 반증 사례로는 폐기되지 않습니다. 반증이 과학의 핵심이라는 생각은 실제 과학 활동과 잘 부합되지 않습니다.

두 번째 과학철학적 특성은 바로 이런 이유 때문에, 두 개의 패러다임이 공존하는 과학혁명기에는 과거의 패러다임을 계속 고수하는 과학자와 새로운 패러다임을 받아들인 과학자 사이에 합리적인 소통이 어렵다는 것입니다.* 과거의 패러다임은 많은 자연현상들을 성공적으로 설명해왔지만, 한두 가지의 변칙적인 현상을 설명하지 못합니다. 반면에 새로운 패러

* 쿤은 이러한 소통의 어려움을 '공약불가능성incommensurability'이라는 철학적인 개념으로 압축했습니다. 하나의 잣대로 경쟁하는 두 주장을 비교하는 것이 어렵다는 뜻입니다.

다임은 한두 가지의 변칙적인 현상은 잘 설명하지만, 일반적으로 잘 알려진 다른 현상들에 대해서는 기존의 패러다임만큼 잘 설명하지 못하는 경우가 많습니다. 많은 성공을 거두었던 과거의 패러다임은 약간의 문제에 직면하게 되는 것이고, 새로운 패러다임은 미래의 가능성을 보여주면서도 많은 불확실성을 안고 있는 것이지요. 따라서 과거의 패러다임하에서 연구를 수행했던 구세대의 과학자들은 이것을 쉽게 버리지 못합니다. 새로운 패러다임은 젊은 과학자들, 과학의 주류에서 조금 벗어나 있는 '변방'의 과학자들에 의해서 받아들여지게 됩니다. 앞서 "사냥꾼과 학자"에서 본 경계인, 주변인들이 만드는 과학적 혁신이 그 사례들입니다.

쿤은 정상과학 시기에는 패러다임이 복수로 존재하는 것이 거의 불가능에 가깝다고 주장했습니다. 패러다임의 공존이나 경쟁은 과학혁명기에나 가능하다는 것입니다. 쿤이 이런 생각을 한 이유는, 과학자 사회를 만들고 정의하는 것이 바로 패러다임이기 때문입니다. 즉, 어떤 과학자 집단이 패러다임을 공유하게 되면, 그때부터 그 집단은 외부의 다른 집단과 구별되는 과학자 사회의 정체성을 공유하는 것입니다. 따라서 하나의 과학자 사회가 두 패러다임을 공유하는 식으로 쪼개지는 경우는 없다는 것이 쿤의 생각이었습니다. 이런 경우는 패러다임을 습득하기 이전인 '전前 패러다임 시기'에나 해당되는 얘기입니다. 정상과학 시기는 논쟁이 없는 평화로운 시기이며, 과학혁명기는 두 패러다임 사이의 공약불가능성과 논쟁이 지배하는 전쟁의 시기인 것입니다. 과학은 이렇게 '전쟁과 평화'를 반복하면서 발전합니다.

과학자들은 '자연'에 대해서 '객관적인' 탐구를 한다고 생각하지만, 실제로는 패러다임에 의해서 인도되는 영역 내에서 자연을 봅니다. 아무런 얘기나 다 과학적 사실이고 과학적 진리라는 것이 아닙니다. 사실과 진리가 되기 위해서는 패러다임 안으로 수용되어야 합니다. 패러다임은 객관성의 견고한 토대이지, '아무거나 다 괜찮다'라는 게 결코 아닙니다. '무엇이 훌륭한 과학인가'라는 기준이 패러다임에 따라서 변하는 것입니다. 흔히 패러다임에 대한 논의가 과학적 진리를 무시하는 상대주의를 낳는다고들 하지만, 이런 생각이야말로 쿤의 패러다임에 대한 전형적인 오해 중 하나입니다.

패러다임 전환의 사례로 자주 언급되는 것이 프톨레마이오스의 지구중심설에서 코페르니쿠스의 태양중심설로의 변화, 아리스토텔레스의 역학에서 갈릴레오의 역학으로의 변화, 슈탈의 플로지스톤phlogiston이론에서 라부아지에의 산소이론으로의 변화, 뉴턴의 고전물리학에서 아인슈타인의 상대성이론으로의 변화 등입니다.

그런데 패러다임의 변화에는 이렇게 세계관의 변혁을 가져오는 거대한 것만 있는 것이 아닙니다. 하나의 과학 분과 내에서도 작은 패러다임의 변화가 수없이 많을 수 있습니다. 예를 들어 물리학의 분과인 고체물리학에는 초전도체 연구라는 작은 주제가 있는데, 이런 작은 주제 안에서도 얼마든지 패러다임의 전환이 가능합니다. 그리고 패러다임의 전환이 모든 과학자들에게 영향을 주는 것도 아닙니다. 고전물리학에서 양자역학으로의 전환은 물리학에 엄청난 영향을 미쳤지만, 화학에서는 테크닉 변화 정도의 영향을 미쳤고, 생물학에는 거의 영향을 미치지 않았습니다.

패러다임이 정립되면 과학자들은 패러다임을 모델로 삼아서 인접한 현상들을 설명하고, 패러다임을 더 정교하게 하면서 적용 범위를 넓혀나갑니다. 과학이 전문화되고, 과학 지식이 심원해지는 과정입니다. 과학은 급속하게 '어려워'집니다. 동시에 패러다임으로는 잘 설명되지 않는 현상을 패러다임에 맞추려고 애쓰는 과정이기도 한데, 쿤은 이를 두고 과학이 "자연을 패러다임이라는 상자에 꾸겨 넣는다"라고 했습니다.

진화생물학에 대한 예를 들어서 이런 패러다임의 속성과 패러다임 전환의 사례를 살펴보지요. 다윈은 1859년에 출판된 『종의 기원』에서 인간의 진화를 거의 다루지 않았습니다. 해결하지 못한 난제가 하나 있었기 때문인데, 바로 개미나 벌처럼 협력을 하면서 이타적 행동을 보이는 진사회성眞社會性 곤충의 진화 문제였습니다. 다윈의 진화론은 개체와 종 사이에서 벌어지는 생존경쟁, 즉 '자연선택'을 진화의 메커니즘이라고 보았습니다. 그런데 어떻게 생존경쟁 속에서 협동하는 본성, 이타적 본성이 진화할 수 있었을까요? 당시 다윈은 불임의 상태로 평생 동안 공동체를 위해 일만 하는 개미나 벌의 존재를 진화론적으로 이해할 수 없었습니다. 이 문제는 고등 생명체인 인간의 협동, 인간의 이타성을 진화적으로 설명하는 문제와도 밀접하게 연관된 것이었습니다.

다윈은 오랫동안 고민하다가 '집단선택'이라는 진화의 또 다른 기제를 제시합니다. 집단선택은 타인을 위해서 희생하거나 타인과 협력하는 개체를 더 많이 가진 집단이, 그렇지 못한 집단에 비해서 경쟁 우위를 점한다는 것이었습니다. 집단을 위해 자기를 바치는 리더나 개체가 더 많은 집단이나, 잘 협력해서 한마음으로 싸우는 집단이 자신을 보존하는 데 더 유리했고, 이러한 차이가 이어져서 지금의 이타성을 낳았다는 것입니다. 다윈 이후에 '집단선택이론'은 사회를 이루는 곤충류나 인간을 포함하는 영장류의 진화를 설명하는 패러다임으로 오랫동안 잘 작동했지요.

그런데 20세기 중엽부터 집단선택에 회의적인 사람들이 집단선택이 해결하지 못하는 한 가지 변칙 현상에 주목했습니다. 한 집단에 이기적인 사람들과 이타적인 사람들이 공존할 때, 이타적인 사람들의 자손이 이기적인 사람들의 자손에 비해 많아지기가 힘들다는 것이었습니다. 타인을 위해서 희생을 하는 사람들은 이타적 유전자를 후대로 전달하기 힘들지만, 자기만을 보존하기 위해서 이기적인 행동을 하는 사람은 이런 이기적 유전자를 후대로 전달하기 쉽기 때문입니다. 이런 일이 수백에서 수천 세대에 걸쳐서 일어났다면, 이타적인 유전자는 (만약 이런 것이 있다고 해도) 살아남기 힘들었을 것이라는 얘기이지요.

이런 상태에서 '혈연선택' 또는 '포괄적 적합도'*라는 새로운 패러다임이 등장합니다. 이론생물학자 윌리엄 해밀턴은 1964년에 출판된 논문에서 불임의 상태로 여왕을 위해서 일만 하다가 죽는 개미나 벌의 이타성을 설명하는 새로운 방법을 제안했습니다. 이런 생명체에서는 수정란은 암컷이 되고 미수정란은 수컷이 되기 때문에, 부모-자식 간의 유전적인 근친도**(0.5)보다 암컷 일꾼과 여왕 사이의(즉, 자매간의) 유전적 근친도(0.75)가 더 큽니다. 따라서 이런 반배수체半倍數體 생물은 자식을 낳아서 자신의 유전자를 남기는 것보다, 자매를 돌보아서 자신의 유전자를 남기는 것이 더 이익일 수 있다는 것이 해밀턴의 주장이었습니다.

* inclusive fitness. 자신의 유전자뿐만이 아니라 친족들의 유전자를 다 합쳐서 적합도를 고려한다는 의미입니다.

** 두 개체의 게놈이 공유하고 있는 유전자의 비율을 의미합니다.

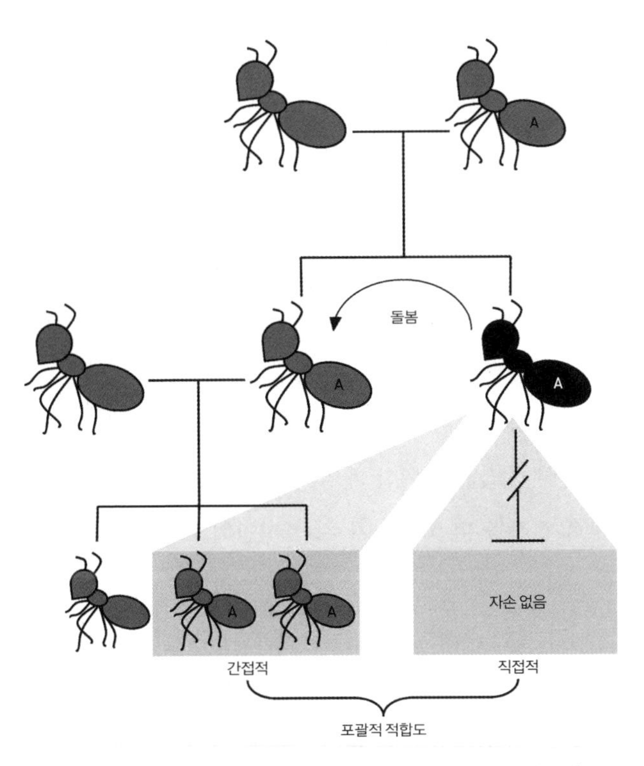

진화에서 '적합도'는 자식을 얼마나 많이 낳아서 진화에 유리한 상태를 만드는지를 말합니다. '포괄적 적합도 이론'에서는 내가 자식을 낳지 않아도 내 형제가 낳은 자식을 통해 내 유전자의 일부가 이후 세대로 전이되는 경우까지 모두 고려해야 한다고 봅니다. 이타성의 원천이 이런 포괄적 적합도에 있다는 것이지요.

그는 이런 설명을 $rB>C$라는 유명한 공식에 담았습니다. 여기에서 r은 유전적 근친도, B는 이타적 행동을 통해서 얻을 수 있는 총 자손의 수, C는 자기가 희생하지 않았을 때 얻을 수 있는 자손의 수를 의미합니다. 예를 들어 사람이 보통 4명의 자식을 낳는다는 가정하에, 내 조카 2명이 물에 빠졌다고 한다면(조카와의 유전적 근친도는 0.25입니다), 내가 목숨을 걸고 조카 2명을 구했을 때 얻는 총 자손의 수는 2명(0.25×2×4=2)입니다. 조카를 구하지 않고 내가 혼자 살았을 때 얻는 자손의 수는 4명입니다. 이런 경우에는 조카를 구하는 이타적 행동을 하지 않는다는 것입니다. 반대로 조카 6명이 물에 빠졌다면, 조카들을 살리고 내가 죽었을 때에 더 많은 자손(0.25×6×4=6)이 만들어지게 됩니다. 이 새로운 패러다임은 이타성이 집단을 위한 개인의 희생에서 비롯된 행동이 아니라, 유전자를 더 퍼트리기 위한 개인의 이기적 행위라고 주장한 것입니다.

내가 살린 조카들이 낳는 자식을 '내 자손'이라고 하는 이유가 무엇일까요? 바로 유전자를 공유하고 있기 때문입니다. 조금 다른 각도에서 바라보면 자손을 남기려고 하는 주체는 조카를 살리고 대신 죽은 내가 아니라, 스스로 복제하려는 성향을 가진 유전자라고도 할 수 있습니다. 이렇게 유전자에 주목하는 새 패러다임이 등장하는데, 리처드 도킨스의 『이기적 유전자』(1976)는 바로 이 관점을 대중적으로 확산시킨 책입니다. 이 패러다임에서는 인간의 이타성이 친족을 위해서 (즉, 자신의 유전자를 남기기 위해서) 자신을 희생하는 성향이 발전한 것으로 협소하게 해석되었습니다. 이런 이해에서 기존 진화론으로는 설명하기 힘들었던 동성애가 '형제의 자식을 돌봄으로써 유전자를 더 많이 남기기 때문에 사라지지 않았다'라고 해석되기도 하였습니다.*

그런데 혈연선택, 포괄적 적합도는 자연 그 자체가 아니라, 자연에 대한 하나의 패러다임일 뿐입니다. 이 이론이 나온 이후에 반배수체 생물 중에서 진사회성을 보이지 않는 생명체가 속속 발견되었고, 배수체 생물 중에서 이타성을 보이는 생명체도 발견되었습니다. 무엇보다 인간의 이타성이 자신과 유전자를 공유한 사람들의 범위를 훨씬 더 뛰어넘어서 발현되었고, '이기적 유전자' 담론에 기초한 진화심리학의 문제점도 계속 발견되었습니다. 그렇지만 다른 모든 패러다임들이 그렇듯이, 혈연선택을 받아들인 사람들은 유전자를 선택의 단위로 놓고서만 인간의 사회성과 본성을 설명하려고 했지요. 이 과정에서 어떤 현상에 대해서는 더 깊은 이해가 얻어졌지만, 패러다임과 맞지 않는 사례들은 무시되거나 관심 밖으로 밀려났습니다.

개미에 대한 세계적 권위자이자 우리에겐 『통섭』의 저자로 알려진 에드워드 윌슨은 해밀턴이론의 장점을 가장 먼

* 나중에 진화심리학자들은 여기에서 더 나아갑니다. 남성의 질투는 여성의 아이가 자신의 유전자를 가진 아이인지 아닌지 모르는 데에서 기인한다고 간주되었고, 여성의 내숭은 남성을 붙잡아서 자신의 유전자를 공유한 자식을 보호하는 전략으로 해석되었습니다. 여성은 자신의 유전자를 남기기 위해서 자식에게 더 많은 시간을 투자해야 하기 때문에 경제적으로 안정되고 지위가 높은 남성을 원하고, 남성은 자식을 낳는 데 유리한 체력을 보여주는 글래머형 미녀를 원한다는 것입니다. 대중적으로 많은 논쟁을 불러일으킨 진화심리학의 주장도 이런 '이기적 유전자' 담론에 그 뿌리를 두고 있습니다.

저 인식하고, 또 가장 열렬하게 지지했던 사람이었지요. 그는 1975년에 혈연선택론에 근거해 인간과 동물의 사회성을 설명하는 『사회생물학』이라는 책을 출판해서 거센 논란을 불러일으켰습니다. 그러던 윌슨은 2010년에 혈연선택론과 이기적 유전자 관점을 정면으로 비판하는 논문을 출판했습니다. 혈연선택이론과 모순이 되는 현상들이 월등하게 많다는 것이 이 이론을 버린 이유였습니다. 그리고 다윈의 집단선택으로 회귀합니다. 최근 저서인 『지구의 정복자』에는 그가 왜 혈연선택 패러다임을 버리고 집단선택으로 회귀했는지, 집단선택을 통해서 인간의 본성과 문화를 어떻게 설명하는지가 상세히 서술되어 있습니다.

토머스 쿤은 과학혁명이 일어나는 이유가 패러다임으로 설명할 수 없는 변칙 현상anomaly들이 누적되기 때문이라고 봅니다. 변칙이 누적되면 위기가 생기는데, 위기의 징후 중 하나는 기존 패러다임 속에서 활동하던 저명한 과학자가 기존 패러다임의 한계를 지적하기 시작한다는 것입니다. 윌슨의 태도 변화도 이런 위기의 표현으로 간주될 수 있습니다. 기존 패러다임의 수호자들은 윌슨이 틀렸다고 생각하는 과학자들의 서명을 잔뜩 받아서 학술지에 보냈습니다. 이 논쟁은 아직도 진행 중인데, 해밀턴-도킨스의 패러다임이 지금 직면한 난제들을 해결하고 지배적인 패러다임으로 유지될지, 집단선택이론이 다시 지배적인 패러다임으로 부상할지, 아니면 이 둘을 적절하게 절충한 새로운 패러다임이 생길지는 미지수입니다. 현재 상황으로 봐서는 이타성의 진화에 혈연선택과 집단선택의 두 기제가 다 작동한다는 식으로 잠정적인 절충이 생길 가능성이 높아 보입니다.[22]

쿤으로 돌아가보겠습니다. 쿤은 주로 20세기 초반까지의 물리학과 화학의 역사를 토대로 『과학혁명의 구조』를 저술했습니다. 이 시기에는 과학이 아직 덜 분화되어 있었습니다. 따라서 물리학자와 화학자가 서로 다른 현상을 다루었고, 이 둘이 논쟁할 일은 별로 없었습니다. 그렇지만 지금의 과학은 다루는 대상, 방법론에 따라 훨씬 더 많이 분화되었습니다. 그런데 이렇게 세분화된 과학이 모두 서로 다른 주제를 연구하는 것은 아닙니다. 두 개 이상의 전문 분야들이 하나의 주제를 연구하는 경우가 있습니다. 이때 각각의 분야는 서로가 받아들이고 있는 패러다임의 차이 때문에 같은 주제에 대해서 매우 다른 결론을 내놓기도 합니다. 최근 테크노사이언스 내에서는 이런 성격의 논쟁들이 많이 일어납니다.

그런데 이런 논쟁은 쉽게 종결되지 않습니다. 논쟁하는 사람들은 같은 데이터나 현상을 서로 다르게 해석하니까요. 해석의 차이는 이론, 모델, 가설, 실험, 기구 등이 얽혀 있는 패러다임의 차이에서 연유하기 때문에 쉽게 좁혀지지 않습니다. 상대의 논지를 받아들인다는 것은 내가 옳다고 믿었던 많은 것을 포기하는 것이기 때문입니다. 논쟁 중인 두 패러다임 모두를 잘 알고, 논쟁을 중재할 수 있는 사람도 많지 않습니다. 하나의 전문 분야에서 박사를 받고, 전문가의 지위를 얻는 데에만 10년 이상의 시간이 소요되기 때문입니다. 대부분의 이런 논쟁은 과학 외적인 요소가 개입해서 정치적 방식으로 한쪽이 승리하거나, 상충되는 두 입장의 중간 정도에서 적절한 지점을 찾아서 절충하는 방식으로 해결됩니다.

의료계 내의 문제를 넘어서 사회 문제가 되고 있는 갑상선암 과잉 진단 논란을 보면 이런 분야 간의 차이가 잘 드러납니다. 갑상선암 논쟁은 병원에서 갑상선암을 진단하고 수술을 담당하는 임상 의사들과 역학 전문가들 사이에서 주로 벌어지고 있습니다. 20세기 후반에 의료 체계에 도입된 초음파 기술은 1990년대부터 점차 정교해져서 1밀리미터부터 5밀리미터 이하의 초기의 갑상선암을 검진하는 데 탁월한 효과를 발휘했습니다. 논점은 이것을 발견해서 수술하는 것이 갑상선암으로 인한 사망률을 낮추는 데 기여하는지의 여부입니다. 역학 전문가들은 갑상선암을 발견해서 수술하는 횟수는 지난 15년 동안 로켓처럼 치솟았던 반면, 사망률은 거의 그대로였다는 점을 들어 임상 의사들을 비판합니다. 갑상선암으로 사망하는 환자는 거의 일정한 수로 유지되고 있다는 것입니다. 따라서

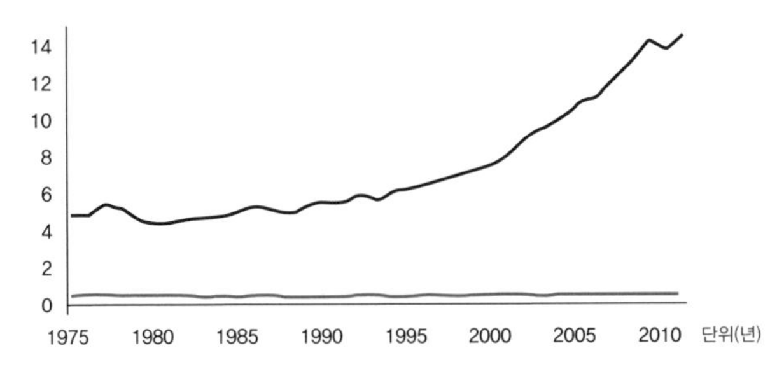

1992~2012년 미국의 갑상선암 발병 환자(검은색)와 사망자(붉은색)의 수. 환자는 계속 늘어나는데 사망자 수는 일정합니다.

역학 전문가들은 작은 크기의 갑상선암이 환자를 사망케 할 확률이 매우 적음에도 불구하고 의사가 과잉 진료를 하고 있다고 주장합니다. 역학 전문가들에게는 이런 통계가 가장 믿을 만한 데이터입니다.[23]

갑상선암 환자를 직접 만나고 치료하는 임상 의사들은 모든 크기의 암을 위험한 것으로 봅니다. 아무리 작은 암이라도, 결국 악성종양이 되어 환자를 사망케 하는 사례를 직접 보아왔기 때문입니다. 최근 방사선 전문의들은 초음파 검사를 통해 작은 크기의 갑상선암이 악성인지 아닌지를 판단하는 공식을 만들었고, 이런 공식이 현장에서 점점 더 널리 사용되고 있는 실정입니다. 의사들은 역학 전문가들의 통계를 '숫자 놀음'으로 받아들이는 경향이 강합니다. 평균 사망률 같은 것이 환자 개개인에 대해서는 아무런 얘기도 해주지 못한다고 생각하기 때문입니다. 따라서 이들은 작은 암이라도 발견되면 환자에게 수술을 권하는 경향을 보이며, 이럴 경우에 환자들은 아무리 확률이 작다고 해도 수술받기를 원합니다. 문제는 이런 환자 대부분이 큰 이상 없이 수십 년간 일상생활을 잘 할 수 있는 사람들인데, 수술 뒤에 오히려 목소리가 변하고 약을 계속 먹어야 하는 등 후유증에 시달릴 수 있다는 사실입니다. 정부는 두 입장을 절충해서 권고안을 만들려고 하지만, 이들의 입장 차이는 쉽게 좁혀지지 않는 실정입니다.

약사와 의사 사이에도 패러다임의 차이가 있습니다. 2000년 우리나라에서는 의약분업을 놓고 의사와 약사들이 크게 충돌했습니다. 양쪽은 파업을 불사하는 극한 행동으로 국민들에게 상당한 불편을 안겨주었습니다. 이때 문제가 되었던 이슈 중 하나는 원래의 약을 복제해서 만든 복제약의 처방이 의사의 몫인지, 약사의 몫인지 하는 것이었습니다. 이와 관련해서 복제약이 원래 약과 효능이 같은지를 검사하는 '생물학적동등성 시험'이 논쟁의 도마 위에 올랐습니다. 의사들은 생물학적동등성 시험이 인간 피험자를 쓰기 때문에 임상 시험과 같은 것이며, 따라서 병원과 의사들이 이를 관장해야 한다고 주장했습니다. 반면에 약사들은 생물학적동등성 시험 대부분이 시험관에 위장과 비슷한 조건을 만들어놓고 약의 소화를 실험하는 용출시험으로 대체될 수 있고, 이런 용출시험은 약사들이 담당해야 한다면서 의사들과 팽팽하게 맞섰습니다.

이들이 생물학적동등성 시험에 이렇게 다른 생각을 표출했던 이유는 인체와 약에 대해서 서로 다른 패러다임을 가지고 있었기 때문입니다. 약사들은 생체 내의 복잡한 과정도 물리화학적 과정이고, 이런 물리화학적 과정만 잘 알면 생체의 여러 과정을 알 수 있다고 생각했습니다. 따라서 이들은 원래 약과 복제약이 물리화학적으로 동일하면 생체반응도 동일할 것이라고 생각했고, 그렇기 때문에 생물학적동등성 시험 대부분이 시험관을 이용하는 용출시험으로 대체될 수 있다고 믿었던 것입니다. 반면에 의사들 중에서 약을 연구하는 임상 약리학자들은 생체반응이 너무 복잡하기 때문에 물리화학적 동일성으로는 이런 생체반응을 예측할 수 없다고 생각했습니다. 이들은 약이 체내에 흡수될 때 여러 가지 생체 요소들이 복잡한 방식으로 개입하기 때문에, 인간 피험자를 모집해서 생물학적동등성 시험을 하고 생체반응을 유심히 살피는 방법이 가장 유효하다고 생각했습니다. 의사들은 생물학적동등성 시험이 용출시험으로 대체될 수 없다고 생각했던 것입니다. 약사들의 물리화학적 분석과 의사들의 임상적 분석이라는 상이한 패러다임은 생물학적동등성 시험과 용출시험의 관계를 다르게 보게 했으며, 누가 생물학적동등성 시험을 담당해야 하는지에 대해서도 다른 결론을 내게 했던 것입니다.[24]

전문가 집단과 비전문가 집단이 하나의 문제를 다루는 경우도 있습니다. 치매는 환자 본인은 물론 가족과 친지들에게 매우 괴롭고 힘든 경험으로 다가오는 무서운 노년의 질병이며, 치매를 일으키는 가장 중요한 원인으로 간주되는 것이 알츠하이머 질환입니다. 노르웨이에서 있었던 치매를 둘러싼 논쟁을 살펴보면, 의사, 제약 회사, 간호사, 간병인, 돌봄 전문가, 가족, 정치인 등이 중요한 행위자로 등장합니다.

우선 가장 중요한 행위자는 의사입니다. 치매를 다루는 의사들은 치매를 뇌의 특정 영역에서 발병한 질병으로 정의하며, 이를 어떻게 조기 진단하고 진행 속도를 늦출 것인가 하는 문제에 관심이 있습니다. 의사들은 실험실에서의 실험과 임상에서의 진료 결과를 바탕으로 알츠하이머를 연구하고 치료 방법을 제안합니다. 의사와 같은 편에 제약 회사가 있습니다. 이들은 약을 통한 치료가 질병을 낫게 할 수 있고, 환자의 정체성을 회복하도록 도울 수 있는 적극적인 개입이라고 주장합니다. 제약 회사의 이런 전략은 알츠하이머가 자아를 잃어버리는 두려운 병이라는 대중적인 이미지와 조응하면서 더욱 설득력을 가집니다. 병원의 임상과 투약을 결합해서 사회적 비용을 줄일 수 있다고 강조하기도 합니다.

그런데 이런 '치료cure 패러다임'에 반대하는 사람들도 많습니다. 반대자들의 주장은 알츠하이머에 대한 진단이나 약의 효과가 거의 없다는 사실에서 출발합니다. 이 부분은 의사와 제약 회사도 마지못해 인정하고 있습니다. 반대자들은 알츠하이머가 뇌의 특정 부분에 생긴 이상이라는 관점을 넘어서, 환자와 그 주변 세상 사이의 관계가 달라지는 현상으로 정의합니다. 알츠하이머는 단순히 인간의 뇌 속에 있는 병이 아니라, 관계가 망가지는 병이라는 것입니다. 그렇기 때문에 이 질병의 증상은 환자와 주변의 관계를 어떻게 유지하는지에 따라서 많이 달라질 수 있다고 주장합니다. 예를 들어, 간호사가 환자에게 천천히 말을 할 때에는 환자가 훨씬 더 능동적으로 만족스럽게 반응하지만, 조급하게 소통을 할 때에는 환자들의 공격성이 드러난다는 것입니다.

치료 패러다임 반대자들은 환자를 입원시켜 놓고 약을 투여하며 임상 실험을 하는 방식으로는 이런 세심한 상호작용을 할 수 없다고 주장합니다. 이들은 알츠하이머의 치료를 위해서는 전문 요양원이 필요하다고 강조하면서, 자신들의 패러다임을 '돌봄care 패러다임'이라고 부릅니다. 돌봄 패러다임은 간호사, 간병인, 돌봄 전문가들이 공유하고 있습니다. 이들은 병원을 중심으로 하는 치료보다 자신들과 같은 전문가들이 가정과 요양원에서 환자를 돌보는 것이 환자와 가족들에게 훨씬 만족스러운 결과를 줄 수 있다고 주장합니다.

이렇게 알츠하이머 질병을 둘러싸고 의사, 제약 회사, 간병인, 간호인들은 환자 가족과 정치인들의 지원을 얻기 위해 서로 경쟁했습니다. 그런데 임상에서 쓰는 '증거기반의학' 같은 용어는 훨씬 더 과학적으로 보이는 데 반해서, 가정이나 요양원에서의 '돌봄' 같은 것은 과학적 원리나 잘 확립된 원칙이 없는 것처럼 보입니다. 그래서 노르웨이에서는 간병인과 간호사의 '돌봄 패러다임'이 의료계와 제약 회사가 내세우는 '치료 패러다임'의 높은 벽을 넘지 못했고, 국가의 지원은 병원과 제약 회사에 집중되는 결과를 낳았습니다. 요양원에 대한 정부의 지원이 이루어지지 않으면서, 비싼 요양원을 선택할 수 없는 대부분의 가족들은 병원과 약에 의존할 수밖에 없는 상태가 되었습니다. 이런 의존 상태는 '치료 패러다임'을 더 굳건한 것으로 만들었고요.[25]

◎

쿤은 패러다임이 자연과학에만 해당되는 것이며, 기술이나 사회과학에는 적용될 수 없다고 생각했습니다. 기술은 경제적 가치 같은 외적 기준이 중요한 변수로 개입하기 때문에 패러다임만으로는 그 발전을 서술할 수 없다고 보았고, 사회과학에는 아직 제대로 된 패러다임이 없다고 생각했습니다. 쿤은 50년보다도 더 전에 패러다임 개념을 제창했는데, 이 시기는 아직 테크노사이언스의 네트워크라는 개념이 등장하기 전이었습니다.

지금의 관점에서 패러다임이라는 개념을 다시 해석해본다면, '과학자 집단이 공유한 테크노사이언스 네트워크'와 흡사하다고 볼 수 있을 것입니다. 이런 테크노사이언스의 네트워크에는 엔지니어들이 공유한 것도 있을 수 있습니다. 의사의 경우에는 비슷한 분석이 가능하다는 것을 앞서 보았습니다.

새로운 기술이나 제품을 가지고 시장을 장악한 기업은 유망한 신기술을 연구하고, 이를 상품화해서 시장을 유지하고 확장하려 합니다. 이런 일을 잘하는 기업을 혁신적인 기업이라고들 하지요. 그런데 어떤 경우에는 이런 혁신이 아예 가능하지 않습니다. DEC사는 1960년대에 미니컴퓨터를 만들어 '잘나가던' 회사였습니다. 미니컴퓨터는 대형 컴퓨터에 비해 가격이 저렴해서, 기업이나 대학에서, 그리고 돈이 많은 사람들이 개인용으로 널리 사용했습니다. 그런데 이 회사는 1970년대에 Apple Ⅱ 같은 개인용 컴퓨터PC가 등장하면서 맥을 못 추고 도산했습니다. DEC만이 아니라 당시에 미니컴퓨터를 만들던 거의 모든 회사가 도산했습니다. 왜 기존의 기술 패러다임과 시장을 장악했던 DEC 같은 기업들이 틈새시장을 뚫고 부상한 작은 기술과 회사 앞에 맥을 못 추었을까요?

새롭게 등장한 기술은 기존의 성숙한 기술에 비해서 조야하고, 단순하며, 더 비싸거나, 안정적이지 못한 경우가 많습니다. 따라서 기존 기술을 잘 사용하던 소비자들의 관심을 거의 끌지 못합니다. 이런 신기술은 특정한 목적으로 이를 찾는 적은 수의 소비자들로 틈새시장을 파고들면서 시장에 진입하는데, 일반적으로 기존의 기업이 소비자들을 대상으로 시장조사를 해보면 신기술을 선호할 사람들이 거의 없다는 결과가 나옵니다. 따라서 기존에 시장을 장악한 기업들은 신기술에 주목하지 않고 기존 기술을 발전시켜서 이윤을 창출하는 전략을 지속시킵니다. 이렇기 때문에 기존 기업들 대부분은 점점 더 성장하는 혁신적인 신기술이 기존 시장에 진입해서 자신들의 고객을 빼앗고 회사의 초석을 흔들 때까지도 거의 아무런 손을 쓰지 못하게 되는 것입니다.

쿤에 의하면 과거의 패러다임에서 성공을 맛봤던 과학자들은 새로운 패러다임이 등장할 때에도 과거의 패러다임을 고수합니다. 이들에게 새로운 패러다임은 과거의 패러다임에 비해 단순하고 조야하기까지 합니다. 상식적으로 말이 안 되는 부분도 있습니다. 같은 일이 기술혁신에서도 발생하는 것입니다. 과거에 연속적으로 성공을 거두었던 기업은, 자신들의 성공의 비결이 '패러다임'이라는 생각을 하지 못합니다. 이것이 언젠가 새로운 패러다임으로 대체될 것이라는 것을 생각도 못하는 것이지요. 과학과 마찬가지로, 기술의 영역에서 과거의 기술은 새로운 기술로 계속해서 대체됩니다. 그리고 과거의 기술에 집착하던 기업들은 신기술로 부상하는 신생 기업에 의해서 대체됩니다. 과학에서의 패러다임 전환이 과학의 발전을 낳듯이, 기술혁신에서의 이런 변화 역시 거스르기 힘든 역사의 발전 과정입니다.

제3장
과학철학적 탐색

세계는 하나인가

세계는 하나일까요?

무슨 이런 엉뚱한 질문을 하냐고요? 우리 모두는 하나의 세계 속에서 살아가지만, 가끔 친구랑 어떤 주제에 대해서 얘기를 하다 보면 "너랑 나는 정말 다른 세계에 사는 것 같다"라는 말을 할 때가 있지요. 지구에 있는 대한민국이라는 나라에서 같이 살고 있지만, 서로 보고 경험하는 것이 너무 달라서 마치 딴 세상에 살고 있는 것처럼 보인다는 것입니다.

예전에 한 영화감독이 다리를 저는 배역을 만들어내기 전에 본인이 먼저 깁스를 하고 다리를 절면서 시내를 다녔다고 합니다. 다리를 절면서 사는 게 어떤 것인지 경험해보려고 했던 것이지요. 그런데 갑자기 다리를 저는 사람들이 많이 보이더라는 것입니다. 이전에는 눈에 띄지 않았는데 말이에요. 또 다른 사람은 서울 시내에서 자전거를 타면 위험하다는 주변의 만류를 뿌리치고 자전거를 사서 타기 시작했는데, 그러고 나니 길에서 자전거를 타는 사람들이 정말 많다는 것을 발견했습니다. 결혼을 해서 아이를 키우기 시작하면 길거리에서 어린 아이들만 눈에 띕니다. 이렇게 어떤 경험을 전후로 세상이 다르게 보인다면, 우리가 모두 같은 세상에 살고 있다고 말할 수 있을까요?

세상이 하나가 아니라 여러 개일 수 있다는 얘기를 처음 심각하게 했던 사람은 토머스 쿤입니다. 그는 패러다임이 바뀐 세상에서 세상의 구성 요소들이 달라질 가능성을 논의했습니다. 예전에 지구중심설(천동설)의 세계관에서는 지구의 주위를 달, 수성, 금성, 태양, 화성, 목성, 토성, 이렇게 7개의 천체가 돌고 있었습니다. 달과 태양은 다른 행성과는 방식이 조금 달랐지만, 지구의 주위를 돈다는 점에서 기본적으로 행성과 크게 다르지 않은 존재였습니다. 새로운 태양중심설(지동설)의 세계관에서는 수성, 금성, 지구, 화성, 목성, 토성이 6개의 행성이 되었고, 달은 지구의 위성이 되었으며, 태양은 행성과는 전혀 다른 존재가 되었습니다.

쿤은 이런 천문학 혁명의 전후로 '행성'이라는 범주(카테고리)가 변했다고 강조합니다. 범주가 변했다는 것은 지구중심설(천동설)의 행성과 태양중심설(지동설)의 행성이 다른 존재라는 것입니다. 이 각각의 세계에 사는 사람들은 서로 다른

세상에 사는 것이라고 말할 수 있다는 것이 쿤의 생각이었습니다.[1]

행성이라는 것은, 그것이 지구의 주위를 돌건 태양의 주위를 돌건, 다른 천체들과의 관계 속에서 정의됩니다. 패러다임이 바뀌면 이 관계의 네트워크가 바뀌는 것입니다. 우리도 그 관계의 일부이기 때문에, 나를 둘러싼 세계의 네트워크가 바뀌면 내가 사는 세상이 바뀐다고 할 수 있습니다.

물론 이런 식의 생각에 반론이 있을 수 있습니다. 세상은 하나인데, 내가 그 세상과 관계를 맺는 방식만이 변한다고 할 수도 있지요. 내 인식이 바뀐다고 세상이 바뀌는 것은 아니라는 반론입니다. 저는 이 논쟁에 유일한 해답이 있다고 생각하지 않습니다. 세상이 하나이지만 너와 내가 세상을 다르게 보는 이유는 각각 다른 부분을 경험하기 때문이라고 보통 생각합니다. 누구도 세상의 전부를 경험할 수는 없으니까요. 그런데 다르게 볼 수도 있습니다. 한 존재가 맺는 관계에 따라서 그 존재를 둘러싼 세상이 달라진다고 생각하면, 우리는 복수의 세계와 '다중존재론'을 가지게 됩니다.[2]

우리와 좀 더 가까운 예를 생각해보겠습니다. 요즘은 병이 없어도 가끔 건강진단을 받는 사람들이 많습니다. 동네 병원에서 피검사를 했더니, 헤모글로빈 수치가 정상보다 낮게 나왔다고 빈혈이라면서 철분제를 처방해줬습니다. 피검사에서 피 100밀리리터에 헤모글로빈 레벨이 12그램 이하면 빈혈로 정의합니다. 그런데 나는 어지럽다든가 힘이 없다든가 하는 빈혈의 증상이 없습니다. 그 이유는 100밀리미터에 12그램이라는 이 수치가 대략 95퍼센트의 정확도를 가진 '통계적 수치'이기 때문입니다. 이 경우 나는 운이 없게도 5퍼센트에 속한 것이라고 볼 수 있습니다.

내가 정말 빈혈인지 아닌지를 알려면 개개인의 특성을 파악하는 데 중점을 둔 병리생리학자를 찾아야 합니다. 병리생리학자는 내 혈액의 헤모글로빈을 비롯한 여러 요소들을 측정할 것입니다. 내가 별 증상이 없다면 이 수치는 내가 정상임을 의미합니다. 그런데 6개월 뒤에 수치가 내 정상 레벨에서 뚝 떨어진다면, 나는 빈혈인 것입니다. 환자를 직접 대면하는 임상의는 통계가 참조할 만한 유용한 숫자라고 생각하면서도 이에 의존하는 것을 경계합니다. 통계는 통계일 뿐이라는 것입니다. 이들은 실제로 환자에게서 어지럼증, 피로, 호흡 곤란 등의 증상이 있는지 없는지를 보고 빈혈을 판단합니다. 환자를 보는 의사에게 증상이 없으면 빈혈은 없는 것입니다.

이들이 똑같은 빈혈을 다르게 보고 있는 것일까요, 아니면 빈혈이 하나의 존재가 아닌 것일까요? 빈혈 관계자들은 나름대로의 네트워크에 속한 사람들입니다. 혈액을 통계적으로 분석하는 사람은 통계분석, 혈액 샘플 채취, 혈액의 헤모글로빈 레벨을 간단하게 진단하는 도구 등과 연결되어 있고, 빈혈은 이런 네트워크를 기반으로 진단되고 처방되는 병입니다.

병리생리학자는 피가 몸의 조직에 어떻게 전달되는지에 대한 병리학적, 생리학적 지식과 실험이라는 네트워크에 연결되어 있는 사람이고, 빈혈을 이런 네트워크 기반으로 이해합니다. 임상 의사는 환자들에 대한 접촉과 경험, 임상 실험, 제약 회사 등과 연결된 네트워크를 가지고 있으며, 이들에게 빈혈은 이런 네트워크의 일부인 것입니다.

물론 혈액의 헤모글로빈 분석 같은 요소는 세 네트워크에 공통으로 포함되어 있지만, 그 의미와 중요성은 각각의 네트워크에서 다르게 나타납니다. 서로 다른 네트워크에 속한 의사들은 서로 다른 빈혈의 증상을 찾고, 서로 다르게 빈혈을 진단하고 치료합니다. 이들이 빈혈과 상호작용하는 방식이 모두 다르다는 것입니다. 이런 점을 생각해보면 빈혈이라는 병은 하나가 아니라 여러 개라고 해도 무방할 것 같습니다.[3]

다른 사례를 들어보지요. 서울시 수돗물 바이러스에 대한 논쟁은 1997년부터 2002년까지 서울대 김상종 교수와 환경부 사이에 발생한 첨예한 논쟁입니다. 우리가 먹는 수돗물에 아데노바이러스와 같은 치명적인 바이러스가 존재하는지가 쟁점이었습니다. 김상종 교수는 수돗물에서 치명적인 바이러스를 검출했고, 이에 근거해서 수돗물에 바이러스가 존재한다고 주장했습니다.

김상종 교수는 미생물학을 전공했으며 미생물학의 실행에 근거하여 잘 성립되어 있는 PCR이라는 방법으로 검사를 시행했지요. PCR은 민감성이 높고, 바이러스의 종류를 확인할 수 있다는 이점을 가진 반면에, 검출한 바이러스가 산 것인지 죽은 것인지 확인할 수 없으며 정량적인 확인도 어렵다는 한계를 가지고 있었습니다. 김상종 교수는 자신이 사용한 PCR방법이 수돗물에서 인체에 치명적인 아데노바이러스의 존재를 밝혔다고 공표했고, 서울시의 수돗물은 위험하다고 결론을 내렸습니다.

반면에 환경부는 환경 표준을 설정하는 데 오랫동안 사용되었던 세포배양법을 사용해서 바이러스를 분석해서, 치명적인 바이러스가 존재하지 않는다는 입장을 공표했습니다. 이 방법은 미국과 같은 선진국에서 식수의 미생물 오염을 판단하는 표준적인 방법이며, 환경부에서도 오랫동안 사용하던 방법이었습니다. 세포배양법은 잘 확립되어 있어 신뢰성이 높은 방법이었고 정량적인 수치화가 가능했지만, 감염성 바이러스의 양이 적을 때에는 배양에 시간이 많이 걸려서 오류가 생길 확률이 높다는 문제를 안고 있었지요.

당시 환경부는 이 방법에 따라서 바이러스가 없다고 주장했고, 설령 다른 방법으로 치명적인 바이러스를 감지했다고 해도 감염성은 알 수가 없으며(즉, 죽은 것일 가능성이 높으며),

감염성이 있는 것이라 해도 극미량이기 때문에 인체에는 위해하지 않다고 주장했습니다. 당시 환경부 장관은 "하루 2리터의 물을 마셔도 최대 0.6마리의 바이러스가 들어 있을 뿐이기 때문에, 수돗물은 안전하다"라고 공표했는데, 이러한 자신감은 사용한 방법과 데이터로부터 기인한 것이었습니다.

수돗물 바이러스 논쟁은 서로 사용하는 방법에 따라 바이러스의 존재에 대한 결론이 달라진 경우라고 할 수 있습니다. 환경부의 입장에서 김상종 교수가 사용한 PCR방법은 표준화되어 있지 못한 방법이었고, 미국에서도 논란이 많은 방법이었습니다. 반면에 미생물학을 전공한 김상종 교수의 입장에서는 PCR방법이 기존의 방법으로는 검출이 어려운 미량의 미생물을 검출해낼 수 있는 획기적인 방법이었습니다. 환경부는 환경학에서 오랫동안 사용되어 잘 정립된 방법을 썼고, 김교수는 미생물학에 새롭게 등장해서 각광을 받고 있는 기술을 사용했습니다. 각각의 방법은 고유한 장단점을 가지고 있었을 뿐만 아니라, 서로 다른 학문적, 실천적 전통의 네트워크의 일부였습니다. 한쪽의 방법을 사용하면 바이러스는 존재하지 않거나 존재하더라도 위험하지 않았던 것에 비해, 다른 방법을 사용하면 바이러스는 실제로 존재하는 것이 되었던 것입니다. 따라서 이들의 논쟁은 합의점을 찾지 못하고 감정싸움과 소송으로 비화되었습니다.[4]

‘은나노 세탁기’라고 기억하시는지요? 나노 기술이 각광을 받으면서 삼성에서는 세척력이 좋은 은나노 세탁기를 시장에 내놓았습니다. 그런데 은나노와 비슷한 것 중에 ‘은이온’이라는 것이 있습니다. 은이온은 은나노가 세상에 나오기 전에 살균 등의 용도로 사용되었던 것인데, 은이온이 은나노보다 100분의 1 이상 크기가 작습니다. 그런데 은이온이 은나노로부터 만들어지기 때문에 은나노와 은이온을 구별하거나, 혹은 이 둘의 효과를 깔끔하게 구별하는 것이 어려운 경우가 존재합니다.

은이온을 발생시켜서 살균력을 이용하는 삼성의 세탁기는 당시 나노 기술에 대한 과장된 기대에 편승해서 은나노 세탁기로 둔갑해 시중에 나왔고, 널리 선전되었습니다. 당시 은나노는 포유류에게 부정적인 영향을 미칠 수 있다는 개연성이 제기되고 있었습니다. 나노 입자는 세포에 쉽게 침투할 수 있기 때문에 살균제나 화장품 등에 쓰이는 것이지만, 같은 이유로 독성에 대한 우려를 낳기도 하지요. 하지만 은이온은 포유류 세포에 대한 부정적인 영향이 크게 문제가 되지 않고 있었습니다. 바로 이 점이 문제를 복잡하게 만듭니다.

흥미로운 사실은 삼성의 은나노 세탁기가 한국과 미국에서 서로 다른 이유로 논쟁의 대상이 되었다는 것입니다. 한국에서는 세탁물에 잔류할지도 모르는 은나노 입자가 '사람의 건강에 미치는 영향'이 관심의 대상이었습니다. 은나노가 포유류에 유해한 영향을 미친다는 사실이 보도되면서 은나노 세탁기에 대한 의혹의 목소리가 커지자, 삼성은 세탁기에서 만드는 입자가 사실 은나노가 아니라 전기분해를 통한 은이온이었다고 슬그머니 고백했습니다. 은나노 세탁기라고 대대적으로 선전되었던 세탁기는 은이온 세탁기로 '존재적 탈바꿈'을 한 것이지요. 하나의 해프닝으로 기억되는 사건이지만, 이렇게 삼성 은나노 세탁기는 은이온이 인체에 무해하다는 근거에 입각해서 인체에는 해롭지 않은 세탁기가 되었습니다.

반면에 미국으로 수출된 삼성 세탁기는 처음부터 은이온 세탁기로 분류되어 있었기 때문에, 다른 은이온 제품들과 함께 은이온이 '환경에 미치는 영향'이 문제가 되었습니다. 당시 미국의 환경 기관은 삼성의 세탁기가 나노 입자를 만들어 사용하지 않는다는 사실을 잘 알고 있었지만, 은이온이 어류의 생식에 나쁜 영향을 준다는 연구 등에 근거해서 삼성의 은이온 세탁기를 환경에 유해한 것으로 분류했습니다.

그런데 은이온이 은나노에서 만들어질 수 있었기에, 이 과정에서 은이온의 위해성 문제가 은나노에 대한 규제 문제로 전이되었습니다. 은나노를 규제하지 않으면 은나노가 환경에 유해한 은이온을 만들어낼 가능성을 놔두는 것이기 때문이었지요. 미국의 규제 기관은 나노가 이온을 포함하는 방식으로 나노와 이온의 개념을 재정의하게 됩니다. 이전까지는 나노와 이온이 엄격하게 분리되어 있었지만, 이제 이 둘을 분리하던 벽이 허물어지면서 나노가 이온을 포함하게 된 것입니다. 이런 과정을 거쳐서 미국에서는 삼성 은이온 세탁기가 다시 '은나노 세탁기'로 규정되었습니다. 은나노 세탁기는 환경에 유해한 세탁기로 규제 대상이 되었고요. 미국의 이러한 결정은 국내 소비자들에게 다시 혼란을 안겨주었지요.[5]

양국의 차이는 주목하던 위해성의 대상이 달랐기 때문에 발생한 것이었습니다. 한국은 인체에 대한 위험, 미국은 환경에 대한 위험에 초점을 두었지요. 이러한 차이는 세탁기를 둘러싼 소비자와 규제 기관이 역사적으로 '무엇에 관심이 있었는가' 하는 경험에 의해 상당 부분 결정된 것으로 보입니다. 한국에서는 세탁한 옷에 잔류하는 세제와 같은 것이 건강에 어떤 위해를 주는지가 지속적인 관심사였습니다. 반면에 미국에서는 세탁기에서 배출된 많은 물이 환경에 어떤 영향을 주는지가 관심의 대상이었지요.

이렇게 인체와 환경에 대한 상이한 관심은 은나노와 은이온의 위해성에 차이를 유발했고, 결국 세탁기의 존재적 성격을 다르게 정의하게 했던 것입니다. 삼성의 세탁기는 은나노 세탁기일까요, 은이온 세탁기일까요? 나노와 이온의 구별은 자연적인 것일까요, 인위적인 것일까요? 은나노라는 것은 한국과 미국에서 서로 다른 형태로 존재하는 것일까요? 이 사례는 은나노의 경계가 우리가 생각하는 것처럼 그렇게 확고한 것이 아니라, 논쟁의 과정 속에서 계속 새롭게 재정의되며 바뀌는 것임을 보여줍니다.

마지막 사례는 2012년 8월 낙동강에서의 녹조 발생을 둘러싸고 벌어진 논쟁입니다. 논쟁의 대상은 당시의 낙동강의 녹조가 심각한 수준인지와, 이것이 4대강 공사 때문에 촉발된 것인지의 여부였습니다. 녹조의 생성에는 수온, 일조 시간, 물의 체류 시간, 탄소, 인 등 화학 물질들이 복합적으로 작용합니다. 언론에 많이 보도되었듯이 문제의 핵심은 4대강 공사로 인해 보와 보 사이에서 물의 체류 시간이 길어진 것 때문에 심각한 녹조가 발생한 것인지의 여부였습니다.

일단 정부는 녹조 자체가 심각하지 않고, 4대강 사업 이후에 수질은 오히려 개량되었다고 주장했는데, 정부가 제시한 증거는 2012년에 측정된 낙동강 오염 수치가 이전의 수치보다 개선되었다는 정량적 데이터였습니다. 반면에 환경운동 단체의 주장은 4대강 공사로 인해 유속이 느려지며 물의 체류 시간이 증가하여 강이 거의 호소湖沼가 되었고, 이 영향으로 녹조가 급속하게 증가했다는 것이었습니다. 환경 단체는 녹조가 낀 강의 사진과 이렇게 심각한 녹조는 처음 보았다는 주민들의 생생한 목소리를 증거로 제시했습니다.

환경부는 이와 같은 환경 단체의 주장에 반박하면서, '미량'의 녹조의 원인을 가뭄이나 일조 시간, 고온에서 찾았습니다. 환경부의 분석에 의하면 녹조가 발생한 것은 비정상적인 기후의 영향을 받은 일시적인 현상이었습니다. 또 환경부는 낙동강은 호소가 아니라 물이 흐르는 하천이라고 주장했는데, 호소와 하천의 차이가 중요한 이유는 수질을 측정하는 기준이 다르기 때문이었습니다.

수질오염을 측정해서 평가하는 기준에는 물이 고여 있는 호소에 적용되는 조류경보제와 물이 흐르는 하천에 적용되는 수질예보제가 있는데, 어느 기준을 따르는지에 따라서 측정된 녹조의 심각성이 다르게 해석될 수 있었습니다. 예를 들어 합천창녕보의 31.3이라는 클로로필-a chl-a 오염 수치는 조류경보제에 따르면 심각한 '경보' 수치인 데 반해서, 수질예보제에 따르면 가장 낮은 '관심' 단계에도 미치지 못하는 수치가 됩니다.

낙동강을 하천으로 보면 수질예보제를 따라야 하고, 이럴 경우에 환경부가 측정한 클로로필-a의 농도는 대부분 심각하지 않은 것이었습니다. 낙동강을 호소로 본다면 조류경보제를 따라야 하고, 이럴 경우에는 클로로필 오염 수치가 상당히 심각한 것이었습니다. 낙동강 녹조 논쟁은 4대강 공사 이후의 낙동강의 존재적 특성이 호소인지 강인지를 규정하는 방식의 차이에서 상당 부분 비롯되었습니다. 환경부는 낙동강을 원래대로 강이라고 보았지만, 환경 단체들은 낙동강이 더 이상 강이 아니라 호소가 되어버렸다고 보았기 때문입니다.

강인지 호소인지는 유속을 가지고 결정합니다. 그런데 지금의 유속만으로 결정할 수 있는 게 아니고, 4대강 공사 이전의 평균 유속과 비교를 해야 합니다. 이런 수치의 해석에는 불확실성이 크고, 여러 가지 요소가 여기에 개입할 수 있습니다. 결국 4대강을 추진한 환경부의 데이터에 따르면 낙동강의 유속은 크게 변한 게 없었지만, 환경 단체들의 데이터를 종합하면 낙동강의 유속은 공사 이후에 현저하게 느려져서 호소화湖沼化되었다고 할 만했던 것입니다. 낙동강에 녹조가 생겼다는 사실에는 양측 모두 동의했지만, 그것이 얼마나 심각한 것인지에 대해서는 양측이 입장을 달리했던 것이지요. 4대강에 비판적인 네트워크 속에서는 녹조가 심각하게 존재하는 것으로, 우호적인 네트워크 속에서는 존재하지 않거나 미미하게 존재하는 것으로 드러났다고 볼 수도 있습니다.

이렇게 질병이나 위험의 존재론을 고려하다 보면, 이와 관련된 논쟁들이 합의점을 찾지 못하고 지속되는 이유에 관해서 하나의 실마리를 찾을 수 있습니다. 어떤 방법을 사용하는

지에 따라서 존재하던 빈혈이 없어지기도 하고 없던 빈혈이 생기기도 합니다. 수돗물 바이러스 논쟁에서는 서로 다른 학문의 영역에서 정립된 측정 방법이 바이러스를 존재하는 것으로도, 혹은 존재하지 않는 것으로도 만들었습니다. 은나노 세탁기 논쟁에서는 나노 입자가 환경에 미치는 영향에 주목하는 환경 패러다임과, 인체에 미치는 영향에 주목하는 건강 패러다임 간의 차이가 위험의 실재성은 물론, 나노 입자의 존재론적 성격까지도 규정했습니다. 낙동강 녹조 논쟁에서는 4대강 사업을 어떻게 보는지에 대한 정치적 입장이 낙동강이 호소인지 강인지를 결정했고, 이것이 다시 낙동강의 녹조가 심각한지 미미한지를 결정했습니다.[6]

논쟁이 발발할 때 양쪽이 모두 옳다는 얘기를 하려는 것이 아닙니다. 이런 사례들이 보여주는 것은 논쟁 대상의 존재 자체가 서로 다르게 인식되는 경우, 즉 논쟁 당사자들이 서로 다른 세계에 산다고 할 수 있는 경우에는 상충되는 견해를 좁히기가 매우 어렵다는 것입니다. 현상은 해석을 필요로 하는데, 그 해석은 각자의 세계 속에서 촘촘하게 얽혀 있는 네트워크 속에서 가능하기 때문입니다. 내가 속한 세상의 촘촘한 네트워크를 버리고, 다른 네트워크 속에서 다른 방식으로 세상을 경험하고 이해하기를 기대하기는 힘들다는 것입니다. 논쟁의 당사자들이 서로 다른 네트워크 속에서 논쟁 대상이 되는 현상이나 위험의 존재 자체를 다르게 감지하고 있는 경우가 많다고도 생각할 수 있습니다. 이런 경우에는 하나의 과학적 실험으로 논쟁을 깔끔하게 끝내는 것도 쉽지 않습니다.

이런 이해가 세상을 조금 더 나은 곳으로 만드는 데 도움이 될까요? 내가 사회적 논쟁에서 어느 한편에 서 있을 때, 내 주장의 근거를 상대방의 근거보다 훨씬 더 견고한 것으로 생각하곤 합니다. 내 근거가 어떻게 만들어졌고, 이 근거의 타당성은 무엇이며, 이런 근거가 어떻게 나의 주장을 지지하는지를 잘 알고 있기 때문입니다. 그런데 나와 대척점에 있는 다른 사람들도 똑같이 생각할 수 있습니다. 상대방은 나와는 다른 기초에 근거해서 자신의 근거가 어떻게 만들어졌고, 그 근거의 타당성은 무엇이며, 이런 근거가 자신의 주장을 어떻게 뒷받침하는지를 알고 있습니다. 따라서 복잡한 논쟁은 한칼에 정리돼서 끝나지 않는 것이지요. 하나의 실험이, 혹은 한 무더기의 데이터가 더 나와도 논쟁을 끝내지 못합니다. 이런 논쟁은 한쪽이 백기를 드는 형태로 끝나는 것이 아니라, 논쟁 자체가 흐지부지되거나, 논쟁이 다른 주제에 대한 논쟁으로 진화하거나, 두 의견이 제3의 지점으로 수렴되면서 끝나는 경우가 많습니다. 논쟁의 유리한 지점들은 상대를 한칼에 제압해서가 아니라, 상대의 근거와 그 근거의 토대를 면밀하게 검토함으로써 확보됩니다.

서로 다른 주장들이 서로 다른 근거를 대면서 지루하게 반복되는 것. 이것이 많은 논쟁들의 실상입니다. 상대의 근거의 토대가 얼마나 튼튼한 것인지 분석해보고, 내 근거의 토대를 성찰해보는 것. 이것이 논쟁을 완화하거나 해결할 수 있는 실질적인 길일 수 있습니다.

사실

토대가 잘 다져진 믿음의 토대에는
토대가 없는 믿음이 놓여 있다. _비트겐슈타인

'잔지바르효과'라는 일화가 있습니다. 아프리카의 잔지바르라는 섬나라에서 있었던 일입니다. 영국인 선장은 잔지바르 앞바다에 배를 정박해놓고, 시내에 있는 유일한 시계방의 시계에 맞춰서 매 정오마다 포를 쐈습니다. 그러다 어느 날 선장은 그 시계방 주인이 포 소리에 맞춰 시계를 12시에 맞추는 것을 보게 됩니다. 자신은 지금까지 정확한 시간에 포를 쏜다고 믿어왔는데, 이 믿음에 근거가 없었다는 생각 때문에 혼란스러워하게 되지요. 선장은 시계방 시계에 시간을 맞췄지만, 시계방 주인은 선장이 쏘는 대포 소리에 자신의 시계를 맞췄던 것입니다. 선장은 자신의 시간에 확실한 근거가 있다고 생각했지만 그게 아니었습니다.

장하석 교수의『온도계의 철학』말미에는 '다리 거리 다리 Bridge Street Bridge'라는 재미있는 이름을 가진 다리가 소개됩니다. 실제로 미국 동부 뉴어크와 뉴저지를 잇는 다리의 이름도 '다리 거리 다리'인데, 장하석은 왜 이런 이름이 지어졌는지를 다음과 같이 추측합니다.[7]

예전에, 다리가 없던 마을에 첫 번째 다리를 놓았습니다. 마을에 다리가 하나 밖에 없던 이 시절에는 '다리Bridge'라고 하면 그게 무엇을 지칭하는지 모든 사람들이 분명하게 알 수 있었지요. 따라서 그 다리로 이어지는 큰 길이 '다리 거리Bridge Street'라고 불리기 시작했고, 그렇게 이름이 붙여졌습니다. 그런데 마을이 발전하면서 다리가 여럿 더 생겼고, 이제는 그냥 '다리'라고 하면 그게 어느 다리를 말하는지 알기 힘들게 되었지요. 그렇지만 '다리 거리'는 이미 누구나 다 아는 거리였기 때문에, 이제 그 첫 번째 다리는 '다리 거리에 붙어 있는 다리'라는 의미에서 '다리 거리 다리'라는 이름이 붙게 되었다는 것입니다. 다리가 거리 이름을 정하고, 그렇게 정해진 거리 이름이 다시 다리 이름을 만들었습니다. 우리는 이 다리 이름에 어떤 근거가 있을 것이라고 생각하기 쉽지만, 사실 그런 것은 없었던 것입니다. '다리 거리 다리'라는 다리 이름은 결국 자기 자신을 본떠서 지어진 셈입니다.

이번 글에서는 과학적 사실에 대해 생각해보려 합니다.

우리는 '팩트fact'라는 얘기를 자주 합니다. 그리고 보통은 '팩트'가 확고한, 변하지 않는, 관찰과 실험과 같은 객관적인 방법을 통해 얻어진 세상에 대한 진술이라고 생각합니다. '팩트'의 반대말은 아마 '해석', '의견'일 것입니다. 해석이나 의견은 사람들이 만들어낸, 주관적인 명제를 말하니까요. 그런데 '사실'은 정말 '팩트'일까요? 탄탄한 토대를 가진 사실 같지만 자세히 들여다보면 그 토대가 생각보다 훨씬 취약한 사례 세 가지와, 매우 흥미롭지만 기존의 과학 패러다임에서는 별로 중요하지 않기 때문에 무시당하는 사실 두 가지를 살펴봅시다. 이런 사례들은 우리에게 사실의 '사실성'에 대해서 재고해보는 기회를 제공할 것입니다.

우선 관찰이나 측정이 낳는 '사실'이 얼마나 확실한지 살펴보겠습니다.

제주도의 해안선은 몇 킬로미터일까요? 1910년 이래로 오랫동안 제주도의 해안선은 258킬로미터라고 알려져 있었습니다. 그런데 이것이 너무 오래전에 잰 길이라며 빈번하게 문제가 제기되어서, 2004년에 제주시가 국립해양조사원에 해안선 길이 조사를 의뢰합니다. 결과는 놀랍게도 419.95킬로미터였습니다. 부속된 섬들의 해안선을 합친 111.63킬로미터가 포함된 것이긴 했지만, 이걸 뺀 제주도만의 해안선도 308.32킬로미터가 나온 것입니다. 2008년에 다시 조사를 한 결과는 418.61킬로미터가 나왔습니다.

왜 이렇게 달라질까요? 해안의 모습은 조수 간만의 영향을 받아서 달라지기 때문에, 조수 간만의 영향을 받지 않는 바다와 육지의 경계를 따라 측량합니다. 그런데 이 경계를 확정해서 잰다는 것이 생각처럼 쉽지 않습니다. 최신 방법은 헬리콥터에서 레이저를 쏘아서 측량을 하는 방법인데, 이를 사용해서 얻은 것이 2008년의 값입니다. 그렇다 해도 용머리 해안처럼 구불구불한 해안선은 대체 어느 정도까지 가늠해야 하는 것일까요? 용머리 해안에서 100미터로 구간을 잘라서 보면, 여기에 다시 구불구불한 모양이 있습니다. 이를 더 좁게 잘라서 10미터로 구간을 잡으면 큰 바위가 바다와 육지의 경계에 놓여 있고, 더 작게 잡아서 1미터 구간을 보면 울퉁불퉁한 자갈들이 해안선의 경계에 놓여 있습니다. 더 자세히 살펴볼수록 바다와 육지를 나누는 경계는 더 미세하게 구불구불해집니다. 이것을 다 측정해서 합치면 제주도의 해안선은 418.61킬로미터가 아니라 수천 킬로미터가 될지도 모르겠습니다.

해안선 문제는 프랙털이론을 창안한 수학자 망델브로가 던진 유명한 질문입니다. 그는 거시적인 해안선의 스케일을 작게 줄여나가면 이때마다 비슷하게 굴곡진 패턴들이 계속해서 등장하는 것에 주목했고, 이로부터 프랙털이론을 발전시킵니다. 프랙털이론도 흥미로운 주제이지만, 여기에서 이를 논하려는 것은 아닙니다. 우리가 관심 있는 것은 '제주도의 해안선이 몇 킬로미터인가'와 같이 간단해 보이는 질문에 하나의 객관적인 사실을 제시하기가 쉽지 않다는 것입니다. 가장 최근에 공표된 418.61킬로미터라는 해안선의 값은 자연으로부터 측정한 값이지만 동시에 해안선의 길이를 재는 방법에 대한 사회적 합의를 통해 도출된 값이기도 합니다. 사회적 합의가 달라지면 해안선의 값은 달라집니다.

두 번째로는 초등학생도 다 아는 '물은 1기압에서 섭씨 100도일 때 끓는다'라는 사실이 얼마나 확고한 것인지를 보겠습니다. 물의 끓는점 문제는 18세기부터 여러 과학자들의 연구 대상이었습니다. 그런데 물이 정확히 100도에서 끓는다는 것을 발견한 사람은 없었습니다. 물의 끓는점에 대해서 누구보다 더 많은 실험을 했던 장앙드레 드뤽은 물이 끓는 현상을 일반 끓음, 치익 소리, 요동 끓음, 폭발, 빠른 증발, 부글거림이라는 여섯 가지로 분류했습니다. 각각의 상황에서 물이 끓는 온도는 다 달랐습니다. 특히 물에 공기가 적게 들어가 있으면 높은 온도에서 끓었습니다. 드뤽이 물을 끓이고 식힌 후, 4주 동안 흔들어서 공기를 뺀 뒤에 끓는 온도를 측정했더니 120도에서 끓기도 했습니다. 이것을 두고 물이 끓는다고 할 수 있을까요?

이런 실험들은 200년 전에 이루어진 것들이니까, 정밀한 실험이 가능한 현시점에서 실험을 하면 물이 정확히 100도에서 끓는다는 것을 보일 수 있지 않을까요? 그런데 안타깝게도 현재 이런 실험을 하거나, 이에 대해서 논문을 쓰는 과학자는 없었습니다.

그래서 케임브리지대학교의 과학철학자 장하석은 직접 실험을 했습니다. 화학과 교수에게 장비를 빌려서 최대한 정밀한 실험 조건을 만들고, 화학과 교수와 함께 물이 끓는 온도를 쟀습니다. 그는 비커에 물을 끓일 때 물이 95도부터 맹렬히 끓기 시작하고, 온도가 102도까지 상승한다는 것을 알게 됩니다. 양은 냄비에 물을 끓일 때는 88도에서 기포가 생기고, 97도에서 잘 끓었지만 98도 이상으로는 물의 온도가 올라가지 않는다는 것도 알 수 있었습니다.

이런 상이한 실험 결과에도 불구하고 어떻게 '물은 100도에서 끓는다'라는 명제가 사실이 되었을까요? 역사적으로 보면 이런 많은 논쟁과 이견들은 물이 끓으면서 발생하는 증기의 온도를 기준으로 정하면서 해결되었습니다. 물속의 온도가 아니라 물의 표면 바로 위의 증기의 온도를 재는 것이지요. 즉, 온도계를 물속에 넣으면 안 됩니다. 그리고 물속에 있는 공기 같은 기체를 없애도 안 됩니다. 용기는 금속을 사용해야 합니다. 19세기 프랑스 화학자 게이뤼삭은 이런 조건하에서 물이 정확히 100.000도에서 끓는다고 보고했습니다. 이런 실험 조건에 대해서 모든 과학자들이 만족하지는 않았지만, 100.000도를 기록한 게이뤼삭의 실험 이후에 과학자들은 물이 100도에서 끓는다는 것을 사실로 기술하기 시작했습니다. 이제 사람들은 99도에서 물이 끓는 것을 발견해도 실험이 조금 잘못되었다고 생각하지, 물이 99도에서 끓는다고 생각하지는 않습니다.

장하석은 물이 100도에서 끓는다는 사실을 '신화'라고 부릅니다. 과거에도 현재에도 물은 100도에서 끓지 않는데, 마치 그런 것처럼 우리가 이를 배운다고 비판합니다. 같은 대학교의 젊은 물리학자에게 이 얘기를 했더니 그 물리학자가 "실험이 잘못됐다. 도저히 그럴 수 없다"라면서 장 교수를 비난했다는 얘기도 들려줍니다. 그런데 과학이 발전하고 그 지식의 전문성이 깊어지는 것은 어찌 보면 '물이 100도에서 끓는가'라는 질문을 하지 않기 때문일 수도 있습니다. 18세기와 19세기 초에는 이 문제에 대해서 연구와 토론을 많이 했지만, '물은 100도에서 끓는다'라고 합의가 이루어진 뒤에는 다시 이에 대해서 심각한 문제 제기를 하지 않는다는 것입니다. 토머스 쿤은 이런 점이 자연과학과 사회과학의 차이라고 했습니다. 사회과학자들은 공유한 근본 개념에 대해서 끊임없이 문제 제기를 하는 반면에(예를 들어 '계급이라는 것이 실제로 있는지 없는지'), 자연과학자들은 합의한 것에 대해서는 문제 제기를 하지 않는다는 것입니다. 그래서 자연과학은 그 발전 속도가 눈에 보일 정도로 빠르지만, 사회과학은 예전의 얘기를 계속 답보하고 있는 것처럼 보인다고 했습니다.

세 번째로 전지의 기전력에 대한 논쟁을 보려 합니다. 전지가 전류를 만들어내는 이유는 전지에 '기전력'의 원천이 있기 때문입니다. 그런데 대체 기전력의 원천은 전지의 어느 부분에 있을까요? 이 간단한 문제에 대해서 지금 우리는 확실한 사실을 얘기할 수 있을까요?

이 문제를 분석해보려면 조금 거슬러 올라가야 합니다. 18세기 말엽 이탈리아 과학자 알레산드로 볼타는 의사 갈바니와 전기의 본질에 대해서 논쟁하게 됩니다. 잘 알다시피 갈바니는 죽은 개구리 다리에 금속 막대기를 댔을 때 다리가 움찔하는 현상을 발견한 사람입니다. 그리고 이 현상이 개구리 다리와 같은 생명체의 기관에 전기가 들어 있는 증거라고 생각했습니다. 즉, 전기가 생명현상의 본질이라는 것이지요. 개구리 다리에 있던 전기가 금속을 대는 순간에 금속을 타고 흐르기 때문에 다리가 움직인다고 생각한 것입니다. 이런 생각은 죽은 생명체에 전기 자극을 주면 그것을 소생시킬 수 있다

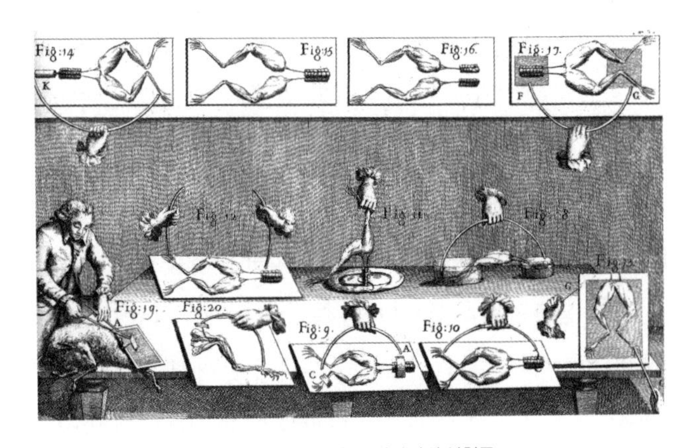

개구리 다리를 이용한 갈바니의 실험들

는 생각으로 이어지기도 했습니다. (메리 셸리의 소설 『프랑켄슈타인』이 이런 생각으로부터 자극을 받은 소설입니다.)

물리학자 볼타는 이런 생각에 반대했습니다. 그는 갈바니의 실험에서 개구리 다리에 갖다 대는 금속 막대가 주로 두 가지의 다른 금속으로 만들어졌다는 데에 주목했습니다. 볼타는 생명체에 전기가 들어 있다는 식의 신비로운 생각을 믿지 않았고, 전기의 원천을 금속 막대라고 생각했습니다. 금속 막대 속에 들어 있던 전기가 개구리 다리를 통해서 흐르고, 그것이 다리의 근육을 자극시켜서 다리가 꿈틀하는 것이라고 생각했습니다. 볼타에게 전기의 원천은 두 개의 다른 금속을 붙여서 만든 금속 막대였고, 개구리 다리는 전기현상을 검출하는 검출기에 불과한 것이었습니다.

전기의 원천이 개구리 다리 같은 생명체이고 금속은 전기를 검출하는 도구라는 갈바니의 입장과, 반대로 금속이 전기의 원천이고 개구리 다리는 전기를 검출하는 도구라는 볼타의 입장 차이는 좁혀지지 않았습니다. 그러다가 갈바니 측에서 금속을 사용하지 않고, 개구리의 힘줄을 개구리 다리에 접촉시켜서 움찔하게 만듭니다. 금속이 사용되지 않았기 때문에 논쟁의 지형에서 볼타는 상당히 수세에 몰리게 됩니다. 볼타는 이에 대한 반격으로 개구리 다리를 아예 사용하지 않고 전기를 만들어내는 연구를 합니다.

이런 연구 끝에 볼타가 최초로 전지를 발명하게 되지요. 구리와 아연이라는 두 가지 다른 금속과 소금물에 절인 종이를 층층이 쌓아서* 오랫동안 전류를 흐르게 하는 데 성공한 것입니다. 생명체 없이 순전히 화학 현상에서 전기가 만들어졌기 때문에, 이 발명으로 볼타와 갈바니의 논쟁의 전세는 볼타 쪽으로 기울어지게 됩니다.** 전기 실험의 역사에서 혁명이라고 할 수 있는 전지의 발명은 정확히 1800년에 이루어졌습니다.[8]

그런데 왜 이런 전지에서 전류가 만들어진 것일까요? 볼타의 전지를 보면 '구리–소금물 종이–아연–구리–소금물 종이–아연–구리…'의 순서로 재료들이 놓여 있습니다. 이 순서

* 볼타의의 전지는 '층층이 쌓았다'라는 의미에서 '볼타 파일voltaic pile'이라 불렸습니다.

** 갈바니가 1798년에 사망한 것도 갈바니 학파의 세력이 약해진 중요 원인이었습니다.

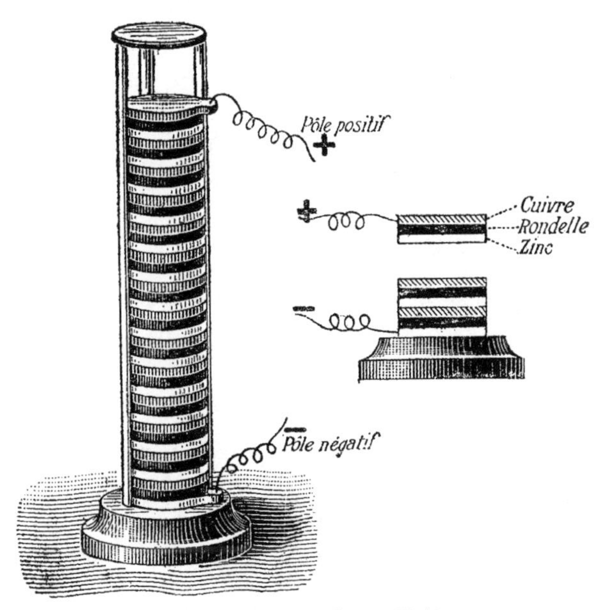

볼타 전지. '구리–소금물 종이–아연–구리–소금물 종이–아연…'의 순서로 재료들을 쌓아 올렸습니다.

에 따르면 '아연–구리'의 금속성 접촉이 전기를 만든다고 볼 수도 있습니다. 볼타는 갈바니와 논쟁을 할 때부터 금속과 금속의 접촉이 전기를 만든다고 생각했습니다. 동전 모양의 구리와 아연의 한쪽 끝을 붙인 상태에서 붙이지 않은 쪽에 혀를 대면 전기가 찌릿하게 오는 것을 느꼈기 때문입니다. 볼타는 구리–아연 사이에 소금물에 젖은 종이를 끼워 넣어서 전기를 흐르게 했습니다. 다시 말해서 볼타는 '구리–소금물 종이–아연–구리–소금물 종이–아연–구리…'의 순서에서 '아연–구리'가 전기를 만들고, 소금물 종이가 이렇게 만들어진 전기를 통하게 하는 역할을 했다고 생각한 것입니다. 금속의 접촉이 전류의 원천이라는 이런 이론은 전지의 기전력에 대한 '접촉이론'이라고 불렸습니다.

그런데 이 순서에서 '구리–소금물 종이–아연'의 조합이 전기를 만든다고도 볼 수 있었습니다. 왜냐하면 구리와 아연 도선의 한쪽을 붙여서 길게 이어놓으면 전류가 흐르지 않지만, 열려 있는 나머지 두 끝을 적절한 용액 속에 담그면 전류가 흐르기 때문입니다. 이런 관점을 가진 사람들은 소금물 같은 용액이 전류를 만드는 데 결정적인 역할을 한다고 생각했습니다. 그리고 이런 소금물의 작용은 화학작용이라는 것이 밝혀집니다. 영국 과학자 마이클 패러데이는 금속의 접촉이 아니라, 아연과 구리가 소금물에 담겨져 있는 접촉면이 전류를 만드는 기전력의 원천이라고 주장했습니다. 패러데이의 주장은 상당히 설득력 있었고, 이후 오랫동안 정통으로 받아들여집니다. 이는 기전력에 대한 '화학이론'이라고 불렸습니다.

전지가 처음 만들어졌을 때에는 볼타의 '접촉이론'이 지배적이었습니다. 그러다 패러데이의 연구가 발표되면서 '화학이론'이 득세하게 됩니다. 그런데 1860년대 이후가 되면 볼타의 접촉이론이 다시 부활합니다. 젊을 때부터 이미 유럽 물리학계에서 전기현상에 대한 최고 권위자로 꼽히던 윌리엄 톰슨

(나중에 켈빈 경이 됩니다)이 볼타의 접촉이론을 부활시킨 것입니다.

그는 1862년에 접촉해 있는 두 금속의 접촉면 사이에 전위차가 존재함을 보였습니다. 반달처럼 생긴 두 금속을 접촉시키고 다른 쪽에는 약간의 간극을 만든 뒤에, 대전된 바늘을 그 간극 위에서 돌아가게 합니다. 바늘이 간극 사이에 상당한 전위차가 존재함을 보여주는 것입니다. 보통 금속의 접촉이 만드는 전위차는 금속에 전압계의 단자를 접촉시킨 뒤에 다시 떼어내서 측정을 했는데, 톰슨은 접촉해 있는 두 금속에 다른 어떤 것도 접촉시키지 않은 상태로 두 금속의 접촉면에 전위차가 있음을 보여주었습니다.

그 후에 톰슨의 제자들은 여러 금속들의 접촉면에 전위차가 존재한다는 것을 정밀한 측정을 통해 보였습니다. 예를 들어, 아연-구리의 접촉면 사이에는 0.75볼트 정도의 전위차가 관측되었는데, 이 수치는 아연-구리로 전지를 만들었을 때 만들어지는 전위차와 같았습니다. 볼타의 말처럼 전지의 기전력은 금속의 접촉에서 생기는 것처럼 보였습니다. 이렇게 해서 볼타 전지 기전력에 대한 '화학이론'이 쇠퇴하고 다시 '접촉이론'이 부상합니다.

그런데 1878년에 브라운이라는 무명의 과학자가 톰슨의 실험을 재현하면서 흥미로운 현상을 발견합니다. 그것은 매질에 따라서 금속의 접촉에서 생기는 기전력이 달라진다는 것이었습니다. 예를 들어 철-구리의 접점을 가지고 실험을 할 때, 공기 중에서는 구리가 음성으로 대전되지만 황화수소 속에서는 거꾸로 철이 음성이 되고 구리가 양성이 되었습니다. 마치 화학 전지에서 두 금속이 담긴 액체 매질이 중요한 역할을 하듯이, 금속의 접촉으로 생기는 기전력에서 기체 매질이 중요한 기능을 한다는 것을 보인 것입니다. 만약에 톰슨과 그의 제자들이 얘기한 대로 기전력이 금속의 접촉에서만 생겨난다면, 매질이 달라진다고 음극이 양극이 될 정도의 변화가 생긴다고는 보기 힘들었습니다. 브라운의 실험은 분명히 '접촉이론'으로는 설명하기 힘든 현상이었지만, 톰슨과 그의 제자들은 이 실험을 무시하였습니다.

브라운의 실험에 주목한 사람은 당시 톰슨만큼이나 명성을 얻고 있던 물리학자 제임스 클러크 맥스웰이었습니다. 맥스웰은 금속과 공기의 접촉면에 기전력의 원천이 있다고 보았습니다. 그에 따르면 톰슨의 실험은 두 금속의 접면에서 기전력이 생기는 것을 보여준 게 아니라, 금속과 공기의 접면에서 기전력 두 개가 발생하고(하나는 공기-아연, 다른 하나는 공기-구리), 두 기전력의 차이가 전체 전지의 기전력이 된다는 사실을 보여주었다는 것입니다. 맥스웰은 금속들이 다 비슷비슷해서 금속과 금속을 붙여놓았을 때, 0.5~1볼트의 높은 기전력은 생길 수 없다고 강조했습니다. 맥스웰에 따르면 기전력은 공기 같은 매질과 금속 사이에서 발생합니다. 화학 전지의 경우에는 액체 매질과 금속 사이에서 발생하는 것이고요.

이렇게 해서 다시 새로운 '화학이론'이 부활합니다. 맥스웰이 1879년에 요절한 뒤에, 맥스웰의 제자들은 한목소리로 '접촉이론'이 틀렸다고 비판했습니다. 두 그룹은 이론, 실험, 수학적 분석, 기전력에 대한 정의, 펠티에효과*에 대한 해석, 진공 속에서의 실험 등에 대해서 전혀 다른 해석을 제시합니다. 톰슨과 그의 제자들은 두 금속의 접촉이 0.75볼트의 기전력을 만들며, 따라서 접촉면 사이에 큰 기전력의 차이가 존재한다고 했습니다. 반면에 맥스웰의 제자들은 두 금속의 접촉면 사이에는 어떤 기전력의 차이도 존재하지 않는다고 주장했습니다.

문제는 두 그룹 중 어느 쪽이 옳은지 테스트할 수 있는 방법이 전혀 없었다는 것입니다. 1860년대 이후에 부활한 새로운 '접촉이론'과 새로운 '화학이론'은 30년이 넘게 논쟁을 이어갔습니다. 하지만 긴 논쟁도 어느 쪽이 더 타당한지를 밝히지는 못했습니다. 1800년에는 1볼트를 재는 것조차 힘들었지만, 1900년이 되면 100분의 1볼트도 정교하게 잴 만큼 기기와 측정 방법이 발전합니다. 그렇지만 두 금속을 붙였을 때 기전력이 대체 왜 생기는지에 대해서는 합의가 이루어지지 않았

* 두 금속을 붙여놓고 전류를 흘리면 이 접면에서 아주 미세한 열이 발생하는 현상을 말합니다. 맥스웰은 열이 미세한 이유가 두 금속 사이에 기전력의 차이가 거의 없기 때문이라고 설명했습니다. 반면에 톰슨은 펠티에 열이 기전력을 온도로 미분한 값이기 때문에 미세할 수밖에 없다고 해석했지요.

습니다.[9]

20세기에 들면서 과학자들의 관심은 이 문제에서 멀어집니다. 그도 그럴 것이 두 입장은 수십 년 동안 서로를 비판했지만 합의에 이르지 못했고, 이를 지켜보던 다른 과학자들은 어느 쪽이 옳든지 간에 전기나 화학 연구를 하는 데에는 아무런 문제가 생기지 않는다는 것을 알게 됩니다. 과학자들은 점차 이 문제가 과학적 주제가 아니라 '바늘 끝 위에서 몇 명의 천사가 춤을 출 수 있는가'와 같은 형이상학적 문제라고 생각하기 시작했습니다. 그러면서 두 가지 다른 방향으로 정리가 이루어집니다.

20세기 초 물리학자들은 기전력이 두 금속의 접촉면 사이에 존재하는 전위차에 의해서 생긴다는 톰슨의 이론을 정설로 받아들이고, 이를 교과서에 기술하기 시작했습니다. 반면에 화학자들은 기전력이 금속과 매질의 전위차에서 생긴다는 화학이론을 교과서에 담았습니다. 그 뒤로도 가끔 이 주제에 대한 논문이 나왔지만, 이런 연구에 주목하는 과학자는 많지 않았습니다. 20세기 초에 상대성이론, 양자역학이 나오고 핵물리와 고체물리가 발전하면서 사람들의 관심이 이런 문제에서 멀어진 것입니다.

지난 100년 동안 과학은 어마어마하게 발전했지만, 두 금속을 붙여놓았을 때 0.75볼트와 같은 전위차가 대체 왜 생기는지에 대한 이해는 200년 전과 큰 차이가 없다고 할 수 있습니다. 이런 사실에 대한 합의 없이도 전기화학은 놀랄 만큼 발전을 해서, 몇백 킬로미터를 주행하는 전기자동차 배터리를 만들어낼 정도로 크게 공헌을 하게 됩니다.

이제 기존의 패러다임에 잘 맞지 않아서 주목받지 못한 관찰이나 실험적 사실로 초점을 돌려보겠습니다.

18세기 후반에 스위스 실험물리학자인 마르크오귀스트 픽테는 열전도에 대해서 실험하다가 흥미로운 생각을 하게 됩니다. 더운 물체를 방 안에 놓았을 때 물체로부터 열이 발생합니다. 대류 현상은 공기의 순환을 통해 방을 천천히 덥히지만, 어떤 열은 순식간에 전달이 됩니다. 이런 열을 복사열이라고 합니다. 픽테는 차가운 물체에서 나오는 냉冷이 비슷하게 복사될 수 있는지를 실험했습니다. 4미터 떨어진 거리에 오목 거울 두 개를 놓고, 한쪽에는 온도계를, 다른 한쪽에는 눈이 가득 담겨 차가운 플라스크를 놓았습니다. 픽테가 눈이 든 플라스크를 거울의 중심에 놓자마자 온도계의 온도가 뚝 떨어지는 것을 관찰할 수 있었습니다. 열이 복사되듯이 냉도 복사되며, 복사열처럼 복사냉도 순식간에 전파되는 것이었습니다.[10]

차가움은 순식간에 전파되는 것일까요? 1800년에 럼퍼드 경이라는 유명한 과학자가 픽테의 실험을 재현했습니다. 당시

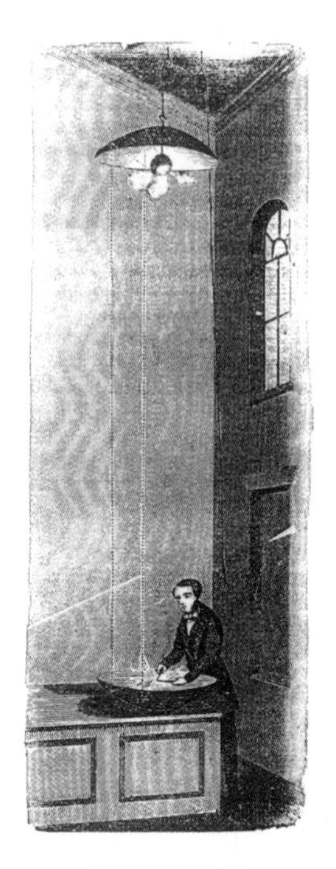

픽테의 실험(1786)

에는 열의 본질이 칼로릭 입자라고 생각되었습니다. 차갑다는 것은 칼로릭 입자가 적거나 없는 상태라고 생각되었지요. 열이 전파되는 것은 칼로릭 입자가 전파되는 것이라고 생각하면 되지만, 냉이 전파된다는 것은 칼로릭이론으로는 설명하기 힘들었습니다. 아무튼 픽테의 실험은 럼퍼드에 의해서 성공적으로 재현되었지만, 그 뒤로는 잊힙니다. 열의 칼로릭이론이 사라진 뒤에도 픽테의 실험은 복원되지 못했습니다.

픽테가 실험을 하고 200년이 지나는 동안 그의 실험은 거의 언급조차 안 되었습니다. 그러다가 1985년, 과학 교사들이 많이 보는 《미국 물리학 학회지American Journal of Physics》에 픽테의 실험에 대한 역사적 서술과 현대적 설명을 담은 논문이 하나 실립니다.* 그렇지만 이 논문도 지금까지 불과 9번 인용되었을 뿐입니다. 그중에서도 7번은 물리학의 역사를 살펴보는 과학사 연구에서 인용된 것이었고, 2번은 지구온난화 관련 연구에 인용된 것이었습니다. 열에 대해 연구하는 과학자들이 이 논문을 인용한 경우는 단 한 건도 없었습니다. 과거에 그랬듯이 지금도 픽테가 발견한 '냉의 전파'라는 사실은 주류 과학의 관심사가 아닌 것입니다.

주류 과학의 주목을 받진 못했지만, 앞선 사례보다는 잘 알려진 다른 사례가 있습니다. 음펨바효과Mpemba effect라고 불리는 현상입니다. 1963년 아프리카 탄자니아의 에라스토 음펨바라는 소년이 아이스크림을 만드는 실험을 하다가 더운 재료가 찬 재료보다 더 빨리 어는 현상을 발견하고, 1969년에 오즈번이란 물리학자와 함께 논문으로 발표했습니다. 이 현상은

* 온도계가 있는 쪽의 거울이 방의 열을 차단하는 상태에서, 얼음에서 나온 낮은 에너지의 복사열이 온도계 쪽으로 전파되는 것이라는 설명이었습니다.

그의 이름을 따서 음펨바효과*라고 알려졌고, 이에 대해서 여러 설명들이 나왔습니다. 예를 들자면, 더운 물이 빨리 증발해서 물의 질량이 줄기 때문에 빨리 어는 것이다, 더운 물에서는 대류가 일어나서 냉장고의 차가운 온도가 용기 전체로 빨리 퍼지는 것이다, 더운 물에 용기 주변에 끼는 서리가 녹아서 냉장고의 차가운 온도가 용기 전체로 빨리 전달되는 것이다, 초냉각현상**이 관여된 것이다 등 다양한 설명들이 있었지요.[11]

의견이 모아지지 않자, 2012년에 영국의 왕립화학회는 이 문제에 1,000파운드(약 180만 원)의 현상금을 걸고 창의적이고 설득력 있는 설명을 공모합니다. 이 공모에는 음펨바 본인을 비롯해서 무려 2만 2,000명이 응모를 했는데, 결국 초냉각과 대류를 동시에 고려한 설명이 1등을 했습니다.

그런데 2013년에 1등이 나온 직후에 싱가포르 난양공과대학교의 시 장 교수는 음펨바효과를 일으키는 원인이 '물 분자를 이어주는 화학결합'이라는 주장을 담은 논문을 출판합니다. 물의 산소 원자 하나와 수소 원자 두 개는 공유결합으로 연결되어 있고, 물 분자들 사이에는 약한 수소결합이 존재합니다. 시 장 교수에 의하면 물이 가열되면 물 분자들 사이의 간격이 길어지면서 수소결합도 길어지는데, 이때 공유결합이

* 아리스토텔레스, 프랜시스 베이컨, 데카르트의 저서에 비슷한 현상들이 언급되어 있을 정도로 예전부터 많은 과학자들에 의해 관찰된 현상이었음이 나중에 드러났습니다.

** 물이 0도가 아니라 이보다 더 낮은 온도에서 어는 현상을 말합니다. 초과열 현상의 반대라고 보면 됩니다.

늘어나면서 에너지가 방출된다는 것입니다. 이 에너지의 방출이 냉각 과정과 동일해서, 기존의 냉각 과정을 가속화한다는 것이 결론이었습니다. 이 이론은 흥미롭지만 아직 문제가 있습니다. 시 장 교수가 옳다면, 물이 기존에는 알려지지 않았던 다른 특성을 가지고 있는 것입니다. 그렇다면 이런 다른 속성 때문에 일어나는 다른 현상들이 예측되어야 합니다. 그렇지만 아직 이런 현상이 예측되고 발견되었다는 보고는 없습니다.[12]

아직도 음펨바효과가 사실인지 의심하는 보고도 많습니다. 더운 물이 냉장고 벽면에 낀 성에를 녹여서 냉장고의 차가운 온도가 더 빨리 전달될 뿐이지 실제로 더운 물이 더 빨리 어는 것은 아니라는 주장, 더운 물의 표면은 빨리 얼지만 전체가 얼음 덩어리가 되는 속도는 차가운 물이 더 빠르다는 주장, 더운 물과 차가운 물의 온도 차이 등 실험 조건에 따라서 음펨바효과가 관찰되기도 하고 관찰되지 않기도 한다는 주장 등이 음펨바효과를 의심하고 있습니다. 반면에 음펨바효과가 항상 나타나는 사실이며 분명히 존재한다는 주장도 많습니다. 이런 얘기들을 고려해보면, 물이 어는 현상에 대해서도 아직 확실히 알지 못하는 부분이 있음을 알 수 있습니다.

이런 모든 논의들이 함의하는 것은 무엇일까요? 잔지바

르효과를 다시 생각해봅시다. 대포 소리에 정오를 맞춘 잔지바르 섬사람들은 엉터리 표준 때문에 삶에 불편을 느꼈을까요? 아마 아닐 겁니다. 잔지바르 섬에 살던 국민들에게는 큰 혼란이 없었을 겁니다. 어차피 국민들은 시계방의 시계가 12시일 때 정확히 대포가 울리는 것을 매일 들었을 테니까요. 이 둘의 시간이 달랐다면 오히려 혼란스러웠겠지요.

과학적 지식이 사상누각이라거나, 조만간 와르르 무너질 위험에 처한 취약한 믿음 체계라는 사실을 보여주기 위해 이런 사례들을 기술한 것이 아닙니다. 오히려 그 반대입니다. 이런 사례들은 과학이 불완전한 토대 위에서도 잘 발전한다는 것을 보여줍니다. 제주도의 해안선이 정확히 몇 킬로미터인지 몰라도 제주도의 해안을 보존하고 보수하는 일을 할 수 있습니다. 물이 100도에서 끓는다는 명제가 '신화'라고 해도, 전지의 기전력이 금속의 접촉면에서 생기는지 아닌지를 몰라도, 물의 화학적 특성이나 전지 화학에 대해서 첨단 연구를 하는데 실질적인 어려움이 없습니다. 픽테의 실험이나 음펨바효과에 대해 무관심하다고 해도 과학이 발목을 잡힐 일은 거의 없습니다. 과학은 그 근본에 대한 확고한 합의나 이해 없이도 발전합니다. 과학에서는 다양한 준위의 이론, 실험, 측정들이 서로 얽히고설킨 네트워크를 만들고 있고, 이런 네트워크는 이후의 연구들을 받쳐주는 정도의 견고한 주형으로 잘 기능합니다.

비트겐슈타인이 말했듯이, 토대가 잘 다져진 우리의 믿음의 토대에는 토대가 없는 믿음이 놓여 있습니다. 그렇지만 우리의 믿음이 우리의 삶을 이끌어주고 받쳐주는 데에는 문제가 없습니다. 과학도 마찬가지입니다.

법칙은 자연에 존재하는가

앞선 글에서는 과학이 '확실한' 사실에 토대를 두고 있다는 주장을 조금 다른 각도에서 살펴봤습니다. 비트겐슈타인이 잘 지적했듯이, 토대가 잘 다져진 믿음의 토대에는 토대가 없는 믿음이 놓여 있는 경우가 흔합니다. 예를 들어, 우리는 규칙을 정해서 따르는 데 익숙하지만, 규칙을 정하는 규칙은 없는 경우가 많습니다. 그래도 일단 규칙이 정해지면 이를 따르는 데에는 불편함이 없지요.

자연의 법칙은 어떨까요? 갈릴레오의 자유낙하법칙, 케플러의 법칙, 보일의 법칙, 뉴턴의 운동법칙, 질량보존의 법칙, 쿨롱의 법칙, 옴의 법칙, 멘델의 유전법칙, 에너지보존법칙, 엔트로피 증가의 법칙 등* 이런 법칙들은 절대 불변의 자연법칙이 아닐까요? 다수의 과학자들은 자연에 이런 법칙이 실재한다고 믿습니다. 법칙이 있기 때문에 우주가 지금의 모습을 하고 있고, 지구와 태양계가 붕괴되지 않고 지금의 모습을 유지하고 있다고 생각합니다. 물리학자들 중에는 자연의 법칙이 없다면 원자가 불안정해서 세상이 다 붕괴했을 것이라고 하는 사람도 있습니다. 뉴턴의 법칙이 없다면 우리는 달에 사람을 보낼 수 없었다고 합니다. 따라서 이런 법칙은 실재하는 것이며, 과학은 자연에 실재하는 법칙을 '발견'하는 활동이 됩니다.

법칙의 속성과 실재의 문제는 과학철학에서 깊게 토론되는 주제입니다. 저는 과학철학자가 아니기 때문에, 과학철학자들이 논하는 내용을 충분히 소화하고 있지 못합니다. 그렇지만 역사적인 얘기는 조금 해볼 수 있을 것 같습니다.

과학사가들의 연구에 따르면 '자연의 법칙laws of nature'이란 개념은 16~17세기에 나타났습니다. 그 이전에는 이런 개념이 없었다고 할 수 있을 정도로 드물었습니다. 수많은 문헌들을 뒤져봐도 16세기 중엽 이전에 자연의 법칙이란 개념을 쓴 과학자나 자연철학자가 거의 없습니다. 태양의 운행처럼 규칙적인 운동에 대해서는 법칙이 아니라 규칙, 유형(패턴) 같은 표현이 사용되었습니다.[13]

왜 그랬을까요? 일단 중세와 근대 초기까지 큰 영향을 미쳤던 고대 그리스 과학에는 '입법자로서의 신'이라는 개념이

* 이런 법칙들이 다 같은 성격은 아닙니다. 예외가 많아서 조건이 달라지면 바뀌는 법칙들도 있고, 새로운 물리량을 정의하는 훨씬 더 강력한 법칙들도 있습니다. 옴의 법칙, 보일의 법칙은 전자이며, 뉴턴의 법칙, 쿨롱의 법칙은 후자입니다.

없었다는 것에 주목해야 합니다. 플라톤의 신은 '장인'에 가까운 존재였습니다. 아리스토텔레스로 와서는 신의 역할이 더 축소됩니다. '세상에 법을 부여하는 신'이라는 개념은 유대교-기독교 전통에서 찾아볼 수 있었고, 이것이 중세로 이어집니다. 그렇지만 중세 유럽의 주류 신학자들은 신의 법이 인간 세상에만 적용되고, 죽어 있는 사물에게까지 미치지는 못한다고 생각했습니다. 게다가 당시 유럽의 여러 문화권에서는 한 나라의 국민들이 전부 따르도록 법률을 제정해서 관철시킬 만한 강력한 중앙 권력도 존재하지 않았기 때문에, 보편적 법칙이라는 개념이 나오기도, 이런 개념이 받아들여지기도 힘들었던 것입니다.

16세기에 중앙집권적 국가가 만들어지고 왕의 권력과 법령이 전국에 미치면서 과거에는 없던 조건 중 하나가 충족되게 됩니다. 그리고 여기에 '입법자로서의 신'이라는 기독교적인 생각이 접목되면서, '자연의 사물에게까지 법을 만들어 부여하는 신'이라는 개념이 받아들여집니다. 이런 조건이 동시에 충족되어 '자연의 법칙'이라는 개념이 만들어진 것이지요. 그래서 이 개념이 최초로 등장한 지역은 왕권이 막강했던 16세기 중반 이후의 프랑스였습니다. 데카르트는 사물의 운동법칙 얘기를 하면서 자연의 법칙이란 개념을 사용했던 초기 과학자들 중 한 명이었습니다. 왜 사물이 운동의 법칙을 만족하냐고요? 신이 우주를 만들 때 우주의 물질에 법칙을 부여했고, 그 뒤로 이 법칙이 파괴되거나 변경될 이유가 없었기 때문입니다. 만물은 변화하지만, 변화하는 만물 뒤에는 불변의 자연법칙이 있었던 것입니다.

이후 다른 법칙들이 연이어 등장합니다. 대부분의 17세기 과학자들은 이를 신의 섭리와 연결시켰습니다. 과학자들은(당시에는 이들 대부분이 자연철학자라고 불렸지요) 실험을 통해 수학적 형태로 표시될 수 있는 간단한 법칙을 찾아냅니다. 그리고 이를 발견하는 것은 신을 찬미하는 일이 된다고 새로운 과학을 정당화합니다. 예를 들어 '보일의 법칙'을 찾아낸 로버트 보일은 당시 대표적인 과학자로, 실험 과학의 정당성을 확립하는 데 큰 역할을 했던 사람이었습니다. 뉴턴은 자연법칙을 찾아내는 일이 신이 인간 사회를 만들 때 관철시키려고 했던 섭리를 이해하는 데 도움이 된다면서, 과학이 신학, 윤리학, 정치에 지침을 제공할 수 있음을 강조했습니다. 적어도 18세기 전반기까지는 신이 우주를 창조할 때 같이 창조했던 자연법칙을 찾아낸다는 생각이 자연스러웠습니다.

유럽 사회 전반이 그랬듯이 자연철학도 19세기 전반기에 급속하게 세속화됩니다. 과학자들이 연구를 하는 과정에서 더 이상 신을 찾지 않게 된 것입니다. 신을 믿는 과학자도 신의 섭리를 밝히기 위해 과학을 한다고 생각하지 않습니다. 프랑스의 대표적인 뉴턴주의자였던 물리학자 라플라스는 그의 수학적 작업에서 신의 역할을 묻는 나폴레옹에게 "전하, 우리는 신이라는 가설은 필요하지 않습니다"라고 답했습니다. 그런데 '자연의 법칙'은 계속 발견되고 늘어났습니다.

정도의 차이는 있지만 지금도 그렇습니다. 무신론자인 우주론 연구자에게 물어보면 우주의 생성과 팽창을 관통하는 법칙이 존재한다고 대답합니다. 그런데 왜 이런 법칙이 있는지에 대해서는 답을 하지 못합니다. 대부분의 경우, 이런 질문은 지금의 과학의 범주를 벗어나는 것이라고 답을 합니다. 혹은 나중에 밝혀질 것이라고도 합니다.

어렸을 때부터 자연의 법칙을 배우면서 과학의 길로 접어든 과학자가 법칙에 다른 시각을 갖기는 힘듭니다. 사례를 두 개만 생각해봅시다. 첫 번째, 원자가 자연의 법칙 때문에 붕괴되지 않고 안정적인 모습을 유지하는 것일까요, 아니면 안정적인 원자를 보면서 물리학자들이 원자의 안정성을 설명하는 법칙을 만들어낸 것일까요? 저는 후자라고 생각합니다. 두 번째, 뉴턴의 법칙이 있기 때문에 달에 로켓을 보내는 것일까요? 실제로 달에 가는 로켓은 지구에서 달까지 자동 항해를 하는 것이 아닙니다. 로켓에 탄 우주인들은 로켓이 궤도에서 이탈하면 이를 조정하는 일을 반복합니다. 우리나라 과학자들이 뉴턴의 법칙을 몰라서, 뉴턴방정식을 못 풀어서 로켓을 달에 보내지 못하는 것이 아닙니다. 로켓을 쏘아 올리는 데에는 복잡한 인간-비인간의 테크노사이언스의 네트워크가 필요합니다. 뉴턴의 법칙은 그중 하나일 뿐입니다.

자연에 보편적인 법칙이 있다고 생각하면 몇 가지 어려운 문제가 발생합니다. 앞에서도 얘기했지만, 왜 그런 법칙이 존재하는지, 혹은 누가 그런 법칙을 만들었는지에 대한 답을 해야 합니다. 과학철학자 낸시 카트라이트는 「신 없이는 법칙도 없다」라는 논문에서, 법칙을 만든 신을 상정하지 않는 한 왜 법칙이 존재하는지 답하기는 불가능하다고 주장합니다.[14] 모두가 기독교인이었던 17세기 과학자들은 이에 대해서 아무런 어려움이 없었습니다. 창조주가 (수학적 형태의) 법칙을 만들었다고 보았으니까요. 뉴턴은 우주를 꽉 메우고 있는 보편적 생명체가 있다면 그 생명체로부터 나온 운동법칙은 보편적이라고 했습니다. 그런데 종교인이건 아니건 요즈음의 과학자가 이런 입장을 취하기는 쉽지 않습니다.

다른 문제도 생깁니다. 지금은 사람이 오랜 기간의 진화를 통해 지금의 모습으로 만들어졌다는 것을 알고 있습니다. 인간의 직립이나 커다란 뇌도 다 일종의 돌연변이의 결과였습니다. 고인류학을 연구하는 학자들은 호모사피엔스 전에도 뇌가 큰 유인원이 몇 차례 생겨났지만, 뇌에 필요한 영양분을 충족시키지 못해서 멸종했다고 보고 있습니다. 유일하게 호모사피엔스만이 살아남아서 지금의 인류가 되었다는 거지요. 그런데 이렇게 우연히 만들어진 인간이라는 생물종이 어떻게 우주에 존재하는 보편적 법칙을 이해할 수 있을까요? 감각과 이성 모두 완벽하지 않은 인간이라는 생물종이 대체 어떻게, 왜 존재하는지도 모르는 우주의 보편적 법칙을 이해하고 발견할 수 있을까요? 만약에 인간이 진화하지 않고 네안데르탈인이 살아남았다면, 지금과 같은 뉴턴의 법칙을 가지고 있을까요? 공룡이 멸종하지 않고 지능을 발전시켰다면요?

'우주의 보편적 법칙을 이해하는 인간'이라는 관념은 우연적으로 진화한 인간 존재에게 너무 많은 능력을 부여할 때에만 가능한 얘기입니다. 17세기 유럽의 기독교도 과학자들에게는 이런 얘기가 전혀 문제되지 않았지요. 이들에게 인간은 신의 모습을 본떠서 만들어진 존재이며, 신으로부터 특별한 능력과 신을 찬송할 권한을 부여받은 존재였기 때문입니다. 물론 아직도 이렇게 생각하는 과학자들이 있고, 심지어 자신의 종교적 의무 때문에 연구를 하는 사람도 있습니다. 그렇지만 과학의 목적이 종교적 신념을 충족시키는 것이 아닌 과학자들이, 특히 진화론을 받아들이는 과학자들이 인간에게 우주의 보편적 법칙을 이해하는 특별한 능력이 있다고 생각한다면 무언가 앞뒤가 잘 맞지 않습니다.

이런 반론에도 다시 논박을 할 수 있습니다. 자연의 법칙을 믿는 과학자들은 자연에 수학적 형태의 법칙이 실제로 존재한다고 항변합니다. 물론 자연에 어떤 규칙성이 존재하는 것은 사실입니다. 고대부터 천문학이 발전한 이유는 점성술적인 믿음 때문이기도 했지만, 천체가 자연현상의 규칙성을 가장 분명하게 보여주었기 때문입니다. 그리고 이런 규칙적인 천체 현상에서 케플러의 법칙이 나왔고, 케플러의 법칙에서 뉴턴의 중력의 법칙이 나온 것입니다. 따라서 이런 법칙은 태양계에, 우주에 실재한다는 것이 법칙의 실재성을 주장하는 과학자들의 생각입니다.

그런데 정말 그럴까요? 케플러 이전에는 행성이 원운동을 한다고 생각했지만 케플러의 제1법칙은 태양의 주위를 도는 행성이 타원 궤도를 그린다는 것을 보여주었습니다. 그렇다면 행성의 궤도는 정말 타원일까요? 아니면 타원과 비슷한 것일까요? 지금 우리가 알고 있는 지식에 비추어봐서 답은 후자입니다. 기하학적으로 작도된 정확한 타원이 아니라, 타원에 아주 가까운 모양인 것입니다. 따라서 케플러의 제1법칙은 보편적 진리가 아니라, 실제 자연을 아주 비슷하게 기술한 것입니다. 즉, 자연에 대한 근사approximation입니다.

뉴턴은 태양 주위를 도는 행성이 타원 궤도를 그린다는 케플러의 법칙에 입각해서 중력법칙을 발견합니다. 뉴턴은 『프린키피아』 정리 11번에서 태양과 행성 사이에 거리의 제곱에 반비례하는 힘이 있다면, 행성이 타원의 궤도를 돈다는 것을 기하학적으로 증명합니다. 곧이어 이 역逆도 증명합니다. 어떤 물체가 다른 물체의 주위를 타원의 궤도로 돈다면, 둘 사이에는 거리의 제곱에 반비례하는 힘이 존재한다는 것이지요.

그런데 뉴턴이 중력의 법칙을 얻어낸 행성의 궤도는 완벽한 타원이 아니라 타원에 가까운 것이었습니다. 따라서 뉴턴의 중력법칙도 완벽한 것이라기보다는 근사라고 보는 것이 더 타당합니다.*

물론 우리는 이렇게 배우지 않습니다. 뉴턴의 법칙은 지구에서도 참이고, 달에서도 참이고, 저 태양계 밖에서도 참이라고 배웁니다. 그런데 뉴턴의 법칙을 보편적 진리라고 보면, 이해가 안 가는 사실들이 많이 있습니다. 우선 역사적으로 뉴턴의 중력법칙을 받아들이지 않았거나 받아들이기 힘들어했던 과학자들이 꽤 많았다는 사실을 이해하기 힘듭니다. 17세기의 라이프니츠, 18세기 프랑스의 여러 과학자들, 19세기 영국의 윌리엄 톰슨과 독일의 하인리히 헤르츠, 에른스트 마흐 등이 뉴턴의 법칙에 회의를 가졌었습니다. 이들은 이류 과학자가 아니라 당대 최고의 과학자들이었습니다.

또, 실제로 뉴턴의 법칙은 수성의 근일점의 운동 같은 현상을 정확하게 설명하지 못했고, 결국 20세기에 아인슈타인의 일반상대성이론으로 대체됩니다. 일반상대성이론에서는 뉴턴의 법칙을 약한 장weak field에서만 타당한 근사로 봅니다.

* 대부분의 물리학자들은 이렇게 생각하지 않습니다. 물리학자들은 뉴턴의 법칙이 참인데 행성의 궤도가 타원이 아닌 것은 다른 행성들의 영향에 의한 섭동 때문이라고 생각합니다. 그런데 뉴턴의 중력법칙 자체가 두 문제에 대한 이상적이고 기하학적인 문제 풀이에서 유도된 것임을 상기해 볼 필요가 있습니다. 그래서 세 물체가 있을 때 이것들이 어떤 운동을 하는지를 해결하는 '삼체문제'가 뉴턴역학 체계에서는 잘 풀리지 않습니다.

이 영역에서는 역제곱법칙(중력이 거리의 제곱에 반비례한다는 법칙)이 성립하지만, 강한 장의 영역으로 가면 이것이 성립하지 않는다는 것입니다. 예를 들어 수성 근일점의 세차운동은 뉴턴의 법칙으로는 잘 설명되지 않지만, 일반상대성이론으로는 훨씬 깔끔하게 설명됩니다. 일반상대성이론은 뉴턴의 법칙을 단지 더 정확하게 만든 것이 아니었습니다. 일반상대성이론에서는 행성의 운동을 행성과 태양 사이의 중력으로 설명하는 것이 아니라, 태양이 우주에 놓임으로써 태양 주변의 공간이 휘어지고, 행성은 그 휘어진 공간을 따라서 운동하는 것으로 바뀝니다. 즉, 물체의 운동 원인인 중력은 운동의 부수현상 epiphenomenon으로 그 철학적 지위가 변하게 되었던 것입니다.

만약에 우주에 두 물체만 있다면 $F=Gm_1m_2/r^2$이라는 중력 법칙은 참일까요? 그렇다면 두 물체는 $F=Gm_1m_2/r^2$ 형태의 중력의 힘을 받아서 움직일까요? 과학철학자 낸시 카트라이트는 아니라고 답합니다. 두 물체 사이에는 중력만이 아니라 쿨롱의 전기력도 작용한다는 것입니다. 따라서 우주에 덩그러니 두 물체만 있다고 해도 두 물체가 중력의 법칙에 따라서 운동하지는 않는다고 했습니다.*

* 물론 이것은 사고실험입니다. 우주 공간에 단 두 물체만 존재하는 상황은 없겠지요. 물체의 운동을 정확하게 기술하기 위해서 중력과 전기력을 다 고려해야 한다는 것이 아닙니다. 여기에서 얘기하려는 것은 일반적으로 중력의 법칙이 두 물체가 운동하는 경우에는 정확하게 맞는다고들 하는데, 이런 언술에도 제한을 둬야 한다는 것입니다. 전기적으로 중성인 두 입자만을 생각한다고 해도, 중성미자나 힉스입자Higgs boson 같은 중성입자들 사이에 약한 상호작용이 존재합니다.

우리가 잘 아는 갈릴레오의 관성의 법칙은 마찰이 전혀 없는 공간에서, 다른 물체로부터 어떤 힘도 받지 않는 '하나'의 물체가 운동하고 있을 때나 가능한 법칙입니다. 이런 물체는 실제로는 존재하지 않겠지요. 따라서 갈릴레오의 운동법칙은 자연의 운동을 이상화한 법칙입니다. 역시 실제 세상에 대한 '근사'인 것입니다.

지금까지의 논의를 정리해보면 다음과 같은 결론을 얻을 수 있습니다. 과학자들은 실제 복잡한 자연 세계의 여러 조건들 중에서 특정한 조건에만 초점을 맞춘 뒤에 과학법칙들을 얻어냅니다. 그래서 많은 과학법칙들이 수학적 형태를 띠고 있습니다. 자연이 '수학이라는 언어'로 쓰였기 때문이 아니라, 자연에서 수학적 관계를 만족하는 특정한 변수들에게만 초점을 맞춰서 그 변수들 사이에 연관 관계를 만들어냈기 때문입니다. 과학은 법칙을 발견하는 것이 아니라 '만들어냅니다'.* 이런 의미에서 과학은 예술과 같이 창조적인 활동입니다.[15]

'자연의 법칙'은 과학 분야에 따라서 좀 달리 사용됩니다.

* 많은 과학법칙들이 이렇게 설명될 수 있다는 것이 필자의 생각입니다. '모든 법칙이 다 그러한지'에 대해서는 판단을 유보합니다. 아직까지는 에너지보존법칙이나 모든 전자는 다 동일하다는 '동일 입자의 원리'가 인간이 만들었다기보다 자연에 존재하는 더 높은 차원의 규칙성을 보여주는 것이라고 생각되기 때문입니다.

법칙이란 개념은 물리학에서 가장 자주 사용되고, 화학에서는 조금 덜 쓰이고, 생물학에서는 거의 사용되지 않습니다. 우리는 진화의 법칙이라는 말을 사용하지 않습니다. 물론 예외도 있습니다. 멘델의 법칙이 그중 하나입니다. 19세기 오스트리아의 수도승 그레고어 멘델은 완두콩을 대상으로 6년간의 실험 끝에 우열의 법칙, 분리의 법칙, 독립의 법칙이라는 세 가지 법칙을 발견합니다. 근대 유전학의 기초를 만든 법칙들이지요. 붉은 꽃을 피우는 순종과 흰 꽃을 피우는 순종의 대립형질을 교배시켰을 때, 잡종 제1세대에서는 붉은 꽃을 피우는 우성만이 발현된다는 것이 우열의 법칙이며, 이 잡종 1세대를 다시 교배해서 얻은 2세대에서는 붉은 꽃과 흰 꽃의 비율이 3:1이 된다는 것이 분리의 법칙입니다. 그리고 꽃 색깔과 콩의 모양 같은 대립형질이 서로에게 영향을 미치지 않고 독립적으로 발현한다는 것이 독립의 법칙입니다. 독자 여러분도 Rr, Yy 같은 우성형질, 열성형질의 대립유전자를 이용해서 연습 문제를 풀었던 기억이 있을 겁니다.

멘델의 법칙은 보편적인 법칙일까요? 염색체에서 유전자가 자식으로 유전되며, 유전형질에 우성과 열성이 있다고 생각하면 이 법칙이 참이 아닐 수가 없습니다. 그렇지만 멘델의 법칙에도 많은 예외가 있습니다. 완두콩과 같이 아주 간단한 생물을 대상으로 실험을 해도, 1세대에서 우성만 발현되지는 않습니다. 실제로 멘델의 우열의 법칙이 하도 예외가 많아서 최근에는 '법칙' 대신에 '원리'라고 명명되기도 했습니다. '우열의 원리'라고 불리게 된 거지요.

실험을 해보면 분리의 법칙도 잘 맞지 않습니다. 완두콩의 7가지 형질에 대한 멘델의 관찰 결과는 2.82:1에서 3.15:1까지 넓게 걸쳐 있었습니다. 제2세대에서도 3:1이란 숫자가 딱 떨어져서 나오지 않았습니다. 완두콩같이 유전적으로 간단한 식물의 염색체에 있는 유전자에도 '염색체 교차'처럼 유전자 변형을 일으켜서 법칙에서 벗어나게 하는 요인들이 존재합니다. 완두콩보다 복잡한 생명체로 가면 예외적인 경우가 더 많아집니다. 인간의 경우에는 한 쌍 이상의 유전자에 의해서 결정되는 다유전자 특질, 유전자 두 개의 중간적 형태가 표현되는 경우, 하나의 유전자가 다른 유전자를 통제하는 경우, 동시 우성, 복수 대립유전자, 환경에 의해서 자극을 받아서 발현되는 유전자, 성과 연관된 유전자, 여러 개의 형질을 발현하는 유전자 등이 이런 예외에 속합니다. 우리 주변의 생명과 유전 현상은 너무나 복잡해서 단순한 멘델의 법칙으로 이해하기에는 많은 어려움이 있는 것입니다.[16]

이제 질문을 하나 던져보겠습니다. 보편적이고 단순한 멘델의 법칙이 자연에 존재하는 것이고, 복잡한 유전 현상들은 법칙의 예외에 해당되는 것일까요? 아니면 복잡한 생명체가 매우 다양한 유전의 양상을 보이는데, 멘델의 법칙은 이런 복잡한 유전 현상을 단순화해서 이해한 결과로 나온 법칙일까요? 저는 후자라고 생각합니다. 보편적인 관성의 법칙이 자연에 존재하지만, 실제로 이를 따르지 않는 수많은 현상들은 법칙의 예외에 속하는 것일까요? 아니면 실제 자연의 운동은 매우 다양하고 복잡한 양상을 보이는데, 관성의 법칙이 이런 것들을 이상화한 것일까요? 저는 이 역시 후자라고 생각합니다.

그러면 왜 자연을 복잡한 그대로 이해하는 대신에 법칙을 만드는 것일까요? 이 질문에 대한 한 가지 답은 추상적인 법칙이 새로운 연구를 낳는 데 이점이 있다는 것입니다. 시에서 병원을 짓는다고 합시다. 적절한 위치를 선정해야 하는데, 이를 위해서 자세한 지도를 만들 필요는 없습니다. 복잡한 지도보다는 학교, 음식점, 태권도장 같은 곳은 다 빼고, 병원과 보건소 등만 표시된 지도가 더 유용합니다. 이렇게 단순한 지도를 가지고 우리는 여러 가지 일을 할 수 있습니다. 단위면적 당 병원이 가장 적은 구를 쉽게 찾을 수 있고, 병원 사이의 평균 거리 같은 것도 어렵지 않게 계산할 수 있습니다. 인구 당 병원의 개수 같은 것도 찾아낼 수 있습니다. 이런 연구에 근거해서 시 당국은 가장 적절한 병원의 위치를 정할 수 있을 것입니다. 추상적이고 이상적인 법칙은 이렇게 많은 연구 프로그램을 만들어냅니다. 이러다 원래 연관이 없던 현상과의 새로운 연관을 만들어내기도 합니다. 실제 자연보다 단순화되고 법칙화된 자연은 '갖고 놀기에' 더 좋은 것으로 바뀌는 것입니다. 단순한 법칙으로부터 새로운 지식이 생기고, 과학은 확장되고 발전합니다. 이것이 법칙의 이점입니다.

우리는 과학이 아주 튼튼한 반석 위에 잘 지어진 집이라고 생각했습니다. 그런데 지금까지의 논의를 살펴보면 집의 비유보다는 배의 비유가 더 적절해 보입니다. 구멍 난 바닥을 보수하고, 꺾어진 돛대를 바로 세우고, 찢어진 돛을 수리해서 항해에 나서는 배 말입니다. 과학이라는 배는 수리하기 위해서 정착할 항구가 없습니다. 과학이라는 배는 바다 한가운데에서 수리를 하면서 계속 나아가야 합니다. 선실을 뜯어서 새는 바닥을 이어야 합니다. 바닥이 새도 물을 퍼내면서 항해를 해야 하고, 찢어진 돛을 달고도 계속 나아가야 합니다. 선장과 선원은 이렇게 임시변통하면서 항해를 계속합니다. 그러면서 새로운 대양과 섬을 발견하지요. 정착할 항구가 없어도 배의 항해는 계속되듯이, 보편적 법칙이 자연에 존재하지 않아도 과학자들은 그때그때 법칙을 만들어나가면서 탐구를 계속 이어갑니다.*[17]

* 책의 서문에도 등장하는 이 비유는 20세기 초엽의 과학철학자들의 공부 모임인 '비엔나 모임'의 논리경험주의 철학자 오토 노이라트가 만들었습니다.

과학적 이론과 민주주의

많은 과학은 보편적입니다. 그렇지만 과학에는 숱한 논쟁이 있습니다. 과학의 보편성은 이런 이견들이 하나의 합의로 수렴되면서 확보될 것입니다.

과학 논쟁은 어떻게 결론에 도달할까요? 일반적인 상식은 하나의 이론이 경쟁하는 이론을 누르고 확실한 승리를 거둔다는 것입니다. 뉴턴의 중력이론은 라이프니츠의 이론을 이겼고, 다윈의 이론은 신이 모든 종을 창조했다는 당대의 상식은 물론, 종은 획득형질이 유전되면서 진화한다는 라마르크의 진화론에도 승리를 거두었습니다. 양자역학의 코펜하겐 학파는 다른 학파를 누르고 승리했습니다. 이런 결론은 승자가 압승한 것으로 보입니다. 왜냐하면 승자가 옳았고, 패자가 틀렸기 때문입니다. 어떤 이들은 과학 이론이 투표로 결정되는 것이 아니라고 합니다. 어떤 이들은 더 극적으로 표현해서 "과학은 민주주의가 아니다"라고 말하기도 합니다.

민주주의적 정치체제는 사안에 대해서 열린 토론을 하고, 의견이 다를 때 최대한 타협을 모색하고, 이게 잘 안 되면 투표를 하는 것을 특징으로 합니다. 투표를 해서 다수결로 결정하는 것입니다. 물론 투표를 어떻게 할 것인지도 합의해야 하지요. 그런데 민주주의 사회에서도 모든 사안에 대해서 투표를 하지는 않습니다. 투표 전에 상충되는 의견을 적절하게 합의하는 것이 더 바람직하겠지요. 위대한 정치인들은 도저히 합의가 될 것 같지 않은 사안에 대해 국민적인 합의를 이끌어냅니다. 의견 A와 B가 충돌할 때, B를 완전히 무시하고 A만을 수용한다면 B를 지지했던 사람들이 분노하고 좌절합니다. 그러고 나서 복수의 칼을 가는 경우가 많습니다. 이런 정치는 좋은 정치가 아니지요. 좋은 정치는 A가 일정 부분을 양보하게 하고, 대신 B도 조금 양보하도록 해서 A와 B를 절충하는 것입니다. 이게 정치적 타협 혹은 민주적인 합의의 과정입니다. A를 무조건 택하는 방식으로는 결코 합의를 얻어낼 수 없습니다.

정치적으로 바람직한 합의를 얻어내는 데 한 가지 전제가 있습니다. 정치적 게임에 참여하는 사람들이라면 내 주장만큼이나 다른 주장 역시 나름 타당하고 근거가 있음을 받아들여야 한다는 것입니다. 나는 천사이고 상대는 악마라고 생각하는 한, 타협과 합의는 불가능합니다. 내가 상대를 악마라고 생각한다면, 상대 역시 나를 악마로 생각할 가능성이 크다는 것을 알아야 합니다. 내가 악마가 아니라면, 상대도 아닌 것입니다. 내 주장이 막무가내가 아니라면, 상대의 주장도 나름 근거가 있다는 것입니다.

물론 현실 세계에서 정치가 이렇게 이상적으로 이루어지지는 않습니다. 많은 경우, 대립하는 의견이 있을 때 시간이 지나면서 양극화 현상이 나타납니다. 양쪽의 극단적인 주장이 힘을 얻고 중간의 회색 지대가 얇아집니다. 양쪽 다 타당한 점이 있다는 식의 양시론은 절충주의, 기회주의로 비난받습니다. 국민들은 서로 주먹을 날리고 싶어 하고, 이런 심정을 국회의원에게 투영합니다. 이런 세상에서는 국회의원들이 하키 선수들처럼 치고받습니다. 우리는 정치에서의 고함과 싸움을 익숙하게 여기지만, 그럼에도 불구하고 타협을 이끌어내는 정치가 좋은 정치라는 생각은 변하지 않는 것 같습니다.

정치적 방식으로 타협된 테크노사이언스 논쟁 하나를 예로 들어보겠습니다. 2000년대 초반에 우리나라에서는 NEIS라고 불린 교육정보시스템을 도입하는 문제를 두고 이를 추진하던 당시 교육부와 이에 반대하는 전국교직원노동조합(전교조) 사이에 격렬한 논쟁이 있었습니다. NEIS 도입 이전에는 각 학교에 전산 서버가 있었고 교사들의 컴퓨터가 이 학교 서버에 연결되어 있었습니다. 학교의 서버는 교육청이나 교육부의 서버와는 통합되어 있지 않았습니다. 반면에 NEIS에서는 학교의 컴퓨터들이 모두 교육청의 서버에 연결되어 있고, 16개 교육청의 서버들은 교육부의 서버에 연결되어 있었습니다.

교육부처럼 NEIS를 추진하던 집단은 이것이 정보사회의 이념에 어울리며, 더 효율적이고, 경제적인 효과가 두드러질 뿐만 아니라 교사들의 업무 시간을 단축하고, 학교에서 교육청이나 교육부에 보고할 시간을 줄이며, 졸업생들의 편의를 도모하고, 학부모의 참여를 촉진하고, 안전하며, 참여정부에 의해서 추진된 것이라고 주장했습니다. 이에 반대하던 측에서는 NEIS가 교육 이념에 역행하고, 새로운 시스템에 재원을 낭비하는 것이며, 경제적 효과가 불투명하고, 교사들의 시간을 오히려 낭비하는 데다가, 통제를 강화하는 것이고, 졸업생들에게 주는 편의라는 것이 미미하고, 학부모의 참여를 오히려 무력화하며, 해킹에 노출되어 있고, 인권에 위배된다고 주장했습니다.

이런 형태의 논쟁은 우리에게 낯설지 않습니다. 광우병 파동, 천안함 논란, GMO에 대한 논쟁이 있을 때마다 이를 놓고 대립하는 두 진영은 처음부터 끝까지 거의 하나도 의견이 일치하지 않습니다. 그 이유는 불확실한 사실의 틈을 서로 다른 가치 체계가 메우기 때문입니다. 양 진영은 사실의 평가에 대해서도 다른데, 이 역시 서로 다른 가치 체계에 의해서 영향을 받기 때문입니다. 한쪽은 NEIS가 더 안전하다고 하고, 다른 한쪽은 NEIS가 더 위험하다고 합니다. 한쪽은 경제적 효과가 크다고 하고, 다른 한쪽은 경제적 효과가 미미할 것이라고 합니다. 한쪽은 NEIS가 교사 업무의 효율을 높여준다고 하지만, 다른 한쪽은 NEIS가 교사와 학생에 대한 권력의 통제를 효율적으로 만들 뿐이라고 합니다. NEIS를 지지하는 쪽은 교육이 정보 기술을 통해 합리화될 수 있다고 믿는 반면에, 반대하는 쪽은 교육은 인간적인 가치를 지키고 고양시키는 역할을 해야 하기 때문에 정보 기술을 통한 합리화에 저항해야 한다고 생각합니다. 특히 문제가 되었던 것은 학생의 보건 의료, 입학, 학사 행정에 대한 범주였습니다. NEIS를 찬성하는 측은 이 범주들이 NEIS에 반드시 포함되어야 한다고 주장한 반면에, 반대하는 측은 이것들이 절대로 NEIS에 포함되어서는 안 된다고 강경하게 반대했습니다.

이런 논쟁에서 타협점을 찾을 수 있을까요? 당시는 노무현 대통령이 참여정부를 막 시작한 시점이었고, 모든 논쟁에서 대화, 참여, 투명성을 추구하던 시기였습니다. 이런 분위기 속에서 서로 한발 양보하면서 타협점이 만들어졌습니다. 가장 대립이 첨예했던 보건 의료, 입학, 학사 행정의 세 범주를 NEIS에 포함시키지도, 그렇다고 예전 시스템에 포함시키지도 않는 타협안이 나왔습니다. 세 범주가 NEIS와는 분리된 새로운 전산 체계 속에서만 다루어지게 되었던 것입니다. 서버의 통폐합에 대해서도 기묘한 타협이 이루어졌습니다. 찬성 측은 학교 서버를 없애고 교사들의 컴퓨터를 교육청 서버에 바로 연결하자고 주장했고, 반대 측은 학교 서버를 그대로 두자고 주장했습니다. 타협안은 학교 서버를 모두 교육청으로 옮기고 이것들을 서로 네트워크로 연결하는 것이었습니다. 찬성 측 입장에서 보면 서버를 교육청으로 옮겨서 통합하는 데 성공한 셈이고, 반대 측 관점에서는 학교 서버를 유지하면서 그 위치만을 바꾼 셈이었던 것입니다. NEIS 논쟁은 교육정보시스템에 대한 기술적 논쟁처럼 보였지만 실제로는 교육의 역할에 대한 서로 다른 가치 체계가 충돌한 논쟁이었고, 논쟁은 정치적인 타협점을 찾아서 수그러들었습니다.[18]

정치 얘기는 그만하고 과학으로 돌아가보지요. 과학에서도 타협이 있을까요? 2 더하기 2를 4라고 하는 사람과 2 더하기 2를 5라고 하는 사람 사이에서는 타협이 가능할 것 같지 않습니다. 그런데 과학은 2 더하기 2가 4인지 5인지를 따지는 학문이 아닙니다. 과학은 그보다 훨씬 더 복잡한 사안을 다루기에, '2 더하기 2가 얼마인가' 하는 문제로 환원될 수 없습니다. 2006년에 프라하에서 열린 국제천문학연맹 회의에서는 태양계의 행성을 12개로 봐야 할지, 8개로 봐야 할지를 두고 의견이 대립했습니다. 행성을 어떻게 정의할 것인지에 관한 문제였는데, 12개로 볼 경우에는 명왕성을 비롯해서 작은 행성들이 더 포함되어야 했고, 8개로 볼 경우에는 명왕성이 퇴출되어야 했습니다. 행성의 정의 문제는 10년이 넘게 토론을 했던 주제인데도 의견이 좁혀지지 않았었습니다.

찬반 의견은 팽팽했고, 결국 투표를 통해서 명왕성을 퇴출시키고 왜소행성dwarf planet이라는 새로운 범주에 명왕성을 포함한 4개의 소행성을 집어넣기로 결정되었습니다. 명왕성을 '기타 태양계의 물체'로 분류하지 않고, 제3의 범주를 만든 것입니다. 왜소행성의 이름에는, 마치 다른 행성들과 비슷한 부류인 것처럼 '행성'이라는 단어가 포함되어 있습니다. 물론 왜소행성은 행성과는 다른, 행성과 겹치지 않는 범주입니다. 투표를 해서 결정하긴 했지만, 명왕성을 행성에서 퇴출시키는데 반대 의견을 가진 사람들을 달래기 위해서 시도했던 작명이 아니었나 생각됩니다.[19]

글을 시작하면서 과학사에서의 세 가지 사례를 이야기했습니다. 뉴턴-라이프니츠, 진화론, 그리고 양자역학의 해석 관련 논쟁. 우리는 이런 논쟁에서 승자와 패자가 분명히 나뉘고, 진리를 주장하는 승자가 독식한다고 생각합니다. 그렇다면 과학에서 이런 논쟁이 어떻게 끝나는지 살펴볼까요?

뉴턴은 중력이 신의 섭리가 세상에 작동하고 있음을 보여주는 증거라고 생각했습니다. 그는 우주가 거의 텅 비어 있는 대신 중력이 우주에 꽉 차 있는 것이라고 생각했습니다. 뉴턴은 상대운동과 절대운동을 구별할 수 있으며, 절대운동을 판별하게 해주는 공간을 절대공간이라고 했습니다. 우주에 신의 공간으로서의 절대공간이 존재한다는 것이지요. 그는 신이 우주의 작동에 끊임없이 개입하며, 이러한 개입의 가장 중요한 양상이 중력이라고 생각했습니다. 물질은 죽은 존재라고 생각했고, 신에 의해서 부여된 운동만을 한다고 보았습니다.

라이프니츠는 뉴턴의 중력이론을 비판했습니다. 그는 우주가 물질로 꽉 차 있으며, 중력이라는 것은 겉보기 효과라고 생각했습니다. 라이프니츠는 절대운동과 절대공간을 부정했고, 운동과 공간을 분리해서 생각하는 데 반대했습니다. 신이 완벽한 존재이며, 우주를 완벽하게 만들어두었기 때문에 더 이상 개입할 필요가 없다고 믿은 것입니다. 라이프니츠는 물질의 궁극적 실체인 모나드monad가 감각력이 있는 존재라고 생각했습니다.

과학사가들은 둘의 논쟁에서 뉴턴이 승리했다고 평가합니다. 우리는 물질이 생명력이 없는 것으로 평가합니다. 또 우리는 중력이 우주에 꽉 차 있다고 봅니다. 그런데 현재 '뉴턴적'이라고 알고 있는 세계관 중에는 라이프니츠적인 요소도 많습니다. 예를 들어, 우리는 태양계가 기계적으로 움직인다고 생각하는데, 이렇게 '기계적으로 돌아가는 우주'는 라이프니츠의 우주입니다. 뉴턴의 우주는 마치 느려지는 시계와 비슷해서, 태엽을 다시 감아주는 신의 개입이 필요합니다. 절대

운동, 절대공간에 대한 라이프니츠의 비판은 여러 철학자와 과학자에게 영향을 주었는데, 그중에는 19세기 오스트리아의 물리학자 에른스트 마흐도 포함되어 있었습니다. 마흐는 뉴턴의 절대운동, 절대시간, 절대공간 등을 비판하는 영향력 있는 저술을 출판했습니다. 마흐의 저술은 아인슈타인에게 영향을 줘서, 아인슈타인이 상대성이론을 만들어서 뉴턴물리학을 뛰어넘는 데 중요한 기여를 합니다. 뉴턴과 라이프니츠의 논쟁에서는 뉴턴이 승리했지만, 이 둘의 세계관은 역사를 통해서 서로 다른 방식으로 섞이고 타협하며 지금의 물리적 세계관을 만드는 데 기여한 것입니다.[20]

다윈의 진화론은 다윈 이전의 라마르크 진화론과 확연하게 다르다고 알려져 있습니다. 라마르크는 생명체가 살면서 획득한 특성들이 대를 이어서 축적되어 궁극적으로는 큰 변화를 낳는다고 생각했습니다. 기린이 높은 곳에 있는 음식을 따먹으려다 보니 목이 길어진 것이라고 했지요. 반면에 다윈은 종의 개체 사이에 변이가 존재하고, 환경에 가장 잘 적응하는 변이를 가진 종이 살아남는다고 생각했습니다. 원래는 기린들의 키가 다양했는데, 땅에 있는 식물이 사라지면서 높게 위치한 먹이를 쉽게 먹을 수 있는 목이 긴 기린만이 생존경쟁에서 살아남게 되었다고 보았습니다. 라마르크는 환경에 대한 생명체의 적응 문제를 설명하지 못했지만 다윈은 이를 잘 설명할 수 있었고, 따라서 라마르크의 이론은 무시되었지만 다윈의 이론은 빠르게 수용되었다는 것이 생물학 교과서에 나오는 얘기입니다.

그런데 실제로 있었던 역사는 조금 더 복잡합니다. 다윈도 라마르크의 식으로 개체가 획득한 변이가 유전된다고 보았습니다. 그는 자신의 진화론이 도덕의 문제를 설명하지 못하는 문제에 골머리를 앓다가, 도덕적으로 생애를 살았던 사람들의 몸 세포는 제뮬gemmule이라는 특정한 입자를 만들어서 이를 후손에게 전달할 수 있다고 생각했습니다. 그는 자신의 이론을 범생설pangenesis이라고 불렀고, 이런 이유에서 교육이 중요하다고 주장했습니다..

다윈의 범생설은 라마르크의 이론과 크게 다르지 않은 것이었습니다. 부분적으로 이러한 이유 때문에, 다윈과 동시대를 살았던 생물학자들은 그의 이론과 라마르크의 이론을 적대적인 것으로 구분하지 않았습니다. 특히 프랑스에서는 다윈의 이론이 라마르크의 이론의 하나의 변종 비슷한 것으로 수용되었고, 독일에서 다윈을 가장 적극적으로 수용했던 헤켈은 라마르크주의자였습니다. 19세기 내내 다윈주의는 라마르크주의와 섞여서 받아들여지고 연구되었던 것입니다.

독일 생물학자 바이스만은 19세기 말에 생식질이론을 제창했습니다. 체세포는 환경의 영향을 받지만 생식세포 속에 들어 있는 생식질은 환경의 영향을 받지 않고 유전된다는 이론이었습니다. 바이스만의 이론은 다윈주의와 라마르크주의를 분명하게 구분하기 시작했습니다. 이후 20세기에 신新다윈주의자들은 라마르크주의를 사이비 과학이라고 공격했고, 산파두꺼비가 환경에 따라서 색깔을 바꾸고 그 바뀐 색깔이 유전된다고 주장한 생물학자 파울 카머러가 사기꾼에 표절자로 몰려서 학교에서 권총으로 자살하는 일이 일어나기도 했습니다. 데이터 조작을 했다는 혐의를 받고 있긴 했지만, 그가 시신을 발견할 사람(청소부)에게 쓴 편지를 보면 그는 진실한 사람이었던 것 같습니다.

> 시신이 저의 집으로 보내져 가족들이 고통을 받는 일이 없도록 파울 카머러 박사가 부탁드립니다. 시신은 대학 연구소의 해부 실험실에서 활용되는 것이 가장 간단하고 비용이 덜 드는 방법일 겁니다. 미미하게나마 그렇게라도 과학에 기여하고 싶습니다.

그렇지만 카머러의 비극적인 사고 후에도, 환경이 유전자를 바꿔서 유전에 영향을 준다는 생각은 이단으로 간주되어 비판받았습니다. 특히 유전자의 이중나선 구조가 발명되고 유전암호 해독 메커니즘이 규명된 뒤에는 유전자가 처음부터 끝까지 모든 것을 관장한다고 생각하게 되었습니다. 물론 유전자가 모든 걸 결정한다는 생각을 유전자결정론이라고 비판한 사람도 소수 있었습니다. 이러다가 1990년대 이후에 후생유전학epigenesis이 등장합니다. 후생유전학의 연구들은 환경의 변화로부터 받은 영향이 유전자에 각인되고 이것이 자손에게 유전되는 사례가 생각보다 훨씬 더 많고 일반적임을 보여줍니다. 최근에는 카머러의 연구가 후생유전학의 선구적인 연구였다며 재평가가 되기도 합니다. 오랜 시간이 흐른 뒤에 다윈과 라마르크는 이렇게 다시 공생하기 시작했습니다.[21]

마지막으로 양자물리학과 관련된 논쟁을 살펴보지요. 1920년대 양자역학자들 사이에는 크게 두 가지 학파가 생겼습니다. 하나는 행렬역학과 불확정성 원리를 발전시킨 보어와 하이젠베르크를 중심으로 한 학파였고, 다른 하나는 파동역학을 발전시킨 슈뢰딩거를 중심으로 한 학파였습니다. 두 학파는 20세기 초엽에 잘 설명되지 않던 원자 수준의 여러 현상들을 설명하는 이론 체계를 제시했지요.

하이젠베르크의 행렬역학이 눈에 보이는 거시적 변수들만을 가지고 원자의 현상을 설명하려 한 데 반해, 슈뢰딩거는 입자가 파동의 성질을 가진다는 드브로이의 이론에 근거해서

1927년의 솔베이학회 사진. 양자역학의 코펜하겐 해석을 주장한 닐스 보어(두 번째 줄 맨 오른쪽), 하이젠베르크(맨 뒷줄 오른쪽에서 세 번째)와 이에 반대한 아인슈타인(맨 앞줄 중앙), 드브로이(두 번째 줄 오른쪽에서 세 번째), 슈뢰딩거(맨 뒷줄 중앙에 안경 쓴 이)가 충돌했습니다.

파동으로서의 입자가 만족하는 파동함수의 방정식을 만들었습니다. 두 학파의 대립은 꽤 심각해서, 하이젠베르크는 슈뢰딩거의 방정식을 "거지같은 것crap"이라고 표현하기도 했습니다. 추상적이고 사용하기 힘들었던 행렬역학에 비해서 슈뢰딩거의 방정식은 훨씬 더 직관적이었으며 사용하기 쉬웠습니다. 이런 명백한 이점 때문에 하이젠베르크 자신도 논문에서 계산을 위해 슈뢰딩거방정식을 사용했을 정도니까요. 그렇지만 슈뢰딩거의 파동함수에는 허수 i가 포함되어 있다는 심각한 문제가 있었습니다. 실제 세상에서는 허수라는 것이 의미를 가지기 힘들기 때문입니다.

도저히 합쳐질 수 없을 것 같던 두 체계는 몇 가지 계기를 통해 합쳐졌습니다. 우선, 슈뢰딩거 스스로 두 체계가 수학적으로 동일하다는 결론에 도달합니다.* 물론 수학적으로 동일하다고 그 물리적인 의미까지 같은 것은 아닙니다. 그럼에도 불구하고 물리적으로 너무 다른 두 체계가 수학적으로 같은 결과를 낸다는 사실은 슈뢰딩거 자신도 이해하기 힘든 것이었습니다. 이에 대해서 슈뢰딩거는 1926년에 다음과 같이 말했습니다.

> 하이젠베르크의 양자역학과 '파동' 혹은 '물리' 역학이라고 불린 이론의 출발점과 개념들 사이에 존재하는 엄청난 차이를 생각해볼 때, 두 이론이 알려진 사실에 대해서 같은 결과를 낸다는 것은 매우 이상한 일이다. 출발점, 현상의 재현, 방법론, 수학적인 도구들 등 모두가 다르기 때문에 더더욱 놀랄 만하다. 수학적인 관점에서 우리는 두 이론이 동일하다고 할 수 있다.

그런데 하이젠베르크 쪽 입장에 가깝던 물리학자 막스 보른이 슈뢰딩거방정식을 파동함수의 제곱이 입자의 '확률적 위치'를 나타낸다는 식으로 재해석했습니다. 슈뢰딩거는 물론 슈뢰딩거를 지지했던 아인슈타인도 이런 확률적인 해석에 동의하지 않았으며, 죽을 때까지 이에 반대했습니다. 그렇지만

* 이에 대한 엄밀한 증명은 1954년에 존 폰 노이만에 의해서 이루어졌습니다. 슈뢰딩거의 증명에 대해서는 여러 가지 역사적 해석이 존재합니다.

하이젠베르크와 그의 스승이던 닐스 보어가 주축이 된 '코펜하겐 해석'은 광범위한 물리학자들의 지지를 얻었고, 보른이 했던 방식대로 슈뢰딩거의 방정식은 양자역학의 정통적인 해석 속으로 포함되었지요. 지금 양자역학을 배우는 학생들은 하이젠베르크의 행렬역학과 불확정성의 원리를 배우고, 슈뢰딩거의 파동방정식을 배운 뒤에, 주로 파동방정식을 사용해서 문제를 풉니다. 학생들은 둘 사이에 어떤 모순도 느끼지 못합니다.[22]

뉴턴-라이프니츠 논쟁, 진화론 논쟁, 양자물리학 논쟁의 결말이 꼭 타협이라고 볼 수는 없을지도 모릅니다. 우리가 '타협'이라는 말을 어떻게 사용하는지도 관련이 되겠지요. 그렇지만 이런 사례를 통해서 지적하고 싶었던 것은 과학의 논쟁이 해소되는 과정이 2 더하기 2의 답이 4인지 5인지 선택하는 것보다 훨씬 더 복잡하다는 것입니다. 과학 논쟁의 종결은 한쪽이 다른 한쪽을 KO시킨다기보다는, 서로를 잘 설득하지 못하는 과정에서 은연중에 서로의 주장이 섞여버리는 형태를 갖는 것이 많습니다. 그 과정 속에서 논쟁이 수그러들고, 합의된 하나의 체제가 만들어지면서 과학의 보편성은 더 확실해집니다. 과학이 보편적이기 때문에 논쟁이 해결되는 것이 아니라,

논쟁이 해결되면서 과학에 보편성이 생기는 것입니다.

가까이에서 보면 이 보편성은 깔끔한 대리석 조각이 아니라, 이질적인 재료들로 구성된 콜라주 작품 같은 경우가 대부분입니다. 과학은 깔끔하게 뒤처리를 하고 스스로를 정리하면서 발전하는 것이 아니라, 이것저것 혼종적인 콜라주를 만들면서 발전합니다. 과학이 자연의 보편적 진리를 발견하는 활동이 아니라, 인간–비인간의 네트워크를 만들어나가는 활동이라고 생각한다면 이런 '혼종적인 콜라주'가 과학을 더 튼튼하게 만든다는 것을 어렵지 않게 짐작할 수 있습니다.

제4장
무엇을 할 수 있는가

융합

창의성은 그저 사물들을 연결하는 것이다. _스티브 잡스

경계를 넘고 지식과 경험을 합치는 '융합'이 창의적인 지식, 실천, 조직을 만드는 방법으로서 세간의 관심을 받고 있습니다. 융합, 통섭, 통합, 퓨전이 회자되는 이유는 지금까지 우리 사회에서 전문 분야들을 가르는 장벽이 너무 높아서 분야의 벽을 넘는 소통이 잘 되지 않았다는 데에 있습니다. 개개인에서부터 사회에 이르기까지, 지금의 중요한 문제들이 한 가지 전문성으로는 해결되기 힘들기 때문에 전문 분야의 벽이 문제가 되는 것이지요. 융합, 통섭, 통합, 퓨전이 함축하는 바는 조금씩 다르지만, 결국은 협소하게 정의된 전문성에 대한 비판을 토대로 하고 있습니다.

융합 열풍은 대학에서 가장 뜨겁습니다. 요즘 대학에는

소위 '융합학과'라고 해서 생태환경디자인학과, 나노바이오의학과, 신산업융합학과, 자동차ICT융합학과, 글로벌융합학부, 융합기술대학원 등 두 개 이상의 학과를 모아서 만든 새로운 학과나 학부들이 생겨나고 있습니다.

그렇지만 이런 움직임에 대한 비판의 목소리도 있습니다. 대학 4년 동안 기계공학이나 정보통신공학 하나를 제대로 배우는 것도 힘든데, 이 둘을 합친 융합학과에서 수업이 제대로 이루어지겠냐는 것이 이런 비판의 요지입니다. 비판자들은 융합 교육을 지향하다 보면 학부에서의 전문적 교육이 부실해지기 십상이라고 말합니다.

이런 비판에는 근거가 있습니다. 많은 융합학과들이 학문적인 필요에서 출발한 것이라기보다는 교육부의 인센티브, 대학의 구조조정, 산업체 요구에의 발 빠른 대응에서 시작한 것들이 많기 때문입니다. 대학의 융합 교육이 제대로 되려면 두 개 이상의 전공을 겉핥기식으로 공부하는 것을 지양해야 하며, 두 개 이상을 전공할 경우에는 온전한 형태의 복수전공(제1전공과 제2전공 각각의 학점을 모두 이수하는 것)을 하는 것이 바람직합니다. 그리고 이런 전공을 하는 학생에게 다른 전공 분야의 지식을 결합시켜서 새로운 문제를 만들어보고, 이를 해결할 수 있는 경험을 이끌어내는 지도가 무엇보다도 필요합니다. "이것저것 강의를 들어서 네가 융합하라"라는 식의 기계적인 융합은 그 효과를 충분히 거둘 수 없습니다.

연구자들 사이의 융합 연구는 협동 연구의 성격을 띱니다. 제임스 왓슨과 프랜시스 크릭의 DNA 구조의 발견은 널리 알려진 사례입니다. 둘은 1951년에 케임브리지대학교의 캐번디시연구소에서 만났습니다. 물리학을 전공했고 X선결정학을 연구하던 크릭은 바이러스유전학을 전공한 왓슨보다 12살이 많았습니다. 이들은 유전물질로 알려진 DNA의 구조를 밝히는 연구를 시작했고, 이를 위해서 유전학, 생화학, 화학, 물리화학, X선결정학의 지식을 동원해야 했습니다. 다행이 이들은 로절린드 프랭클린이라는 여성 과학자가 찍은 DNA의 X선 결정 사진을 손에 넣을 수 있었고, 이를 토대로 DNA의 구조를 재구성하는 데 전력을 다했습니다. 크릭은 사진을 토대로 DNA의 구조가 와인 코르크 따개와 같은 나선의 구조를 가지고 있으며, 그 나선의 주기가 대략 얼마가 되리라는 것을 계산했고, 왓슨은 생화학적 지식을 사용해서 DNA를 구성하는 요소들의 정확한 모델을 만들고 이것들이 어떻게 결합되어 있는지를 규명해냈습니다. 이런 협력의 결과 왓슨-크릭의 팀은 당시 이 분야에서 세계 최고의 과학자로 꼽히던 라이너스 폴링과의 경쟁에서 승리를 거두고, 1953년에 DNA 구조에 대한 발견을 선포할 수 있었습니다.[1]

비슷한 전공을 한 연구자들 사이의 융합도 중요한 결과를 낳을 수 있습니다. 스탠퍼드대학교의 유전공학 연구자 스탠리 코언은 박테리아 내부에 있는 원형 유전자를 연구하던 사람이었습니다. 그는 원형 유전자가 박테리아 사이를 옮겨 다니는 등 활발한 유전적 이동을 보이는 사실에 특히 흥미를 느꼈습니다. 샌프란시스코주립대학교의 허버트 보이어는 특정 효소가 DNA 이중나선을 특정 위치에서 잘라주며, 이 효소가 절단된 DNA에서 끝부분을 접합시키는 접착제와 같은 역할을 한다는 사실을 발견한 사람이었습니다.

코언과 보이어, 두 연구자는 1972년 하와이에서 열린 한 학회에서 우연히 만났습니다. 둘은 서로의 연구 결과를 얘기하던 중에 놀라운 아이디어를 생각해내게 됩니다. 코언이 연구하던 박테리아의 원형 유전자를 보이어가 연구하던 효소로 자르고, 그 자리에 다른 유용한 성질을 지닌 유전자를 붙일 수 있다면 유전자재조합이 가능할 것이라는 생각이었습니다. 두 사람은 캘리포니아에 돌아간 뒤에 공동 작업을 해서 1973~1974년에 처음으로 유전공학 실험을 성공시켰습니다. 소위 '유전공학의 시대'를 열었던 연구가 이렇게 시작된 것입니다.

2006년에 노벨 생리의학상을 받은 앤드루 파이어와 크레이그 멜로도 융합 연구를 통해 개가를 올렸습니다. 이들은 1990년대 초반에 카네기멜런대학교에서 만나 꼬마선충에 대한 공동 연구를 수행했습니다. 살아 있는 꼬마선충에 DNA 조

1988년 호놀룰루 《애드버타이저》 신문의 삽화. 1972년 호놀룰루 빵집에서 허버트 보이어(12시 방향에 손으로 v자를 만든 이)와 스탠리 코언(보이어의 오른쪽)이 만났던 모습을 묘사하고 있습니다.

각을 삽입하는 연구로, 선례가 없던 것이었습니다. 이들은 실패에 실패를 거듭했고, 멜로의 회고에 따르면 각자 실험을 하고 "내가 이런 실험을 했는데 잘 안 됐다. 넌 됐니?" "아니, 나는 이런 실험을 했는데 안 됐어"라는 얘기를 매번 나누었다고 합니다. 다행히 파이어는 3년 동안 연구에만 몰두할 수 있을 만큼 연구비를 받아서, 행정적인 일이나 실패에 대한 부담 없이 연구에 몰입할 수 있었습니다. 결국 이들은 새로운 방법을 개발하는 데 성공합니다. 그 후 파이어와 멜로는 각자 다른 학교에 자리를 잡아서 멀리 떨어지게 되었습니다.

두 연구자는 그 뒤에도 학회에서 만나거나, 전화를 몇 시간씩 붙잡고 협동 연구를 하면서 서로에 대한 신뢰를 쌓을 수 있었습니다. 이들은 1996년에 다시 만나서 RNA에 대한 실험을 공동으로 수행했고, 1998년에 RNA 간섭현상(RNA가 이중나선인 DNA를 자르는 현상)을 발견해서 노벨상을 수상하게 됩니다.[2]

왓슨-크릭, 코언-보이어, 파이어-멜로에게서 보이는 융합의 양상은 조금씩 다릅니다. 왓슨-크릭의 융합이 분야를 뛰어넘은 융합이었다면, 코언-보이어는 생화학이라는 한 분야 내에서 서로 다른 전문성을 가진 사람들끼리의 융합이었고, 파이어-멜로는 꼬마선충이라는 같은 실험 대상을 사용한, 거의 같은 연구를 하던 사람들 사이의 융합이었습니다. 세 경우의 공통점은, 혼자서는 이룰 수 없는 혁신을 서로 다른 전문성과 경험을 결합시켜서 둘이 함께 이루어냈다는 것입니다.

한 사람에게서 서로 다른 전문 지식의 융합이 이루어지는 경우도 있습니다. 인공지능 프로그램 알파고를 개발한 딥마인드 회사의 CEO 허사비스도 융합형 인재입니다. 그는 체스, 수학, 게임프로그래밍 등을 독학했고, 고등학교를 졸업하고 케임브리지대학교를 들어가기 전에 이미 〈신디케이트〉와 〈테마 파크〉 같은 게임을 개발했습니다. 대학에서 컴퓨터공학으로 학사 학위를 받은 뒤에, 다시 게임을 개발해서 인공지능을 응용한 게임 〈블랙 앤 화이트〉를 개발합니다. 이후에는 엘릭서스튜디오라는 자신의 회사를 차리고 〈리퍼블릭: 더 레볼루션〉과 〈이블 지니어스〉라는 게임을 개발했습니다. 그는 인공지능을 제대로 응용하려면 인간의 뇌에 대해서 더 연구할 필요가 있다고 생각하고 영국 런던대학교의 뇌인지과학과에 입학합니다. 뇌의 해마와 기억에 대해서 "퍼즐의 마지막 조각을 맞추는 심정"으로 연구했다고 합니다. 허사비스는 기억과 상상을 담당하는 뇌 부위가 같다는 이론을 주장했고, 이 연구는 2007년 《사이언스》가 선정한 세계 10대 연구 결과 중 하나로 선정됩니다. 2009년에는 박사 학위를 받고, 하버드와 MIT 등에서 연구원으로 연구하다가 2011년에 인공지능 스타트업 딥마인드를 설립했습니다. 그는 게임프로그래밍과 뇌과학을 융합했을 뿐만 아니라, 학문과 벤처 사업도 잘 연결시켰던 사람인 것입니다.

기업에서도 융합 연구가 자주 진행됩니다. 그런데 기업의 융합 연구는 특정한 목표를 달성하기 위한 경우가 대부분입니다. 1979년에 제록스의 팰로알토연구소에서 개발한 컴퓨터 마우스는 당시 돈으로 400달러(인터페이스 커넥터가 별도로 300달러)에 해당하는 값비싼 기기였습니다. 애플의 스티브 잡스는 새로 출시하는 매킨토시에 마우스와 그래픽 인터페이스를 사용할 것을 결심하고, 실리콘밸리의 스타트업 회사였던 호비-켈리 디자인 회사에 마우스 제작을 의뢰했습니다. 호비-켈리 디자인 회사는 스탠퍼드를 졸업한 딘 호비와 데이비드 켈리가 설립한 벤처 회사였습니다. 잡스는 디자인 회사에 가격이 20달러 내외일 것, 1년간 고장이 안 날 것, 그리고 청바지 위에서도 작동이 가능할 것 이렇게 세 가지 조건을 걸었다고 합니다.

호비는 약국에서 파는 탈취제의 둥근 공 모양에서 기본적인 디자인 힌트를 얻었고, 회사의 엔지니어 짐 색스는 두 개의 롤러, 그리고 포토트랜지스터와 LED를 사용한 안정된 광학 인코더를 만들어냈습니다. 공이 광학 인코더에 계속 접촉되게 하기 위해서 릭슨 선은 스프링과 연결된 세 번째 롤러를 고안했고요. 짐 율첸코는 마우스 전체를 플라스틱으로 감싸는 디자인을 제안했습니다. 마지막으로 스티브 잡스는 버튼이 하나여야 한다는 조건을 다시 부과했지요. 이런 1년간의 융합 연구 끝에 값싸면서도 고장이 안 나고 정교한 애플의 마우스가 등장했던 것입니다.[3]

팀워크를 잘 조직해서 성공적으로 마우스를 개발한 호비-켈리 회사는 애플 관련 디자인 용역을 더 맡게 되었고, 나중에 '아이디오'라는 세계 굴지의 디자인 회사로 성장합니다. 아이디오는 다학제多學際에 기반한 기술·인문 융합 방법론을 '디자인 사고Design Thinking'라고 명명합니다. 디자인 사고는 '인간을 관찰하고 공감하여 사용자를 이해한 후에, 문제 해결을 위해 다양한 대안을 찾는 확산적 사고와 주어진 조건 아래서 최선의 방법을 찾는 수렴적 사고의 반복을 통해 혁신적 결과를 내는 창의적 문제 해결 방법'으로 정의되며, 이러한 과정에서 인간적 요소, 비즈니스적 요소, 기술적 요소의 철저한 균형을 추구합니다. 프로젝트팀의 구성도 위의 세 가지 관점이 균형을 이루도록 인간공학, 기계공학, 전자공학, 산업디자인, 인류학, 심리학 분야의 여러 학제들을 연구한 전문가들로 구성합니다. 이 디자인 회사는 디자인 전공자들보다 인류학, 생물학, 공학 분야를 전공한 사람들을 더 많이 채용하고, 회사의 독특한 토론 문화를 활성화해서 여러 전문성과 경험을 융합해 디자인 업무를 수행하는 것으로 정평이 나 있습니다.

마우스의 개발 사례에서 보았듯이, 기업의 융합 연구는 미리 정해둔 목표가 분명히 존재하는 경우가 대부분입니다. 그렇지만 사회에 필요한 융합 중에는 기업 연구와는 다른 성격의 융합도 있습니다. 중요하고 시급한 사회적인 문제가 있는데, 한 분야의 전문가들만 가지고는 해결하기 힘들 때 융합적 성격의 연구팀을 만들기도 합니다.

원자력발전과 관련해서 가장 중요하고 시급한 문제는

핵폐기물 처리장의 건설입니다. 핵폐기물 처리장은 최소한 1만 년 이상 유지되어야 합니다. 1만 년이면 300세대이지요. 300세대 동안 '이 장소는 핵폐기물 처리장이니 가까이 오지도 말고 폐기물을 뜯어보지도 말라'라는 메시지가 전해질 수 있을까요? 우리가 이집트 피라미드의 용도를 정확히 알지도 못하면서 막 파헤치고 발굴했듯이, 1만 년 뒤의 우리의 후손들도 핵폐기물 처리장을 고대의 유물쯤으로 생각해서 뜯어보려고 하지는 않을까요? 만약에 그런 일이 일어난다면 미래 세대는 큰 불행을 맞게 될 것입니다.

미국의 산디아국립연구소에서는 지금부터 1만 년 동안 유지될 수 있고, 1만 년 뒤에도 사람들이 위험성을 쉽게 알아볼 수 있는 핵폐기물격리시험시설WIPP 디자인을 만들기 위해 다학제 전문가들로 구성된 패널을 구성했습니다. 패널은 두 팀으로 이루어졌는데, A팀에는 재료·전기공학자, 건축가, 인류학자, 에너지·기후 전문가, 언어학자, 우주생물학자가 참여했고, B팀에는 수자원관리학자, 천문학자, 역사인류학자, 문화인류학자, 디자이너, 인지과학자, 물리학자가 참여했습니다. 이런 다학제적multi-disciplinary인 융합 연구를 통해서 1만 년 동안 경고 메시지가 지속될 수 있는 핵폐기물격리시험시설이 디자인되었습니다. 멤버 중 한 명인 마이클 브릴이 그린 그림은 1만 년 뒤에도 사람들이 봤을 때, "여기 뭐가 있을지는 몰라도 건드리면 안 되겠구나"라는 느낌이 들게 할 디자인입니

산디아국립연구소의 다학제 전문가들이 만든 핵폐기물격리시험시설 디자인

다. 이런 문제는 하나의 전공 영역에서 해결되기 힘들며, 다양한 전문성을 가진 여러 전문가들의 경험과 식견을 모아야 하는 문제입니다.[4]

마지막으로, 융합의 유형 중에는 기술과 인문학같이 멀리 떨어져 있는 두 분야의 융합도 있습니다. 2010년, 췌장암이 악화되던 스티브 잡스는 아이패드2로 생애 마지막 신제품 발표를 합니다. 그리고 이 발표에서 마지막 슬라이드를 보여주면서 명언을 남깁니다.

과학기술만이 애플의 DNA에 존재하는 것은 아닙니다. 교양liberal arts과 결합된 기술, 인문학과 결합된 기술이 우리의 가슴을 노래하게 만드는 것입니다.

애플 철학의 정수를 담고 있다고 평가되는 이 얘기에서 잡스는 '기술과 인문학의 융합'이라는 새로운 화두를 던집니다. 이전에도 잡스는 애플사의 매킨토시 컴퓨터를 개발한 팀에 대해 얘기하면서, 팀의 멤버들이 엔지니어이자 '음악가, 시인, 예술가, 동물학자, 역사학자'였다고 평가했었습니다. 이들이 진짜 음악가, 시인, 예술가였다는 얘기가 아니라, 음악가, 시인, 예술가의 정신을 가진 컴퓨터 엔지니어들이 매킨토시를 만들었다는 얘기였겠지요. 잡스가 기업 경영의 멘토로 삼았던 폴라로이드 회사의 창업자이자 CEO인 에드윈 랜드는 "이상적인 기업은 과학과 인문학의 교차점에 존재해야 한다"라고 했는데, 잡스는 인문학과 인문학적 상상력에 대한 애정을 랜드로부터 배워와서 자신만의 내용으로 채운 것입니다.

애플 애호가들은 애플의 제품에 다른 제품과는 다른 무엇인가가 있다고 느낍니다. 잡스는 인터뷰에서 "여러분이 일상적으로 보는 것 너머에 무엇인가가 있습니다. 이것이 바로 사람들을 금융가가 아닌 시인으로 만드는 그 무엇입니다. 나는 그것을 제품 속에 넣는 것이 가능하다고 봅니다"라고 했습니다. 우리가 '일상적으로 보는 것 너머'에 있는 이 '무엇인가'는 사람을 행복하고 가치 있고 편안하게 만드는 어떤 감성을 의미합니다. 잡스는 대학에서 인문학이나 예술을 전공하지는 않았지만, 캘리그래피와 인도 철학을 독학하면서 인문학이 추구하는 인간에 대한 직관적 통찰 같은 것을 얻을 수 있었던 것으로 보입니다. 잡스는 "창의성은 사물들을 연결하는 것이다"라고 하면서, 연결한 점들이 많지 않으면 결코 창의적 혁신이 나올 수 없다고 했습니다. 기업의 CEO들이 젊었을 때 다양한 경험을 하는 것이 중요하다고 강조한 이유이지요.

잡스 외에도 인문학과 기술의 융합의 중요성을 잘 보여주는 사례는 많습니다. 미국의 엔지니어이자 철학자인 데이먼 호로위츠는 인문-기술을 융합한 사례를 보여줍니다. 그는 MIT에서 인공지능 석사를 취득한 뒤에 회사를 차렸으나 일에 회의를 느끼고, 스탠퍼드대학교의 철학과에 진학해서 철학 박사를 받습니다. 이후 그는 자신이 공부한 인공지능과 심리철학을 결합시켜서 '잡종적' 검색 체계를 구상했고, 이를 사업화해서 '아드바크'라는 회사를 설립했습니다. 이 회사는 구글의 주목을 받아 5,000만 달러에 인수되었고, 호로위츠는 구글의 '사내 철학자in-house philosopher'이자 엔지니어링 부장으로 임명되었습니다. 호로위츠는 철학 공부가 지능의 본성에 관한 이론뿐만 아니라 전략적 선견지명, 창조적 문제 해결 능력과 비평적 특성을 기르는 데 기여했다고 스스로 평가했습니다. 인공지능 엔지니어링만 공부하다가 철학을 공부하면서 일종의 패러다임 전환을 경험한 셈인데, 호로위츠 스스로도 철학 공부가 패러다임의 전환에 큰 도움이 됐다고 말했습니다.

호로위츠가 구글에 자리를 잡은 것은 우연이 아닙니다. 구글은 이미 기업 초기부터 인문학 전공자를 꾸준히 고용해왔습니다. 예를 들어, 언어학 전공자는 구글 번역기의 오류를 줄이기 위해서 필수적인 존재였습니다. 애플과 스마트폰 OS를 양분하고 있는 '안드로이드' 개발팀에도 사용자 경험을 향상시키기 위해 인류학자, 심리학자 등이 참여하고 있습니다. 구글플러스와 같은 SNS 개발에는 사회학, 역사학, 분류학, 철학 등 다양한 인문학 전공자가 참여하고 있습니다. 구글이 미래를 위해 2010년부터 운영하고 있는 비밀 연구소 X도 인간을 위한 기술과 서비스를 개발한다고 알려져 있습니다. 구글이 제시한 10대 경영 철학 중 첫 번째는 "사용자에게 집중하면, 다른 모든 것들은 다 자연히 풀릴 것이다"입니다. 인간에게 집중하고, 사용자가 원하는 것이 무엇인지 고민하다 보면, 엔지니어와 인문학자들의 협업이 필수적이라는 결론에 이르게 됩니다.

인텔과 같은 반도체 기업도 인문·기술 융합을 꾀합니다. 지난 2010년 6월에 개소開所한 '상호작용 및 경험 연구소IXR'는 새로운 사용자 경험 및 컴퓨팅 플랫폼 연구를 위해 만들어졌습니다. IXR의 책임자로 선임된 제너비브 벨은 차세대 사용자 인터페이스UI의 구축, 사용자와의 교감, 미디어 콘텐츠와 소비

성향의 변화에 대한 깊이 있는 연구 활동을 결합시키는 역할을 IXR이 수행할 것이라고 밝혔습니다. IXR은 사용자 경험 전문가, 엔지니어, 디자이너, 인류학자, 심리학자, 사회학자, SF 소설가 등으로 구성된 인문·기술 융합형 연구 조직으로, 책임자인 제너비브 벨도 문화인류학 전공자입니다. 최근에 인텔은 IXR을 확장하여 차량 기술과 인간 행동의 관계를 새로운 연구 분야로 추가하였습니다.

자동차 산업에서도 인문학이 요구됩니다. 운전자의 주의 분산distraction은 일반적으로 도로 교통사고의 주원인으로 지적되어 왔으며, 휴대전화 사용, 식음료 섭취, 탑승객과의 대화 등 많은 형태의 주의 분산 요인들이 교통사고 발생률을 높인다고 알려지면서 이와 관련한 사항들이 도로 규제, 보험 과실 여부, 자동차 설계 등 여러 경제적, 공학적 문제에 중요한 요인으로 평가되고 있습니다.

'사이언스 유럽Science Europe'의 지원을 받는 연구팀에서 인문사회학자들의 민속방법론ethnomethodology과 대화 분석conversation analysis 등을 활용해 실제 자동차 이용자들의 자동차 이용 방식을 녹화해서 분석해보았습니다. 이들의 연구는 주의 분산 활동들의 종류가 매우 다양하지만, 그것들이 모두 자동차 운전에 부정적인 영향을 끼치지는 않는다는 사실을 발견했습니다. 예를 들어, 식음료를 섭취하거나 스피커폰으로 통화하는 행위 등은 일상적으로 일어나는 주의 분산으로, 운전자가 대부분 충분히 통제 가능한 활동이었던 반면, 대화에 참여하거나 갑자기 휴대전화가 울리는 상황 같은 것은 통제가 불가능한 주의 분산 활동으로 교통사고율 증가에 크게 기여한다고 나타났던 것입니다. 이 연구 결과는 도로 안전 캠페인과 운전자 훈련 프로그램을 개선하고, 자동차 설계를 단순히 '편안함'의 추구에서 '특정 주의 분산 활동의 제재하에서의 편안함'이라는 방향으로 나아가도록 이끌고 있습니다.

과학기술의 전문 영역에서 어려운 문제를 풀려고 집중하다 보면, 기술을 사용하는 사람들의 심리나 관계에 대해서 깊이 생각하지 못하는 경우가 많습니다. 대표적인 사례가 화상전화입니다. 1930년대에 개발되기 시작한 화상전화는 1960년대에는 시판이 가능할 정도의 기술적 발전을 이뤘습니다. 미국의 전화 회사 AT&T는 1969년에 화상전화 서비스를 시작하면서 이 시장이 50억 달러에 이를 것이라고 낙관적으로 전망했지만, 결국 사용자를 찾지 못해서 사업을 접었습니다. 이후에도 몇 차례 더 시도했지만 번번이 실패를 맛봤습니다. 핸드폰이 나온 뒤에도 화상전화는 계속 시도되었고, 애플도 무료 앱으로 '페이스타임'을 출시했었지만, 역시 크게 성공하지 못했습니다.

AT&T에서 개발한 초기 화상전화

사람들은 통화하면서 얼굴을 보여주는 것을 선호하지 않았던 것입니다. 이 점을 간과한 것이 화상전화의 가장 중요한 실패 원인이었습니다. 전화의 매력은 목소리를 통해 필요한 정보와 분위기를 생생하게 전달하면서도(예를 들어, 목소리를 들으면 상대가 화가 났는지, 기분이 좋은지를 파악할 수 있습니다), 얼굴은 보여주지 않는다는 것입니다. 얼굴을 볼 수 없다는 것은 목소리를 전달하는 화자가 전달되는 정보의 폭을 넓힐 수 있다는 장점이 있습니다(별로 화가 안 났지만 화난 척을 할 수도 있고, 기분이 나쁜데 좋은 척할 수도 있지요). 그래서 사람들은 전화라는 소통 방식을 좋아합니다. 전화 회사들이 화상전화의 기술적 문제 해결에 기울인 관심의 5퍼센트만이라도 인간의 소통 방식에 대한 인문학적 연구에 할애했다면 이런 실패는

피할 수 있었을지도 모릅니다.[5]

거꾸로 인문학적 방법으로 제품의 사용자를 잘 분석해서 큰 성공을 거둔 사례도 있습니다. 조립 완구 회사인 '레고'는 1932년에 설립된 덴마크 회사로 오랫동안 아이들의 사랑을 받으면서 명성을 누렸습니다. 그러다가 1980년대에 레고의 특허가 만료되면서 경쟁 업체들이 등장했고, 컴퓨터게임이 보편화되면서 아이들은 레고에 흥미를 잃기 시작했습니다. 레고는 1998년부터 2004년까지 연속으로 적자를 기록했고, 액션 피겨action figure 등을 등장시킨 새로운 상품도 인기를 끌지 못했습니다. 레고는 헤어날 수 없는 수렁에 빠진 듯했습니다.

이때 레고사는 인류학자들로 구성된 '레드 어소시에이츠' 라는 컨설팅 회사에 자문했습니다. 보통 경영학자들로 구성된 컨설팅 회사는 이런 의뢰를 받으면 '레고의 소비자들인 아이들이 무엇을 원하는가'라는 질문에서 시작하며, 이 질문에 대한 여러 가지 가설을 만들어서 테스트합니다. 설문 조사나 포커스 그룹 인터뷰를 수행하지요. 그런데 이런 설문 조사나 인터뷰의 질문들은 조사자들이 사용자들을 충분히 이해했다고 가정한 상태에서 만들어집니다. 사용자에 대한 기존의 이해에는 포함되어 있지 않지만 사실은 굉장히 중요한 변수들이 제외될 가능성이 매우 높아지는 것입니다.

레드 어소시에이츠는 레고를 사용하는 어린아이들에 대해서 충분히 알고 있다는 전제에서 벗어나서 '대체 아이들에게 놀이의 의미는 무엇인가'라는 인류학적인 질문을 던졌습니다. 이들은 아이들의 '생활 속으로 적극적으로 들어가서 그들의 행동과 사고를 관찰하고 그 의미를 읽는' 방법을 사용했습니다. 인류학자가 오지의 부족을 연구할 때 사용하는, 전형적인 인류학적 참여 관찰의 방법이었습니다.

레고를 가지고 노는 아이들에 대해서 상세히 관찰한 결과, 이전과는 다른 결론들과 전략들을 찾아냈습니다. 첫 번째 결론은 아이들은 쉬운 것보다 어려운 것을 좋아한다는 것입니다. 아이들은 어려운 것을 반복해서 시도하고 노력해서, 결국 이를 성취해내는 것을 즐거워했습니다. 그리고 아이들이 경쟁과 서열을 좋아한다는 것도 발견했습니다. 아이들을 관찰해보니, 다른 아이들보다 무언가를 더 잘하는 것, 다른 아이들의 서열 속에서 자신의 위치를 확인하고 끌어올리는 것을 선호했습니다. 또 아이들은 자신만의 공간을 좋아하며, 다른 아이들과 함께 하는 사회적 놀이도 좋아했습니다.

레고사는 이런 인류학적인 분석을 받아들여서 컴퓨터게임 등으로 사업을 다각화하려던 계획을 포기하고 더 난이도가 높은 조립 게임들을 개발했으며, 레고 카페 등을 활용해서 아이들이 함께 놀면서 자기보다 못한 아이들을 가르쳐줄 수 있는 방식 등을 도입합니다. 여기에 〈닌자고〉, 〈키마〉, 〈스타워즈〉, 〈레고무비〉처럼 영화나 만화 스토리와 레고를 결합시킨 새로운 상품을 내놓아서, 아이들뿐만 아니라 어른 마니아들의 관심까지도 사로잡습니다. 이런 혁신을 통해 레고는 불황을 극복하고 세계 완구 시장에서 정상의 자리에 올라갈 수 있었습니다. 요즘 레고는 최고의 상종가를 올리고 있습니다.[6]

마지막으로 테크노사이언스에 왜 인문학의 접목이 필요한지를 생각해보겠습니다. 테크노사이언스는 실험실에서 비인간을 길들이는 데 다른 어떤 분야보다도 전문성을 가진 분야입니다. 비인간을 이해하고 통제하면서 인간의 편으로 끌어들이는 데 테크노사이언스만큼 효과적인 전문 분야도 없습니다. 그렇지만 이 과정에서 테크노사이언스는 인간 행위자에게 소홀해지기 쉽습니다. 과학기술자들은 세상에 대해서는 모르는 게 많지만, 인간에 대해서는 다 알고 있다고 상정합니다.

반면에 인문학은 인간의 심리, 윤리, 판단, 소통을 다룹니다. 인문학은 인간과 다른 인간과의 관계를 깊이 파고듭니다. 인문학은 역사, 철학, 문학, 인류학 같은 분과에서 축적된 지식과 경험으로 인간의 본성과 감성을 파헤치고, 사람들이 사용하는 언어, 상징, 문화의 그물망 속에서 인간 행동을 해석합니다. 대신 인문학은 비인간에 대해서 주목하지 않습니다. 인문학자는 플루토늄, 유전자재조합, 줄기세포 분화와 같은 주제에 대한 실험적 연구를 하지 않습니다. 더 나아가 많은 인문학자들이 인간에 대해서는 모르는 게 많지만, 사물에 대해서는 다 알고 있다고 생각합니다.

이 둘은 본질적으로 다른 것이 아닙니다. 인문학이 인간에 대해서 관심을 기울이다 보면, 인간과 연결되어 있는 비인간을 만나게 됩니다. 마찬가지로 테크노사이언스가 비인간을 이해하려다 보면 비인간과 연결되어 있는 인간 행위자를 만날 수밖에 없습니다. 따라서 인문학과 과학기술을 엄격하게 분리하는 것은 잘못된 생각입니다. 흔히 인문학은 인간을 다루고, 과학기술은 비인간을 다룬다는 식으로 둘을 나누는데, 이런 간극이 공고해지면 우리는 인간-비인간의 연결망을 놓칩니다. 인문학이 다루는 인간은 주변의 다른 인간들은 물론 비인간들과도 연결되어 있는 존재이며, 테크노사이언스가 다루는 비인간 역시 비인간들만이 아니라 인간들과도 연결되어 있는 존재입니다.

인문학과 테크노사이언스의 융합은 인간과 비인간을 떼어서 다루는 것을 극복하려는 시도입니다. 인문학과 테크노사이언스가 잘 연결될 때 우리는 인간-비인간의 네트워크를 더 잘 이해하고, 더 잘 통제할 수 있습니다. 그렇기 때문에 인문학-테크노사이언스 결합의 가능성은 무궁무진합니다.

성공적인 팀과 리더십

과학과 기술의 역사는 매우 깁니다. 무엇이 먼저였을지 따져보면, 아마 기술이 과학보다 먼저였을 가능성이 큽니다. 기술의 역사는 100만 년보다도 더 이전에 존재했던 호모하빌리스의 돌도끼에서 시작합니다. 즉, 기술은 인류의 역사와 그 궤를 같이합니다. 반면에 자연현상에 대한 체계적인 관찰은 한참 뒤에나 등장합니다. 기원전 3만 년 정도에 호모사피엔스가 달이 차고 기우는 것에 대해 기록한 것이 발견되었습니다. 그런데 기술이 큰 변화를 겪으면서 다양화된 것도 호모사피엔스사피엔스 시대인 기원전 3만 5,000년~4만 년 전입니다. 지금의 예술의 기원이라고 볼 수 있는, 사회적 제식의 일부인 동굴벽화가 등장한 것도 대략 기원전 2만 년입니다. 호모사피엔스는 과학, 기술, 예술을 거의 동시에 발전시키고, 이 셋을 연결시켜서 생각한 최초의 호미니드hominid인 것입니다.

인간이 언어를 만들고 기록을 남긴 뒤에 과학과 기술이 어떻게 발전해서 여기까지 왔는지는 어느 정도 알려져 있습니다. 유럽의 경우 고대 그리스에서는 과학과 철학이 발달했고, 로마 시대에는 기술이 발전한 반면에 과학과 철학은 정체되어 있었으며, 중세 시대에도 기술은 발전한 반면 과학은 상대적으로 답보 상태였습니다. 그러다가 16~17세기 과학혁명기에 서양의 과학은 근대과학으로 변모하게 됩니다. 천문학, 역학, 수학, 생리학, 화학, 자연사 등에서 큰 변화와 발전이 있었고, 자연 세계에서 신비로운 힘이나 유기체적인 생명력을 제거한 기계적 세계관이 부상합니다. 또 17세기에는 과학 단체들이 만들어지고, 학자들 사이에 정보의 원활한 소통을 도모하기 위한 학술지가 창간됩니다. 실험실이 생겨나고, 과학자들은 실험실에서 까칠한 자연을 규칙적인 것으로 만드는 방식으로 자연에 조작을 가하기 시작했습니다.

이후 18세기에는 산업혁명이 일어나서 기술과 생산력의 폭발적인 팽창이 일어났고, 19세기에는 과학, 과학자라는 개념이 지금의 개념과 비슷해지면서 물리학, 화학, 생물학, 지질학 등 지금 우리가 알고 있는 과학 전문 분야가 만들어지고, 과학 연구가 대학과 산업체에 자리 잡게 됩니다. 19세기 후반부터는 과학과 기술이 밀접하게 상호작용하면서 서로의 발전을 가속화시켰습니다. 그리고 이것이 20세기 테크노사이언스로 이어집니다.

20세기 초엽의 테크노사이언스와 지금의 테크노사이언스의 차이점은 무엇일까요? 과학 연구에 대한 정부의 지원과 예산이 늘어나고, 과학자나 기술자라고 불리는 전문가의 수와 영향력이 크게 증가한 점을 생각해볼 수 있겠지요.

그런데 이와 더불어 '협동 연구'의 증가에 주목할 필요가 있습니다. 20세기 초에만 해도 과학자와 엔지니어는 주로 혼자서 연구를 하고 논문을 쓰고 특허를 냈지만, 지금은 아닙니다. 과학 논문의 경우, 1960년대 중반에 저자의 수가 평균적으로 2명을 넘었고, 1980년대 중반에는 3명, 2000년대 초반에는 4명을 넘었습니다. 지금은 5.5명 정도입니다. 극단적인 경우이긴 하지만 유럽입자물리학연구소에서 LHC 같은 입자가속기를 돌려서 쓴 논문 중에는 저자의 수가 3,000명을 넘는 경우도 있습니다. 2012년에 힉스입자 검출에 대한 논문은 저자 수가 3,061명이었습니다. 경제적 이득이 걸려 있는 발명에 대한 특허는 보통 혼자 이름으로 내는 경우가 많았지만, 이런 경향도 20세기에 와서 변했습니다. 1970년부터 2000년까지의 미국 특허의 추세를 보면 평균 등록자의 수가 1970년에는 1.6명이었지만, 2000년에는 2.5명으로 꾸준하게 증가했음을 알 수 있습니다. 혼자서 논문을 쓰거나 특허를 내는 사람은 이제 드문 것입니다.

협동 연구의 '이상'은 17세기에 만들어졌습니다. 실험 과학과 정부에 의한 과학 연구의 지원을 주장했던 베이컨은 그

토머스 스프랫의 『왕립학회의 역사』(1667)의 권두화. 왼쪽은 첫 번째 회장인 윌리엄 브롱커, 가운데 흉상은 왕립학회의 설립을 허가해준 찰스 2세, 오른쪽은 왕립학회의 정신적 대부인 프랜시스 베이컨.

의 소설 『뉴 아틀란티스』에서 이상향 벤살렘 왕국에 있다는 '솔로몬의 집'이라는 연구소를 상세히 묘사했습니다.[7] 이 연구소의 가장 두드러진 특징은 연구원들의 분업과 협동 연구였습니다. 연구소에는 모두 36명의 연구원이 있었는데, 외국을 여행하면서 정보를 수집하는 '빛의 상인' 12명과 책에 나타난 실험을 수집하는 '수집가'가 3명 있었고, 여기에 미지의 실험을 수집하는 3명의 '신비로운 사람'과 새로운 실험을 수행하는 '개척자' 3명이 더해졌습니다. 3명의 '편찬가'는 이렇게 수집된 실험을 일목요연하게 표로 만드는 사람이었고, 3명의 '수혜자'는 여기에서 실용적인 응용을 찾아내는 사람들이었습니다. 이렇게 수집된 실험 지식을 기반으로 3명의 '등불'은 새로운 실험을 연역하고, 3명의 '사상주입자'는 실제로 그 실험을 수행했습니다. 이 꼭대기에 3명의 '자연의 해석자'가 있었습니다. 이들은 이러한 실험적 연구에서 자연의 법칙을 이끌어내는 사람들이었습니다. 분업 연구의 최상위 층에 위치한 '자연의 해석자'들은 벤살렘 왕국에서 가장 존경받는 사람들이었습니다. '솔로몬의 집' 연구소에서는 총 36명의 연구자가 미리 설정된 분업의 원칙에 따라서 체계적으로 협동 연구를 진행하는 것입니다.

베이컨은 이런 아이디어를 어디에서 얻었을까요? 베이컨이 살던 시기에 이미 과학의 몇몇 분야에서는 협동 연구가 진행되고 있었습니다. 오르텔리우스라는 지도 제작자가 만든 16세기 지도책 『테아트룸』은 1570년에 초판이 나왔는데, 그가 사망한 1598년까지 25판이 나왔고 그 뒤로도 여러 번 개정판이 나왔습니다. 당시로서는 베스트셀러였지요. 흥미로운 사실은 개정판이 나올수록 점점 더 많은 지도가 포함되고, 기존의 오류들이 고쳐져서 기록되었다는 것입니다. 지도의 제작자인 오르텔리우스가 전 세계를 돌아다니던 80여 명의 여행가와 지도 제작자들로부터 정보를 받아서, 수정본에 포함시켰기 때문입니다. 지도책은 협동을 통해 오류를 수정하면서 점점 더 완벽한 세계지도에 가까워졌고, 이런 지도의 가장 큰 수혜자들은 바로 세계를 돌아다니던 상인과 항해사들이었습니다.[8]

베이컨은 이 사업이 보여주는 지식의 진보에 주목했습니다. 『테아트룸』이 보여주는 지식의 축적과 오류의 수정에 대해서 고민하면서 베이컨은 협동 연구의 위력을 실감할 수 있었습니다. 그는 실험 과학이 협동 연구의 형태를 지녀야 하며, 이를 위해 과학자들의 공동체를 만들어야 하고, 국가가 이 공동체를 지원해야 한다는 근대 과학의 강령을 주창하게 됩니다.

17세기 협동 연구가 '이상'이었다면, 지금의 협동 연구는 테크노사이언스의 가장 두드러진 특징입니다. 물론 아직도 혼자서 연구를 하는 과학자도 있습니다. 그렇지만 대부분의 연구는 실험실에서, 여러 연구원들의 협력을 통해 이루어집니다. 협력은 실험실 내부에만 존재하는 것이 아니라, 실험실과 실험실 사이에서도 이루어집니다. '융합' 연구에서 협력은 분야를 가로질러 추진됩니다. 벤처 사업을 시작하는 사람들은 대개 몇 명이 모여서 사업을 시작합니다. 기업에서도 거의 모든 활동은 팀 단위로 이루어지며, 팀에서는 3명에서 8명의 멤버들이 협동 작업을 합니다.

이런 팀이 여러 개 모여서 하나의 큰 팀을 만드는 경우도 많습니다. 앞서 말했듯이 유럽입자물리학연구소의 연구는 논문에 이름을 올리는 사람이 3,000명을 넘을 정도로 거대한 규모로 진행됩니다. 2015년 가을에 중력파를 발견한 라이고LIGO 연구팀도 지금은 전 세계적으로 수백 명의 과학자가 참여하는 거대한 국제적 프로젝트가 되었습니다. 이런 대형 연구들은 도저히 혼자 할 수 없는 것이긴 하지만, 혼자서 할 수 있는 연구의 경우에도 팀 단위로 진행을 하면 더 빠르게, 더 깊이 있게, 그리고 더 창의적으로 연구를 할 수 있습니다.

혼자 하는 연구가 팀 연구로 대체된 가장 중요한 이유는 연구 주제의 복잡성이 증가했기 때문입니다. 논문을 쓰기 위해서는 실험을 하고, 데이터 통계를 내고, 비교 실험을 하고, 컴퓨터 시뮬레이션을 해야 하기 때문에, 이런 일을 적절하게 나누고 토론해가면서 연구를 하는 것이 연구의 성공 확률을 높입니다.

팀을 만들어 연구를 하면 여러 사람들이 협력하기 때문에 사람들 사이에 상호작용이 잦아집니다. 따라서 팀이 연구를 할 때는 멤버들 사이에 상호작용을 조정할 리더leader가 필요합니다. 리더가 가지는 자질을 리더십이라고 하는데, 좋은 리더십을 가진 리더는 과학기술 연구에서 팀원들이 가진 역량을 산술적으로 더한 것 이상의 팀 역량을 끌어냅니다.

리더십이라는 주제는 과학기술학보다는 기업을 연구하는 경영학에서 오랫동안 관심의 대상이었습니다. 어떤 경영학자들은 리더가 카리스마와 같은 특정한 자질을 가지고 있는 사람이라고 생각했고, 다른 경영학자들은 리더가 그의 행동을 팀원들에게 전달하고 모방하게 하는 사람이라고 생각했습니다. 리더는 더 큰 공통의 목표를 달성하기 위해 팀원 개개인의 이해를 초월하게 만드는 존재라고 보았던 사람도 있었고, 리더의 속성이 정보처리 능력이라고 보았던 사람들도 있었습니다. 이런 논의가 진행되면서 리더에는 한 가지 유형만 있는 것이 아니라는 생각이 점점 자리 잡게 됩니다.

경영학자 찰스 파커스와 수지 웨트로퍼는 전 세계 최고경영자 160명과의 인터뷰를 통해서 5가지 리더십 스타일을 찾아냈습니다. 첫 번째, 장기 전략을 중요하게 생각하는 전략형 리더. 두 번째, 직원 개개인의 성장과 개발을 세심하게 관리해서 조직에 대한 확실한 가치관과 행동, 태도를 정립하는 것을 중시하는 인적자원형 리더. 세 번째, 경쟁 우위의 원천이 될 수 있는 전문 영역 발굴, 신기술 연구, 경쟁 제품의 분석, 엔지니어 및 고객과의 만남 등 전문성을 지속적으로 확대하고 개발하기 위한 활동에 집중하는 전문가형 리더. 네 번째, 직원들에게 요구되는 행동을 강화시키기 위해 구체적으로 규정된 정책, 절차, 그리고 보상 시스템을 개발하는 규제형 리더. 다섯 번째, 지속적인 혁신의 분위기를 조성하는 것이 가장 중요하다고 믿는 혁신형 리더.[9]

이런 다양한 리더십 스타일에 공통적인 요소가 있을까요? 스타일은 다양하지만 리더십을 구성하는 요소는 비슷합니다. 일반적으로는 리더십이 비전, 상호작용, 과업 수행의 세 가지 요소로 구성되어 있다고 봅니다. 비전은 팀 구성원들이 공유하는 방향이나 장기적 목표 같은 것이며, 상호작용은 구성원들 사이의 인간관계를 조화롭게 유지하는 일입니다. 과업 수행은 일을 추진해서 실제로 마무리하는 것입니다.

실험실로 우리의 시선을 돌려보겠습니다. 실험실에는 리더와 연구원들이 있습니다. 행정이나 예산 관련 일을 보는 사람이 포함되어 있을 수도 있습니다. 비전은 실험실 멤버들이 공유하는 장기적인 목표입니다. 실험실 구성원들은 자신들의 실험실이 무엇을 달성하려고 하는지 명확하게 적시한 목표와 장기적으로 지향하는 비전을 기록해서 공유합니다. 상호작용에는 팀원의 관리, 토론과 피드백이 가능한 환경 조성, 동기 부여, 공정한 결정, 갈등의 조정, 멘토의 역할 등이 포함됩니다. 과업 수행에는 시간 계획, 예산 조달, 연구 제안서 작성, 교육, 발표 준비, 논문 작성 등이 포함됩니다.

구성원이 5~6명인 작은 실험실에서도 이렇게 많은 일들이 일상적으로 진행됩니다. 리더는 팀의 구성원들이 자신에게 주어진 역할을 분명히 이해했는지 확인해야 하며, 역할을 분담한 뒤에는 되도록 간섭하지 않아야 하고, 항상 쌍방향적인 소통의 채널을 열어두어야 합니다. 리더는 실험실 구성원 사이의 소통을 위해서 연구 소그룹 미팅, 개인 면담, 연구 점검, 저널 클럽 모임, 그 외의 비공식 모임 등을 잘 조직해서 운영해야 합니다. 이런 모임에서 공유되고 확인된 것들을 구성원 개개인에게 다시 상기시키는 역할도 해야 하지요. 태어날 때부터 좋은 리더로 태어나는 것이 아니기 때문에, 좋은 리더가 되기 위해서는 멘토를 찾고, 책을 읽고, 강연을 듣고, 자신의 장단점을 잘 파악하는 게 중요합니다.

이런 상황들을 생각해보면 왜 리더십에 여러 가지 유형이 있는지 이해할 수 있습니다. 모든 팀은 서로 다 다릅니다. 팀을 구성하는 구성원의 특성도, 리더의 성격도, 팀이 해야 하는 업무도, 팀이 속한 조직과 문화도 다 다릅니다. 미국에서는 좋은 실험실 리더였던 사람이 한국에서 꼭 좋은 리더가 되리라는 법은 없습니다. 구글의 팀 리더가 삼성에 온다고 좋은 성과를 낼 수도 없습니다. 화학 실험실을 잘 운영했던 노하우가 전자공학 실험실에 그대로 적용될 리도 없습니다. 기업과 대학이 다르고, 출연 연구소와 기업이 다르고, 다루는 물질과 기기가 다르기 때문입니다. 미지의 세계를 더듬더듬하면서 새로운 연구를 해나가는 팀과 정해진 목표를 달성하는 팀의 운영 방식도 다릅니다. 카리스마가 없는 리더가 억지로 카리스마를 가진 사람처럼 행세하려고 하면 오히려 역효과가 나기 쉽습니다. 리더십은 국지적 조건에 맞춰서 진화하는 것이며, 따라서 '과학'이라기보다는 '예술'에 더 가깝습니다.

실험실 리더십에 대해서 좀 더 깊이 이해하려면 우선 실험의 특성 한 가지를 이해해야 합니다. 보통 사람들은(그리고 실험 연구를 하지 않는 과학자들도) 실험이 이론적 가설을 검증하는 역할을 한다고 잘못 생각합니다. 가설을 테스트하기 위해서 실험을 하면, 실험 결과는 가설을 입증하거나 반증한다는 것입니다. 이런 얘기는 과학 교과서에도 자주 등장하지요. 그런데 이처럼 실제 실험과 다른 얘기도 없을 것입니다.

실험을 하는 대부분의 과학자들은 가설을 검증하기 위해서 실험을 하는 것이 아닙니다. 실험을 하는 이유는 뭔가 새로운 것을 찾아내기 위해서입니다. 그 시작도 다른 사람이 세운 가설들 중에 하나를 잡아서 검증하려는 것이 아닙니다. 주로 출판된 논문들을 읽다가 흥미로운 아이디어를 떠올리고 이를 바탕으로 새로운 실험을 설계해보는 것으로 시작되지요. 따라서 좋은 실험가는 기존의 문헌들을 보면서 여러 아이디어들 사이에 새로운 연관을 잘 맺는 사람입니다. 뇌과학 연구자가 심리학 컬로퀴엄colloquium에 참석했다가 매우 흥미로운 아이디어를 얻는 식이지요. 이렇게 새로운 연관을 창조하기 위해서 연구자는 항상 호기심으로 충만해 있어야 합니다. 보통 실험실에 '저널 미팅', '저널 클럽'이라고 하는 미팅이 있는데, 이 미팅은 학술지에 출판된 최신 문헌을 검토하면서 좋은 아이디어가 없는지 '헌팅'하기 위한 것입니다.

좋은 아이디어를 잡아 실험을 설계하고, 이제 첫 실험을 했다고 해봅시다. 과학자들은 첫 실험을 할 때 단번에 좋은 결과가 나오는 '꿈'을 꿉니다. 이게 꿈인 이유는, 실험이 그렇게 잘 안 되기 때문입니다. 과학 실험은 열 번 중에 한 번 좋은 결과가 나오기도 힘듭니다. 실험의 대부분은 생각처럼 결과가 나오지 않습니다. 연구원들은 "실험은 항상 힘들다. 한 번도 쉬운 적이 없다"라고 합니다. 데이터가 나오지 않으면 괴롭습니다. 어디가 잘못된 것인지도 알기 힘듭니다. 그런데 데이터가 나와도 괴롭습니다. "그 데이터가 왜 나왔는지, 또 이게 어떻게 흘러갈 수 있는 건지, 전체 스토리story가 보이지 않으면 막막하다"라고도 합니다. 왜 생각한 대로 결과가 나왔는데도 막막할까요?

생각했던 대로 너무 쉽게 결과가 나오면, 그런 실험은 가치가 별로 없는 것일 수도 있습니다. 『과학적 사실의 생성과 발전』이라는 과학사회학의 고전을 저술한 폴란드 미생물학자 루트비히 플렉은 다음과 같이 말했습니다.[10]

> 연구 실험이 잘 정의되어 있다면 그것은 전혀 할 필요가 없다. 왜냐하면 잘 정의되어 있는 실험의 결과는 미리 알 수 있기 때문이다. 그게 아니라면 실험의 과정은 제한되거나 목적을 가져서는 안 된다. 모르는 것이 더 많고 분야가 더 새로울수록 실험은 더 느슨하게 정의되어야 한다.

"네가 생각한 대로 실험 결과가 나오면 너는 실험을 한 것이 아니라 측정을 한 것이다"라며 비꼬듯이 얘기하는 사람도 있습니다. 그렇지만 곰곰이 생각해보면 이 얘기가 맞습니다. 결과를 예측할 수 있다면 사실 많은 실험이 필요 없을 것입니다. 이런 실험은 대학교의 실험 실습 과목에서나 적합한 실험이지요. 연구실에서 수행하는 실험들은 정해진 미로에서 길찾기를 하는 게 아니라, 실험을 하는 과정에서 계속 새롭게 만들어지는 미로를 헤쳐나가는 과정입니다. 그렇기 때문에 예상하지 않은 결과를 낳았을 때, 새로운 가능성이 열리는 경우가 많습니다.

실험이 예상치 못한 결과를 낳았습니다. 연구자의 입장에서는 자기가 실험을 잘못했기 때문에 이런 결과가 나온 것인지, 아니면 이것이 더 탐구를 해볼 만한 의미 있는 여정의 시작인지 분명치 않습니다. 대개 한국의 실험실을 보면 데이터가 좀 이상하게 나왔을 때 연구원이 여간해서는 이것을 보고하지 않습니다. 유교 문화가 잔재하는 상태에서 이런 보고를 하면,

자칫 동료들의 비판과 힐책을 낳고, 자신의 체면이 구겨지는 일이 생길 수도 있기 때문입니다. 그렇지만 발표를 하지 않거나 데이터를 좀 가공해서 발표한다면, 아주 새로운 결과로 이어질 수 있는 결과를 사장시키는 것일 수도 있습니다.*

따라서 실험실 리더십이 기업의 리더십과 차별성을 가지는 첫 번째 요소는 리더가 예상치 못한 결과에 주목해야 한다는 것입니다.[11] 유교 문화가 잔재하는 한국에서 리더가 예상치 못한 결과를 놓치지 않으려면, 구성원들의 실험 과정에 깊게 관여해야 합니다. 데이터 미팅에서 보고를 받는 형태가 아니라, 그때그때 실험에서 나온 가공하지 않은 데이터를 보고 일대일 토론을 하는 것입니다. 한국 실험실 중에 최고의 성과를 내고 있는 서울대학교 김빛내리 교수의 실험실에서는 이런 전략이 주효했습니다.[12]

> 처음에 포닥 한 명이 실험을 했는데, 예상치 않은 결과가 나와서 단순히 실수라고 생각했다. 포닥 과정이라 하더라도 생물학 전공도 아니었고, 당시 실험실에 들어온 지도 얼마 되지 않아 생물학 실험에 익숙하지 않기 때문에 실험이 잘못되어 이상한 밴

* 기업에서도 아이디어 회의를 할 때, 좋은 가능성을 가졌지만 아직 설익은 아이디어가 '목소리가 큰' 사람의 비판을 받고 사장되는 경우가 있을 수 있습니다. 이런 일이 생기면 비판받은 사람은 입을 닫아버리게 됩니다. 기업에서는 이런 일을 방지하기 위해서 여러 가지 방법을 동원합니다. 각자가 얘기하는 시간을 제한할 수도 있고, 아이디어를 발표할 때 다른 사람들이 논평하지 못하게 할 수도 있습니다. 타인에 대한 논평을 서면이나 포스트잇 같은 것에 적고 모든 발표가 끝난 후에 벽에 붙여두어서, 비판의 논조를 완화시키는 방식을 택하기도 합니다.

드가 나왔다고 생각했다. 그런데 그 데이터를 보시고는 선생님이 먼저 마이크로RNA가 변형되었을 가능성을 제시하셨다. 당시 선생님은 이 가능성을 염두에 두고 계셨고, 식물의 성숙한 마이크로RNA에서는 유리딜레이션이 일어난다는 점이 알려져 있었다. 선생님이 데이터를 본 순간에 그 생각들이 떠오르신 것이다. 그래서 그 물질을 시퀀싱해봤더니, 정말 유리딘이 붙어 있다고 나와서, 유리딜레이션이 된 것을 확인할 수 있었다. 당시로서는 다른 논문들과 차별화되는 새로운 생각이었고, 특히 마이크로RNA가 분해되는 과정에 대해서는 아직까지 별로 알려지지도 않았던 상태라서 더 중요한 결과였다.

이렇게 실험실의 리더는 예상치 못한 결과가 낳는 새로운 가능성을 사장시키지 않고 그것으로부터 새로운 발견을 이끌어내는 역할을 해야 합니다.

실험실 리더십에서 두 번째로 강조하고 싶은 것은 신뢰입니다. 신뢰는 모든 인간관계의 초석입니다. 여기 두 사람이 있다고 해봅시다. A는 한 회사에서 열심히 일하고 좋은 평판을 쌓아서 그 분야의 전문가로 인정받은 뒤에, 이제 자기 사업을 시작하려고 하고 있습니다. 그는 사적으로도 행복한 가정을 꾸리고 있습니다. B는 회사를 여러 번 옮기다가 자기 사무실을 내고 좀 의심스러운 사업을 하고 있는데, 부인과는 별거 상태에 있습니다. 이 중에 한 명과 동업을 해야 한다면 누구를 선택하겠습니까. 혹은 이 중에 한 명에게 투자를 해야 한다면 누구에게 투자하겠습니까. 아마 당연히 A일 것입니다. 어떤 사람이 믿을 만한 사람인지는 과거에 그 사람이 맺은 여러 관계를 토대로 평가됩니다. 그리고 그 평가가 미래에 그 사람이 새롭게 맺는 관계를 만들어나갑니다. '사람을 알려면 그 친구를 보면 된다'라는 얘기는 만고의 진리라고 할 수 있습니다.

처음 만난 사람이 믿을 만한 사람인지 아닌지 바로 평가하는 것은 쉽지 않습니다. 따라서 믿을 만한 사람들과 오랫동안 좋은 관계를 맺어두는 게 중요합니다. 알파고 프로그램을 만든 딥마인드의 설립자 데미스 허사비스는 두 명의 동업자들과 함께 이 회사를 만들었습니다. 그중 한 명은 허사비스가 런던대학교에서 뇌과학으로 박사 과정을 다니던 시절에 사귀었던 셰인 레그이며, 다른 한 명은 어릴 때부터 친구로 지냈던 무스타파 술레이만이었습니다. 또 허사비스는 케임브리지대학교를 다닐 때 친했던 데이비드 실버라는 친구를 딥마인드의 알파고 담당 팀장으로 영입했습니다. 체스에 능하고 바둑도 어느 정도 알고 있었던 허사비스는 케임브리지대학을 다니던 시절에 실버에게 바둑을 가르치면서, 나중에 인공지능을 만들자는 꿈을 같이 나누곤 했습니다. 허사비스는 컴퓨터공학과 뇌과학을 전공한 뒤에 회사를 만들었고, 실버는 알파고의 메인 프로그래머가 되었습니다. 딥마인드사의 핵심 인력은 이렇게 두터운 신뢰로 맺어진 사이였습니다.

신뢰는 회사를 경영하는 리더십에서도 중요합니다. 신뢰가 중요한 이유는, 일단 신뢰가 쌓이면 작은 허물과 갈등이 무마되기 때문입니다. 반면에 신뢰가 없으면, 작은 불씨가 큰 불협화음으로 이어지며, 사람들은 업무보다 사람들 사이의 갈등 때문에 더 골머리를 앓게 됩니다. 그래서 경영학에서는 리더가 신뢰를 쌓는 법에 대한 여러 가지 방법이 개발되어 있습니다.

신뢰는 관계에서 만들어지며, 이를 쌓기 위해서 가장 중요한 것은 대화와 토론의 전략입니다. 리더는 대화와 토론에 개방적이어야 하고, 팀원들의 피드백이 가능한 통로를 열어두어야 하며, 정직해야 하고, 진심을 담아 포용적인 방식으로 대화해야 합니다. 불가능한 과업 같은 것을 맡겨서 팀원을 좌절시키는 방식으로는 신뢰를 쌓을 수 없겠지요. 그리고 리더는 자신의 비전과 팀원들의 요구가 충돌하는 경우, 항상 올바른 것을 지향한다는 원칙과 희망적인 태도로 문제를 해결해야 합니다. 특히 '리더는 희망의 딜러dealer다'라는 얘기가 있을 정도로 리더가 희망을 주는 것이 중요합니다. 그리고 마지막으로 모임에 빠지지 않고 참석하고 모임 중에는 다른 전화를 받지 않는 등, 팀원들과의 미팅에 몰입하는 모습을 보여주는 것도 신뢰를 쌓는 데 큰 역할을 합니다.

이런 요소들이 실험실의 리더십에서도 다 중요합니다. 그런데 실험실에서는 또 다른 의미로도 신뢰가 중요합니다. 요즘 테크노사이언스의 실험들이 여러 사람의 협력을 통해서 진행되고 있기 때문에, 실험실의 리더는 어찌 보면 협력을 조정하는 코디네이터, 혹은 오케스트라의 지휘자와 비슷한 위치에 있습니다. 따라서 리더는 실험실에서 이루어지는 실험들 전체를 보다가 어느 순간에 서로 다른 실험 두 개를 합친다는 결정을 내릴 수도 있고, 특정 실험을 잠시 중단하고 그 실험을 하던 사람을 다른 실험에 투입하겠다고 결정해야 할 때도 있으며, 실험이 어느 정도 완결되면 논문에 들어갈 저자를 결정해야 할 때도 있습니다. 이런 과정에서 리더의 결정은 실험에 참여한 모든 사람의 동의를 얻을 정도로 공정해야 합니다. 리더의 결정이 항상 공정했고, 결국은 그런 결정들 때문에 모든 구성원들이 골고루 이득을 얻었다는 역사가 쌓여야 합니다. 이런 역사가 실험실의 리더와 팀원들 사이에, 그리고 팀원들 개개인 사이에 신뢰의 연결망을 만드는 것입니다.[13]

우리나라의 많은 연구실이 이렇지 못합니다. 교수들이 학생이나 포닥을 자신의 연구를 도와주고 논문을 생산하는 인력으로 생각하는 경향이 큽니다. 자신은 '금전적 대가'를 주고 있기 때문에, 이들을 '부려도' 된다고 생각합니다. 그런데 월급을 주고 인력을 동원하는 기업에서도 '직원을 부린다는 생각'에서 벗어난 지가 오래됐습니다. 내가 연구비를 받아서 학생에게 월급을 주는데 이들을 부리는 게 뭐 어떠냐고 생각하는 한, 학생이나 연구원들도 그냥 딱 돈을 받은 만큼만 일하자고 생각할 수밖에 없습니다. 교수가 시키는 연구를 '몸으로 때운다는' 수동적인 태도로 실험에 임하는 것이지요. 이런 실험실에서도 논문은 나올 수 있겠지만, 훌륭하고 영향력 있는 연구가 이루어지는 것은 불가능합니다.

실험실은 회사의 마케팅 부서와 다릅니다. 실험실은 인간-비인간의 네트워크를 만들고 그 네트워크를 밖으로 내보내는 공간입니다. 실험실 리더십은 인간-비인간의 네트워크에 주목해야 합니다. 예상치 못한 결과가 나오는 것은 비인간 존재의 특성 중 하나입니다. 리더는 경험이 적은 연구원들이 무시할 수도 있는 이런 결과에 주목하고, 예기치 않은 결과에서 새로운 연구 프로그램을 끌어낼 수 있는 통찰력을 갖춰야 합니다.

실험실 리더가 실험, 즉 비인간에만 주목해서도 안 됩니다. 실험은 결국 사람이 하는 것이기 때문입니다. 따라서 연구자들이 즐겁게 서로를 신뢰하면서 실험할 수 있는 분위기를 만들어줘야 합니다. MT를 가고, 연구원들의 생일 파티를 하고, 회식을 하는 것도 이런 분위기를 만드는 데 도움이 됩니다. 그렇지만 이보다 훨씬 중요한 것은 리더가 정직하고 공평해야 한다는 것입니다. 연구비의 사용과 배분에서의 투명성,

논문의 저자 자격을 정하는 과정에서의 공정성 유지가 매우 중요합니다.

태어날 때부터 리더인 사람은 없습니다. 그렇지만 어제보다 오늘 조금이라도 더 나은 리더가 되기 위해서 노력할 수는 있습니다. 이런 노력으로 더 활력이 넘치고 서로를 더 믿는 연구 공동체를 만들 수 있고, 더 결속된 연구 공동체는 더 좋은 연구를 만들어낼 수 있습니다.

거대과학의 리더십

거대과학은 20세기 과학의 산물입니다. 유럽입자물리학연구소의 거대한 입자가속기, 중력파를 발견한 라이고 프로젝트, 국제 핵융합 실험, 인간의 게놈을 시퀀싱sequencing했던 인간 게놈 계획 같은 것이 대표적인 거대과학의 사례들입니다. 유럽입자물리학연구소는 1954년에 유럽의 12개국에 의해서 설립되었고, 지금은 회원국이 21개국으로 늘어났습니다. 2,000명이 넘는 직원들이 일하며, 1만 2,000명이 넘는 전 세계 과학자들이 매년 방문해서 연구를 합니다. 이 연구소 하나의 운영 예산이 매년 1조 원이 넘습니다. 천문학적인 돈이지요. 유럽입자물리학연구소는 지금 운영되고 있는 전 세계의 모든 과학 연구소 중에서 가장 규모가 큰 단일 연구소라고 할 수 있습니다.

거대과학의 시조는 2차 세계대전 중에 원자폭탄을 만들었던 맨해튼 프로젝트였습니다. 오크리지와 핸퍼드에 있는 공장에서는 우라늄235U235와 플루토늄 같은 핵폭탄의 원료를 만들었고, 로스앨러모스에 있는 연구소에서 이 방사능 물질을 가지고 폭탄을 제조했습니다. 맨해튼 프로젝트에는 1942년에만 12만 5,000명의 인력이 동원되었고, 2차 세계대전을 통틀어 50만 명에 가까운 미국 노동자들이 이 프로젝트를 위해서 일했습니다. 프로젝트의 예산은 당시 돈으로 20억 달러(약 2조 원)였는데, 지금 돈으로 환산하면 대략 300억 달러(약 30조 원) 정도였습니다.*

맨해튼 프로젝트를 얘기할 때 빼먹으면 안 될 두 사람이 있습니다. 한 명은 맨해튼 프로젝트를 총괄했던 그로브스 장군입니다. 그는 미국 공병대 출신의 엔지니어로 펜타곤을 지은 경력이 있었습니다. 경력에서 알 수 있듯이, 매우 복잡하고 거대한 프로젝트를 조직적·위계적으로 수행하는 데 천부적인 재질을 가진 사람이었습니다. 그로브스는 맨해튼 프로젝트에 필요한 모든 연구 인력, 군사 인력, 노동자 등을 역할에 따라 분류하고, 이들 대부분이 자신에게 할당된 일만 하도록 해서 전체 프로젝트가 무엇을 위한 것인지를 알 수 없게 했습니다. 이런 원칙을 '칸막이화compartmentalization'라고 합니다.[14]

* 적지 않은 돈이긴 하지만, 당시 미국이 2차 세계대전에 (당시 돈으로) 총 300조 원 정도 썼다는 사실도 염두에 둘 필요가 있습니다

예를 들어, 우라늄235를 생산한 오크리지 공장에는 컨트롤 패널을 조종하고 기록하는 오퍼레이터들이 있었는데, 그로브스는 이들을 감시하기 위해서 감독관뿐만 아니라 비밀리에 스파이도 두었고, 이 스파이를 감시하는 또 다른 스파이도 심어두었습니다. 자신이 무슨 일을 하는지 궁금해하는 오퍼레이터는 다음 날 바로 해고되었습니다. 오퍼레이터가 보고 기록하는 패널은 숫자가 아니라 임의의 문자(Q, X 등)로 적혀 있어서, 문자를 기록하거나 외워서 가지고 나간다고 해도 소용이 없었습니다. 군대의 위계적·조직적 관리 체계에 비밀 유지 방법을 접목한 것이 그로브스가 맨해튼 프로젝트를 끌고 나가던 방식이었습니다.

그런데 위계적이고 칸막이를 치는 프로젝트 운영 방식과 가장 궁합이 안 맞던 사람들이 바로 과학자들이었습니다. 물리학자들은 직위나 나이의 고하에 관계없이 서로를 대등하게 다루고, 동등한 입장에서 토론하는 것에 익숙한 사람들이었습니다. 이들은 아마 상대가 나보다 더 뛰어난 실력을 가졌는지 정도만 서로 눈치를 보아왔을 것입니다. 자유주의적·수평적·개방적 성격의 과학자들이 맨해튼 프로젝트에 동원되고, 군인들과 접촉하면서 긴장과 갈등이 생겨났습니다. 군인들은 조직적·위계적으로, 칸막이식으로 프로젝트를 운영해왔으니까요. 군인들도 자신들의 방식만을 강요할 수는 없었는데, 프로젝트를 빨리 진행시키기 위해서는 실제로 과학자들 사이의 원활

맨해튼 프로젝트의 일부로 우라늄235를 생산한 오크리지 공장의 컨트롤 패널. 오퍼레이터들은 대부분 여성이었으며, 복도 끝에 이들을 감독하는 남성 감독관이 있었습니다.

한 소통과 정보 공유가 매우 중요했기 때문입니다. 그렇지만 그로브스 같은 군인들은 이런 자유로운 행동으로 정보가 누설되고, 맨해튼 프로젝트가 타국의 스파이에게 노출될 가능성을 우려했습니다.

이런 상황에서 과학자들을 대표한 인물이 바로 로버트 오펜하이머였습니다. 그는 원자폭탄을 제조했던 로스앨러모스 연구소의 소장이었습니다. 미국 전역에서 가장 뛰어난 과학자들이 로스앨러모스에 모여들었으니, 일단 이들의 신분부터가 불명확할 수밖에 없었습니다. 그로브스는 징집의 형식대로 과학자들에게 군인 계급장을 줘야 한다고 했던 반면에, 오펜하이머는 이런 조치가 뛰어난 과학자들을 모으는 데 방해가 될 것이라며 반대했습니다. 결국은 일단 민간인 신분으로 과학자들을 참여시키고, 나중에 신분을 전환하는 것으로 절충했습니다.

로스앨러모스의 담장에는 군사 지역임을 보여주는 '육군 주둔지Army Post'라는 표지가 있었고, 다시 그 안에 '기술 지역Tech Area'이라 불리는 연구소가 있었습니다. 육군 주둔지에는 주로 군인들이 거주했지만, 기술 지역 내에도 과학자들과 군인들은 공존했고 함께 일했습니다. 로스앨러모스의 연구 인력 중 절반 정도가 특수 공병대 출신이었기 때문입니다. '기술 지역'은 위계(명령–복종)와 비밀을 생명으로 삼는 군대 문화와, 자유로운 소통을 강조하는 과학자들의 문화가 공존하는 '잡종적'이고 기묘한 공간이었던 것입니다.

군부의 위계적인 조직 문화와 과학의 개방적인 조직 문화 사이에 심각한 갈등이 생기지 않도록 균형을 잘 유지하는 것이 오펜하이머 리더십의 첫 번째 요체였습니다.[15] 오펜하이머는 군부가 과학자들의 연구 영역을 침범하는 것을 막고, 과학 연구의 독자성을 유지하는 수호자 역할을 했습니다. 그는 군인들이 연구 영역에 침범한다는 과학자들의 불만을 들어주고 그로브스와 협상을 했으며, 연구 회의와 다른 업무에 대한 회의를 분리해서 운영했고, 과학 연구에 대해서 자유롭게 발표

로스앨러모스의 컬로퀴엄. 맨 앞줄 왼쪽에서 세 번째가 엔리코 페르미, 두 번째 줄 중앙에 검은 양복을 입고 있는 이가 오펜하이머, 그 오른쪽이 리처드 파인먼입니다.

하고 토론하는 컬로퀴엄을 조직했습니다. 이 컬로퀴엄에서 과학자들은 마치 대학에 있을 때처럼 서로 만나 정보를 교환했고, 이를 통해서 본인들이 같은 목적으로 연구를 하고 있으며 책임을 공유하고 있음을 확인할 수 있었습니다. 로스앨러모스 연구소는 여러 부로 나뉘어 있었지만, 과학자들 사이에는 비밀을 두지 않고 자유롭게 다른 부서에서 무슨 일을 하는지 알 수 있게 했습니다. 이런 리더십으로 오펜하이머는 연구에서 부딪치는 어려운 난제들을 하나씩 해결해나갔으며, 이런 해법들을 체계적으로 모아서 폭탄을 만드는 일도 성공적으로 완수

할 수 있었던 것입니다.

오펜하이머 리더십의 두 번째 요체는 불확실성과 위기에 대처하는 능력이었습니다. 로스앨러모스에서 겪은 위기를 이해하려면 맨해튼 프로젝트가 시작되기 이전으로 잠시 돌아가야 합니다. 1942년 여름, 버클리대학교 교정에 모인 미국의 물리학자들은 두 가지 방법을 사용해서 원자탄을 만들 수 있다는 데에 합의했습니다. 원자탄은 뇌관이 없고, 임계질량이라고 불리는 특정한 질량 이상의 방사능 물질이 모이면 자동적으로 연쇄반응을 일으켜서 폭발합니다. 즉, 임계질량보다 작은 플루토늄을 여러 군데에 분산시켰다가 이를 합쳐주면 폭탄이 되는 것입니다. 또, 볼링공처럼 구멍이 난 플루토늄 덩어리에(임계질량보다 작아야 합니다) 막대 플루토늄을 빠르게 집어넣거나, 플루토늄을 적절하게 3차원 공간에 분산시킨 뒤에 그 위에서 폭약을 폭발시켜서 분산된 플루토늄을 한곳으로 모이게 하면 폭발을 유도할 수 있다는 것도 알아냈습니다.

이 중에서는 '포신 결합'이라 불린 전자의 방법이 훨씬 더 쉽고 간단하다는 데에도 바로 합의가 이루어졌습니다. '내파'라고 불린 후자의 방법은 필요한 고성능 폭약과 충격파shock wave에 대해서 아직 알려지지 않은 사실이 많았습니다. 이 세미나에서 헝가리 출신의 이론물리학자 에드워드 텔러가 "원자폭탄에 대해서는 이제 더 흥미로운 문제가 없으니 수소폭탄에 대해서 고민하자"라고 말할 정도로, 원자폭탄의 이론적 문제는 다 해결이 되었다고 생각했습니다. 물론 임계질량이 정확히 얼마인지의 문제는 아직 해결이 안 되었기 때문에, 1942년 9월에 맨해튼 프로젝트가 공식 출범한 뒤에 로스앨러모스에서의 연구 대부분은 포신 결합을 위한 임계질량을 알아내는 데 초점이 맞춰져서 진행되었습니다.

흥미로운 사실은 오펜하이머가 로스앨러모스의 실험실에서 내파 방식에 대한 연구도 계속 진행하도록 했다는 것입니다. 오펜하이머는 5명으로 구성된 내파 연구팀을 조직해서 그 리더로, 근접자동신관을 개량한 경력이 있고 내파 방식을 열렬하게 지지했던 물리학자 세스 네더마이어를 임명했습니다. 네더마이어는 팀원들을 데리고 내파 방식 연구를 해서, 충격파의 효과를 모을 수 있는 '폭약 렌즈'의 개념을 만들어냅니다. 그의 팀은 계속 커져서 1943년 9월에 무려 50명의 구성원을 갖게 됩니다. 이때 뛰어난 수학자 존 폰 노이만이 로스앨러모스를 방문해서 내파에 대한 수학적 모델을 놓고 네더마이어와 토론을 하고, 내파 모델을 개량시키는 데 중요한 역할을 하기도 했습니다.

그런데 네더마이어의 팀은 폭약이 터졌을 때 발생하는 충격파가 정확히 어떤 형태를 가질 것인지의 문제를 해결하지 못합니다. 이 난관을 뚫어보고자 몇몇 과학자들은 오펜하이머에게 러시아 출신 폭약 전문가인 조지 키스챠콥스키를 합류시키길 권했고, 1944년 초, 여러 번의 설득 끝에 키스챠콥스키가 로스앨러모스에 합류합니다. 그때까지만 해도 로스앨러모스는 공식적으로 포신 결합 방법만을 사용할 계획이었습니다.

그런데 1944년 4월, 아무도 생각하지 못했던 위기 상황이 발생합니다.[16] 공장에서 생산된 플루토늄에 예상보다 불순물이 많아서 포신 결합 방식을 사용하면 불발탄이 만들어진다는 결과가 나온 것입니다. 플루토늄 외에 방사능 물질로는 우라늄235가 있었고, 우라늄235는 포신 결합 방식을 사용하는 데 아무 문제가 없었습니다. 그렇지만 우라늄235는 정제 속도가 느려서, 1945년 여름까지 기다려야 원자탄 하나를 만들 분량을 간신히 얻을 정도였습니다. 실험을 하는 데에도 원자탄 한 개가 필요했기 때문에, 만든 것을 실험하는 데 쓰고 나면 전쟁에서 실제로 쓸 수 있는 원자탄은 남지 않게 되는 것이었습니다. 결국 불순물이 많은 플루토늄을 사용해야 했고, 그러기 위해서는 내파 방식을 사용해야만 했습니다. 오펜하이머가 내파 연구팀을 계속 유지해오고 심지어 확장해온 것이 천만다행이었지요.

그런데 1944년 4월까지도 내파 팀은 폭탄의 설계를 마무리 짓지 못했습니다. 오펜하이머는 이때 중대한 결단을 내립니다. 그동안 내파 팀을 이끌었던 네더마이어 대신에 새로 합류한 키스챠콥스키를 팀장으로 임명한 것입니다. 네더마이어는 내파 팀의 '과학 고문'으로 임명해서, 형식적으로는 네더마이어가 키스챠콥스키보다 더 높은 직위를 갖도록 했습니다.

완성된 내파 폭탄과 물리학자 노리스 브래드버리

하지만 네더마이어는 실질적으로 프로젝트에 대한 아무런 결정 권한을 갖지 못하게 됩니다. 그는 내파 팀에서 빠지는 셈이 되었고, 키스챠콥스키가 팀을 이끌게 된 것입니다.

키스챠콥스키는 폭약에 대한 자신의 전문성을 살려서, 네더마이어가 시도한 실린더형 폭탄을 과감히 버리고 구형球形 폭탄을 설계한 뒤에, 강도가 다른 두 가지의 다른 폭약을 적절하게 배치해서 충격파를 최대화하는 방법을 고안합니다. 그는 이 방법으로 플루토늄 폭탄을 두 개 만듭니다. 1945년 7월에는 우라늄과 포신 결합 방식을 사용한 폭탄도 하나 만들어집니다. 키스챠콥스키가 만든 플루토늄 폭탄 중 하나는 7월 6일에 사막에서의 폭파 실험에 사용됩니다. 실험은 매우 성공적이었고, 오펜하이머는 "천 개의 태양보다도 밝다"라는 말을 남겼습니다. 우라늄 폭탄이 8월 6일 히로시마에, 플루토늄 폭탄이 8월 9일 나가사키에 떨어졌고, 8월 15일에 일본이 무조건 항복함으로써 2차 세계대전은 막을 내립니다.

원자탄을 만들어서 민간인 밀집 지역에 투하한 것은 전시였다고 해도 윤리적으로 옳지 못한 행위입니다. 이에 관여했던 과학자들 중에는 나중에 죄책감에 괴로워했던 사람들도 많습니다. 이런 책임의 문제는 뒤에서 더 깊이 다루겠습니다. 그런데 연구소 운영만 두고 보자면, 오펜하이머의 리더십은 성공했다고 볼 수 있습니다. 그는 과학의 자율성과 자유로운 소통을 유지하면서도 공장과 같은 실험실을 일사불란하게 움직이게 했고, 불확실성을 미리 감지해서 대비책을 세워두었으며, 위기가 왔을 때 연구소의 역량을 내파 문제를 해결하는 데 집중했습니다. 그는 내파팀을 오랫동안 이끌고 키워왔던 리더를 해임하고 낯설지만 능력 있는 사람을 새로운 리더로 임명해서 미해결 문제들을 해결하게 했습니다. 맨해튼 프로젝트가 시작되었던 1942년 가을에는 3년 안에 원자탄을 만든다는 계획이 여러 가지로 불확실해 보였지만, 오펜하이머는 몇 가지 연구 주제를 병행함으로써 불확실성을 적절하게 관리했고, 예상치 않았던 위기 상황에 잘 대처할 수 있었습니다. 오펜하이머는 1942년 버클리대학교 세미나에서 수소폭탄을 만들어야 한다고 주장한 텔러에게는 다른 일을 시키지 않고 로스앨러모스 연구소 내에서 수소폭탄을 연구할 수 있도록 재원을 만들어주기도 하였습니다. 텔러는 이런 작은 규모의 수소폭탄 연구에 만족하지 못했고, 이 둘의 갈등은 결국 1954년에 오펜하이머의 몰락을 가져온 '오펜하이머 사태'의 원인이 되기도 합니다.*

오펜하이머의 이런 전략은 이후 거대과학 연구에서 종종 사용됩니다. 유럽입자물리학연구소는 힉스입자를 발견하기 위한 연구를 두 개의 팀으로 나누어 진행했는데, 두 팀은 각각 CMS Compact Muon Solenoid와 ATLAS 검출기를 사용했습니다. 각각의 팀은 여러 개의 하위 팀들로 나뉩니다. CMS팀에만 42개국에서 온 4,300명의 과학자가 소속되어 있었고, 이들은 다시 컴퓨터를 주로 담당하는 서비스팀과 검출기를 해석하는 물리팀으로 나뉘며, 물리팀에 속한 700명의 입자물리학자들은 다시 5개의 그룹으로 쪼개졌습니다. 5개의 그룹은 서로 먼저 중요한 발견을 이루기 위해 경쟁했는데, 때로는 너무 경쟁이 격화되어 전체 CMS팀의 연구 효율을 떨어트릴 정도가 되기도 했습니다. 이를 막기 위해서 연구소에서는 그룹 리더를 2년에

* 미-소의 냉전이 격화되던 1954년, 오펜하이머는 수소폭탄에 반대했다는 이유로 청문회에 불려가서 수모를 겪습니다. 청문회는 오펜하이머가 소련의 스파이였다는 제보를 계기로 시작된 것이지만, 실제 그 배경에는 수소폭탄을 추진했던 텔러와 원자력위원회의 과학자문위원회 의장으로서 이에 반대했던 오펜하이머 사이의 갈등이 있었습니다.

한 번씩 교체하는 것을 원칙으로 삼았고, 그래도 경쟁이 너무 격해질 때에는 중간에라도 리더를 교체하곤 했습니다. 각각의 그룹 내부의 결속이 너무 강해지면, 여러 그룹이 모인 팀 전체의 조율에 문제가 생기기 때문이었습니다. 여러 그룹이 모여서 하나의 팀을 구성하는 경우에는 그룹 사이의 경쟁과 조화를 적절하게 균형 맞추는 것이 중요합니다.

거대과학의 반대는 작은 과학small science, 혹은 벤치 사이언스입니다. 벤치 사이언스는 실험실을 중심으로 소규모로 진행되는 과학 연구를 말합니다. 거대과학은 벤치 사이언스보다 그 네트워크가 훨씬 더 크고, 복잡하며, 촘촘합니다. 아주 비싼 설비와 예산이 투여되기 때문에, 시작하기도 힘들지만 일단 시작하고 나면 멈추기도 쉽지 않습니다. 거대과학의 네트워크는 많은 연구자들을 포함시키지만 이로부터 소외된 사람들에게 재원의 독점이라고 비난을 받기도 합니다. 인간 게놈 계획(1990~2003)과 중력파 발견을 낳았던 라이고 프로젝트가 최근의 대표적인 거대과학이었습니다. 인간 게놈 계획의 총 예산은 27억 달러(약 3조 원)였고, 라이고 프로젝트에는 11억 달러(1조 3,000억 원)의 예산이 들어갔습니다. 인간 게놈 계획은 많은 생물학자들로부터 예산 낭비라는 비판을 받았고, 물리학자들에 의해서 추진된 라이고 프로젝트도 전문학자들로부터 비판의 대상이 되었습니다.

거대과학이 성공하려면 이런 비판과 비난을 극복하는 것이 중요합니다. 그 과정에서 여러 가지 전략이 사용되지요. 과학적 연구 자체의 중요성보다 의학적이고 기술적인 응용을 강조하거나, 외국과의 경쟁에서의 승리하는 것을 강조하기도 합니다. 특히 일본, 중국, 우리나라의 경우에는 노벨상처럼 다른 외부적인 효과를 강조하기도 합니다. 거대과학은 국민 세금의 상당 부분을 사용하는 것이기 때문에, 세금을 낸 납세자와 납세자들의 대표 기관인 의회를 정서적으로 만족시켜야 합니다. 이런 과정에서 거대과학의 결과를 국민이 납득할 수 있게 쉽고 감성적인 언어로 잘 전달해주는 언론의 역할이 매우 중요하며, 과학자들도 과학 전문 기자나 과학 저널리스트들과 협력적인 관계를 유지하곤 합니다.

거대과학이 처음부터 거대과학으로 출발했던 것은 아닙니다. 라이고 프로젝트와 인간 게놈 계획 두 경우 모두 의기투합한 몇몇 사람들이 새로운 거대한 프로젝트를 출범시키자는 이상을 공유하고, 이후 사람들을 더 모으고, 연구비 계획서를 써서 국립과학재단을 설득하는 것으로 시작했습니다. 그리고 이것을 더 많은 과학자와 기관이 관여하는 큰 프로젝트로 성장시키고, 불확실성과 위기를 극복하고, 최종적으로 과학 재단과 의회가 좋아할 만한 성과를 내는 과정이 있었습니다.

특히 이 과정에서 프로젝트의 리더가 바뀌는 경우가 많은데, 각각의 단계에서 필요로 하는 리더의 역할이 다 다르기 때문입니다. 프로젝트의 초기 단계에서는 미지의 연구에 대한 열정과 꿈으로 똘똘 뭉친 리더가 사람을 규합하고 프로젝트를 굴러가게 하는 데 중요한 역할을 하지만, 중간 단계에서는 재단을 설득하고 의회 관련자들을 만나 협상하는 데 역량이 있는 좀 더 저돌적인 리더가 필요하며, 마지막 단계에서는 복잡한 프로젝트의 구석구석을 잘 챙겨서 예정된 결과를 내도록 하는 관리형 리더가 필요합니다.

중력파를 검출한 라이고 프로젝트가 어떻게 진행되었는지 살펴보지요.[17] 라이고의 핵심은 거대한 간섭계입니다. 간섭계는 미국의 물리학자 앨버트 마이컬슨이 우주에 가득 차 있다고 여겨지던 에테르의 미세한 효과를 측정하려고 만든 기기였습니다. 그는 에테르의 효과를 검출하는 실험에는 실패했지만 정밀한 간섭계를 만든 공로로 1907년에 노벨상을 수상했습니다. 라이고 프로젝트를 시작한 물리학자들은 이 기계로 아주 작은 길이의 차이를 잴 수 있다는 데에 주목했습니다. 중력파가 지구를 통과할 때 지구의 가로와 세로를 서로 다른 길이만큼 축소시키거나 팽창시키게 되는데, 그 차이를 간섭계로 재겠다는 것입니다.

그런데 그 길이 차이라는 것이 원래 길이의 10^{-21} 정도로 미세한 것이었습니다. 간섭계의 길이를 길게 할수록 이 차이를

미국 핸퍼드에 있는 라이고 간섭계. 고진공 튜브에 레이저를 발사해서 간섭현상을 측정합니다. 라이고 프로젝트는 이런 간섭계를 3,000킬로미터 떨어진 핸퍼드와 리빙스턴에 각각 하나씩 만들었습니다.

측정하기에 용이해집니다. 간섭계의 한쪽 팔의 길이를 4킬로미터로 하면, 중력파에 의해 발생하는 길이의 차이가 10^{-15}센티미터 정도로 계산되었습니다. 이 길이가 얼마나 짧은 길이인가 하면, 원자핵을 구성하는 양성자의 크기가 이 길이의 100배 정도입니다. 그런데 하나의 간섭계로 이 효과를 재면 그것이 중력파에 의한 것인지 아니면 지구의 다른 미세한 진동에 의한 것인지를 판단할 수가 없기 때문에, 이런 거대한 간섭계를 두 개 만들어서 멀리 떨어트려놔야 했습니다.

여러분이 미국 국립과학재단에서 이런 프로젝트 제안서를 심사하는 사람이라고 생각해보십시오. 몇몇 과학자들이 중력파를 발견하는 프로젝트에 엄청난 돈을 달라며 제안서를 들고 왔습니다. 1960~70년대에 중력파를 발견하려는 시도들이 있었지만 이미 다 실패했습니다. 게다가 중력파가 일반 물질로 이루어진 지구의 가로-세로 길이를 변화시킬 수 있는지도 1960년대까지는 논쟁의 대상이었습니다. 중력파에 대해서 정확히 밝혀진 것은 하나도 없었고(아직 발견되지 않았으니까요), 이론적으로만 알고 있었습니다. 중력파를 낸다고 가정된 블랙홀이나 중성자별에 대해서도 우리가 알고 있는 것은 이론적인 내용들뿐이었습니다. 더욱이 1조 원씩 돈을 쓰지 않아도 훨씬 적은 돈과 작은 기기로 중력파를 발견할 수 있다고 주장하는 사람들도 있었습니다. 천문학자들은 중력파 연구에 '관측소'(LIGO의 O는 관측소를 뜻하는 observatory의 약자입니다)라는 단어가 들어갔다고 비판했습니다. 전통적으로 천문학자의 영역이던 우주 탐사를 물리학자들이 침범하려고 한다는 것이었지요. 여러분 같으면 이런 연구비 제안서에 1조 원이라는 돈을 지원하겠습니까?

이 연구에 돈이 지원된 것은 미국의 국립과학재단 관련자가 혜안을 가진 사람이었기 때문이라기보다는, 중력파 연구를 추진하던 사람들이 어떻게 네트워크를 만들어야 하는지 알았기 때문입니다. 여기에는 선견지명과 추진력도 있었지만 운도 따랐습니다. 간섭계를 이용한 중력파 연구는 1960~70년대에 거대한 원통형 바bar를 이용한 중력파 탐지가 실패로 돌아간 뒤에 새로운 대안으로 제시되었던 것입니다. 이 간섭계는 미국, 영국, 독일, 러시아 과학자들에 의해서 동시에 추진되고 있었습니다. 대표적인 인물이 MIT 교수였던 전자공학의 천재 라이너 와이스, 러시아의 블라디미르 브래긴스키, 스코틀랜드 글래스고대학의 로널드 드레버 등이었습니다. 특히 와이스와 드레버는 간섭계의 레이저를 안정화하는 데 큰 역할을 했습니다.

한편 칼텍의 이론물리학자 킵 손은 블랙홀 연구를 하다가 중력파에 관심을 가지게 됩니다. 그는 칼텍에 중력파를 연구하는 그룹을 만들기로 결심하고, 글래스고대학에서 드레버를 종신 교수로 데리고 오고, 칼텍을 졸업하고 시카고에서 천문학으로 박사를 받은 스탠 휫컴을 조교수로 임용했습니다. 또, 킵 손은 간섭계에 대해서 이론적인 연구를 통해 간섭계의 무거운 거울을 양자 입자로 사용하는 이론적 틀을 발전시킵니다. 1980년에 MIT와 칼텍 그룹은 각각 9미터, 40미터짜리 작은 간섭계를 만드는 파일럿 프로젝트의 연구비를 신청해서 미국 국립과학재단으로부터 연구비를 받습니다. 특히 MIT의 와이스는 일련의 연구를 진행하면서 몇 킬로미터나 되는 길이의 간섭계를 만들 수 있다고 호언하기 시작했습니다. MIT는 1983년에 이런 대형 간섭계의 제작 가능성에 대한 소책자를 만들어 재단에 제출합니다.

원래 국립과학재단은 지표면 위에 이런 거대한 간섭계를 만드는 것에 회의적이었습니다. 재단 관계자들은 지표면에 간섭계를 설치했을 때 나타날 수 있는 여러 가지 잡음들을(레이저 빛의 진폭 잡음, 레이저의 위상 잡음, 거울 분자의 브라운운동에 의한 잡음, 복사압 변화에 의한 잡음, 지구의 진동 잡음, 거울 표면 가열에 의한 잡음, 우주선 잡음, 공기압 변화에 따른 잡음, 전자기장 잡음 등) 없애는 게 불가능하다고 생각했던 것입니다. 따라서 간섭계가 지표면이 아니라 잡음이 거의 없는 우주에 만들어져야 한다고 생각했습니다.

이와 반대로 MIT와 칼텍의 연구자들은 지상에 설치하는 게 가능하다고 주장했습니다. 결국 1984년에 국립과학재단은 MIT와 칼텍이 공동으로 팀을 꾸리면 거대한 간섭계 건설을 지원해줄 수 있다고 통보했고, 이에 MIT와 칼텍은 역사상 최초로 공동 연구단을 만들어 라이고 프로젝트를 출범시켰습니다.* 프로젝트의 대표는 MIT의 와이스, 칼텍의 드레버와 킵손, 이렇게 세 명이 공동으로 맡았습니다. 중력파 연구라는 꿈을 현실로 바꾼 세 사람은 당시 '트로이카'라고 불렸습니다.

이렇게 거대 간섭계에 대한 연구가 시작되었지만 아직 본격적인 지원은 이루어지지 않은 상태였습니다. 특히 MIT와 칼텍팀의 화음이 잘 맞지 않았습니다. 1986년에 국립과학

* MIT와 칼텍 간의 경쟁심은 대단합니다. 지금도 두 대학의 학생들은 서로의 조형물을 훔쳐오는 등, 팽팽한 신경전을 벌이고 있습니다.

재단이 위촉한 외부 심사위원단이 라이고의 가능성에 대해서 매우 긍정적인 평가와 함께 라이고의 건설을 지원해도 좋다는 결론을 보고했습니다. 심사위원단은 라이고 프로젝트가 중력파 발견을 미국이 선점할 수 있는 좋은 기회라고 평가했습니다.

그렇지만 지원에 한 가지 조건을 걸었습니다. 화음이 맞지 않는 3명의 공동 소장 대신에 1인 소장 체제를 유지하라는 것이었습니다. 여러 사람들은 칼텍의 교무처장을 지낸 물리학자 로커스(로비) 보트가 적임자라는 데에 합의하고, 1987년에 소장으로 임명했습니다. 보트는 핵심 연구자들과 함께 1989년에 4킬로미터짜리 간섭계를 만드는 연구 계획서를 써서 국립과학재단에 제출했고, 워싱턴을 왕복하면서 재단 관계자들과 의원들을 설득했습니다. 국립과학재단은 1990년에 라이고 프로젝트를 승인했고, 1991년에 미국 의회는 첫 해 예산을 배정했습니다. 라이고의 건설은 이렇게 시작되었습니다.

초대형 연구가 시작되면서 갈등이 발생했습니다. 라이고 프로젝트의 주역 중 한 명인 드레버는 준비가 안 된 상태에서 거대한 지원을 요청하는 것이 정당하지 않다고 생각하고, 보트와 대립했습니다. 보트는 "우리는 거대한 관측소를 세우는 것이지 개인 연구를 지원하는 것이 아니다"라며 드레버를 비판했습니다. 보트는 드레버가 자신의 사무실에 들어오지 못하게 했고, 칼텍에는 그가 대학원생들을 잘 지도하지 못한다는

1990년에 칼텍에 건설된 40미터 간섭계 실험실에서 킵 손, 로널드 드레버, 로비 보트

소문이 퍼졌습니다. 드레버를 데려왔던 킵 손조차도 드레버를 축출하는 데 힘을 보탭니다. 1992년, 드레버는 결국 라이고 프로젝트에서 해임되었습니다. 중력파 연구를 출범시킨 드레버였지만, 소규모 프로젝트를 지향하던 그는 1조 원 규모의 거대과학을 추진하는 데에는 걸림돌이었던 것입니다. 이후 드레버에게는 그가 칼텍 교정에 만든 40미터짜리 간섭계를 가지고 실험하는 것만이 허용되었습니다.

연구가 의회의 승인을 얻기까지 가장 애를 많이 쓴 사람은 라이고 프로젝트의 책임자였던 보트였습니다. 그는 '라이고가 미국 물리학의 미래'라는 비전으로, 회의적인 국립과학재단과 의회 사람들을 만나서 설득하는 데 성공했습니다. 그런데 그의 역할도 여기까지였습니다. 그와 그의 팀은 너무나 강하게 동기 부여가 되어 있어서, '우리 외의 모든 이들은 우리의 적이다. 비전으로 똘똘 뭉친 우리는 흩어지지 말고 이 난관을 극복해야 한다'라는 식으로 생각했습니다. 재단의 승인을 받고 의회의 예산을 배정받을 때까지는 이런 태도가 도움이 되었지만, 예산을 받고 난 뒤에 조직이 커지는 데에는 이런 식의 팀 운영이 적절하지 않았습니다. 그는 비전과 신념의 지도자였지만, 거대과학을 운영할 인물은 아니었던 것입니다.

1994년 1월 미국 국립과학재단에서 열린 회의에서 보트는 경질되고 입자물리학자인 배리 배리시가 새 소장으로 임명됩니다. 그는 보트보다 훨씬 더 냉철하고 합리적인 사람이었고, 거대과학의 매니저로서 더할 나위 없이 적절한 사람이었습니다. 라이고 연구자들은 1993년에 의회가 고에너지 입자물리학자들의 꿈의 가속기였던 초전도 초충돌기의 예산을 전면 취소했기 때문에, 입자물리학자인 그를 내세우는 것이 여러 가지 이유에서 라이고 프로젝트에 유리할 것이라고 생각했습니다.

배리시는 간섭계 건설을 세 단계로 나누었습니다. 그리고 라이고팀을 두 개의 팀으로 나누어서, 칼텍과 MIT에서의 연구를 담당하면서 핸퍼드와 리빙스턴의 간섭계 기기를 담당하는 팀과, 칼텍과 MIT를 제외한 전 세계의 다른 과학자들과의 협력하에 기술적 문제를 해결하는 팀LSC을 만들었습니다. 배리시는 후자 팀의 대표로 '트로이카' 중 한 명이었던 와이스를 임명합니다. 라이고팀이 프로젝트를 시작했던 코어core팀과 외부 연구자들에게 개방적이고 협력적인 LSC팀으로 쪼개진 것입니다. 외부 팀들은 나중에 간섭계의 정밀도를 높이는 단계에서 큰 역할을 하게 됩니다.

배리시가 대표로 재임하는 10여 년(1994~2005년) 동안 간섭계의 기초적인 건설이 끝납니다. 2002년에 민감도 10^{-19} 정도의 초기 간섭계가 만들어집니다. 2단계는 이 민감도를 100배 이상 올리는 것이었고, 2008년에 이를 위한 예산이 국립과학재단으로부터 승인을 받게 됩니다. 이 일은 배리시 뒤에 소장을 역임한 제이 막스, 데이비드 라이체의 시기에 이루어지며, 2010년에는 1.5×10^{-22}의 민감도를 가진 향상된 라이고가 완성됩니다. 2010년부터 2014년까지 이렇게 건설된 두 개의 거대한 간섭계가 조율 시기를 거쳐서, 2014년에 최초로 관측을 시작합니다.

2015년 9월 14일, 드디어 약 10억 년 전에 두 개의 블랙홀이 충돌하면서 하나로 합쳐지며 생겨난 중력파를 두 검출기에서 거의 동시에 검출하는 데 성공합니다. 이 실험이 2016년 초에 발표되었던 것입니다. 특히 2015년과 2016년은 중력파를 이론적으로 예측한 아인슈타인의 일반상대성이론 100주년이 되는 해였습니다. 전 세계의 신문들은 라이고의 중력파 발견을 '아인슈타인이 100년 전 남긴 선물'이라고 대서특필했습니다. 1조 원을 지원했던 국립과학재단과 그 지원을 승인한 의회는 매우 흡족해했지요. 1970년대 말에 몇 사람이 의기투합해서 시작한 중력파 연구가 이렇게 35년이 지나서 그 결실을 얻은 것입니다.

라이고 프로젝트를 시작했던 '트로이카' 세 사람 중에서 라이고팀을 '끝까지 지킨' 사람은 한 명도 없었습니다. 1994년에 보트와의 갈등 끝에 떠난 드레버는 배리시 소장 시절에 잠깐 다시 복귀했지만, 미국에서 겪은 갈등에 실망을 하고 결국 고향인 스코틀랜드로 돌아갔습니다. 와이스는 배리시가 소장을 할 때 만든 LSC팀의 첫 대변인을 하고, 나중에는 미국 항공우주국에서 우주배경 마이크로파를 검출하는 프로젝트에 참여합니다. 킵 손은 2001년에 라이고를 나와서 블랙홀 충돌 등을 이론적으로 시뮬레이션하는 일에 몰두했습니다. 이들 모두 라이고 프로젝트의 씨를 뿌리고 자기가 할 수 있는 일을 한 뒤에 다른 일에 몰두했던 것입니다.

꼭 거대과학이 아니더라도 과학기술의 역사에서는 이런 일들이 많이 일어납니다. 씨를 뿌린 사람은 싹이 나는 것도 제대로 보지 못하고 죽었는데, 나중에 우연히 그 밭을 지나던 사람이 열매를 따먹는 경우도 많습니다. 테크노사이언스의 네트워크가 어떻게 자랄지를 예측하는 것은 매우 어렵습니다. 기후 변화에 대한 과학은 19세기 중엽에 시작해서 100년이 훌

쩍 지난 20세기 후반이 되어서야 많은 사람들에게 받아들여집니다. 한 명의 과학자가 낸 아이디어가 여러 사람에게 퍼지고 큰 조직이 이를 떠맡아서 연구하는 경우도 종종 있습니다.

테크노사이언스의 네트워크는 확장되어감에 따라 그것을 처음 만든 사람이 아닌 다른 능력을 가진 사람을 필요로 하는 경우가 많습니다. 이 과정에서 프로젝트가 필요로 하는 리더십의 유형도 바뀝니다. 부모가 자식을 가르치고, 대화하고, 서로 의존하며 키우다가, 어느 단계가 되면 자식을 더 넓은 세상으로 떠나보내야 하듯이 말입니다. 이 과정에서 부모는 스승, 친구, 동반자의 역할을 바꿔가면서 수행합니다. 변하지 않는 것이 있다면 애정을 가지고 자식이 자라는 과정을 지켜보는 마음이겠지요. 거대과학이라는 인류의 자식도 마찬가지인 것입니다.

잡종적 존재와 돌봄의 세상

영국의 소설가 메리 셸리는 1818년에 익명으로 『프랑켄슈타인: 또는 현대의 프로메테우스』라는 소설을 출판합니다. 이 책은 바로 베스트셀러가 됩니다. 비슷한 소설은 이전에 본 적이 없을 정도로 그 내용이 충격적이었습니다. 소설을 쓴 메리 셸리는 당시 21살에 불과했지만(소설의 구상은 더 일찍 이루어졌습니다), 여성운동가이자 인권운동가인 어머니 메리 울스턴크래프트와 자유주의 사상가인 아버지 윌리엄 고드윈에게서 세상과 인간사에 대해 이미 많은 것을 배운 여성이었습니다. 그녀는 1831년에 자신의 이름을 밝히고 개정판을 내는데, 이 개정판에는 약간의 내용 수정과 함께 '권두화卷頭畵'가 포함되어 있었습니다.

이 권두화는 소설 『프랑켄슈타인』에 대해서 많은 얘기를 해줍니다. 소설의 주인공 빅토르 프랑켄슈타인 박사의 방

「프랑켄슈타인」의 권두화

처럼 보이는 공간에는 많은 책과 실험 기기들이 있습니다. 그리고 괴물을 만드는 데 사용된 것처럼 보이는 책과 해골이 방에 널브러져 있습니다. 벽에는 점성술사들이 사용하는 것 같은 성도도 보입니다. 괴물의 몸은 사람의 몸을 하고 있지만, 오른손과 왼쪽 다리에서는 뼈가 그대로 드러나 있습니다. 머리는 기이하게 뒤틀려 있고요. 이런 괴물이 두려웠는지 창조자 프랑켄슈타인 박사는 두려운 얼굴로 황급히 도망을 가고 있습니다.

괴물을 방치한 채 도망가는 프랑켄슈타인 박사의 모습은 그가 과학을 시작했을 때의 모습과 너무도 다릅니다. 그는 과학을 흠모했고, 열심히 노력해서 위대한 과학자가 되려고 하던 사람이었습니다. 과학에 대한 그의 평가를 보지요.

> (과학자들은) 기적을 행해왔습니다. 이들은 자연의 후미진 곳을 관찰하고 자연이 거기 숨어서 어떻게 일하는지 보여줍니다. 이들은 신의 영역에도 접근합니다. 혈액이 어떻게 순환하는지, 우리가 숨 쉬는 공기의 성질은 무엇인지 밝혀냈죠. 이들은 새롭고도 거의 무한한 능력을 획득해왔습니다. 천둥을 명령하고 지진을 흉내 내며 그늘에 가려져 보이지 않는 세계를 모방하기까지 합니다.

프랑켄슈타인은 과학을 공부하기 위해서 대학을 다녔고, 부족한 부분은 독학했습니다. 과거의 지식을 익히고 그 바탕 위에서 새로운 지식을 만들었지요. 그의 궁극적인 목표는 생명을 창조하는 것이었습니다. 그는 시체를 가지고 실험하는 것을 마다하지 않았으며, 생명의 원천이라고 알려진 전기에 대해서도 탐구했습니다. 그리고 자기가 만든 새로운 생명이 자신을 아버지라고 생각하면서, 자신에게 감사하고 자신을 존경하리라고 꿈꿉니다.

> 새로운 종이 나를 창조자로, 그들의 기원으로 축복할 터였다. 행복하고 우수한 수많은 생명이 나로 인해 존재하게 될 것이다. 어떤 아버지도 나만큼 자식들에게 완벽하게 감사받을 자격이 없을 것이다.

그런데 생명체를 만들고 그는 두려움과 후회에 휩싸입니다. 자신이 만든 생명체는 인간도 동물도 아닌, 잡종적인 괴물 그 자체였습니다. 그는 자신의 피조물을 방기한 채로 도망을 쳤고, 다시 돌아왔을 때에는 괴물이 사라진 상태였습니다. 이후 자신의 어린 동생이 괴물에게 살해당하자, 프랑켄슈타인은 괴물을 쫓아 설산에서 다시 조우하게 됩니다. 프랑켄슈타인은 자신의 동생을 죽인 괴물에게 "꺼져라, 더러운 녀석! 아니, 기다려라. 내가 널 가루로 만들어줄 테니!"라고 소리칩니다. 그런데 괴물이 오히려 프랑켄슈타인을 나무랍니다.

> 내 이렇게 나올 줄 알았지. 사람들은 누구나 추한 것을 싫어하지. 그러니 나는, 온갖 생물보다 더 흉측한 나는 얼마나 혐오스럽겠소! (…) 당신은 나를 죽이려 하고 있소. 어떻게 생명을 가지고 그런 장난을 친단 말이오? 나에 대한 의무를 다하시오. 그러

면 나도 당신은 물론 다른 인간들에 대해 내 의무를 다할 테니. (…) 지금까지 고통받은 것도 충분한데 나를 더 비참하게 만들 작정이오? 삶이 비록 고뇌 덩어리라 해도 나한테는 소중한 것이오. 난 내 삶을 지킬 거요. 명심하시오. 당신은 나를 당신보다 더 강하게 만들었소. 나는 당신보다 키도 크고 움직임도 유연하오. 하지만 당신과 맞설 생각은 없소. 나는 당신의 피조물이니, 당신 몫의 책임만 다해준다면 내 주인이자 왕인 당신에게 고분고분 부드럽게 대하겠소. 제발 프랑켄슈타인, 다른 사람한테는 잘해주면서 나만 짓밟지 말아주시오. 나는 당신의 정의를, 당신의 너그러움과 애정을 받아야 마땅하오. 나는 당신의 피조물이잖소. 나는 당신의 아담이어야 했건만, 타락한 천사가 되었고, 당신은 아무 잘못도 없는 나를 기쁨에서 몰아내었소. 세상 모든 곳에 기쁨이 가득하지만, 나만 혼자 영원히 기쁨을 맛보지 못하게 몰아냈단 말이오. 나도 인정 많고 착했지만, 불행이 나를 악마로 만든 것이오. 날 행복하게 해주시오. 그러면 다시 선해지리다.

괴물은 프랑켄슈타인에게 자신과 비슷한 여인을 만들어 달라고 하면서, 그러면 인간에게 해를 끼치지 않고 아무도 찾아올 수 없는 세상의 오지에서 둘이 가정을 이루고 조용히 살 것이라고 약속합니다. 처음에는 이 부탁을 들어주기로 했던 프랑켄슈타인은 이 괴물 부부가 자식을 낳고 그 자손이 번성할 것을 상상한 뒤에, 약속을 파기합니다. 이후 괴물은 프랑켄슈타인의 절친한 친구와 갓 결혼한 신부를 살해하고, 프랑켄슈타인은 괴물을 쫓아 북극까지 갔다가 자신도 죽음에 이릅니다. 소설은 괴물이 스스로 목숨을 끊는 것을 암시하면서 끝이 나지요.

소설에서 괴물을 만든 프랑켄슈타인은 그에게 이름도 지어주지 않았습니다. 괴물은 인간의 세상에서 인간에 의해 여러 번 버림을 받습니다. 특히 자신을 만든 과학자가 자신을 버리는 것을 참지 못하고, 프랑켄슈타인과 그의 주변을 파괴합니다. 소설에서 등장하는 괴물이 무엇을 상징하는 것인지에 대해서는 여러 해석이 있습니다. 자본주의를 상징한다, 가부장제를 상징한다 하는 해석도 있지만, 아마 가장 보편적인 해석은 산업혁명 이후에 영국 사회를 급격하게 변화시키고 있던 기술 혹은 과학기술을 상징하는 것이 아닐까 하는 것입니다. 특히 메리 셸리 자신이 당시 전기를 흘려보내서 죽은 생명체를 소생시키는 실험에 관심이 많았던 것을 생각하면 더욱 그렇게 해석됩니다.

200년 전에 출판된 『프랑켄슈타인』이 아직도 사람들 사이에서 널리 회자되는 이유는 20세기 이후에 과학기술이 급속하게 발전하면서 그 오용 역시 증가했기 때문일 것입니다.[18]

특히 20세기에는 '매드 사이언티스트'라고 부를 수 있는 과학자들이 등장해서 섬뜩하고 악명 높은 연구를 수행하기도 했습니다. 1차 세계대전 당시 독가스를 만든 독일 화학자 프리츠 하버, 2차 세계대전 동안에 생물무기 개발을 위해 인체 실험을 자행한 일본 731부대의 책임자 이시이 시로, 독일 아우슈비츠의 '죽음의 천사' 요제프 멩겔레가 이런 악명 높은 과학자들입니다.

731부대의 끔찍한 만행은 우리에게 잘 알려져 있습니다. 멩겔레는 40만 명의 죽음에 책임이 있을 정도로 많은 유태인들을 죽였고, 특히 쌍둥이에 관심이 많아서 2,000쌍이 넘는 쌍둥이를 대상으로 온갖 실험을 했습니다. 이들은 자신의 야만적인 실험에 대해서 어떤 죄책감도 느끼지 않았다고 알려져 있습니다. 전시는 아니었지만 우생학적인 이유에서 범죄자와 흑인을 불임수술시킨 사례도 있습니다. 매독에 걸린 흑인들에게 약을 주는 척하면서 매독균의 치명적인 살상력을 관찰한 미국 의사도 있었고, 비인간적인 동물실험을 수행한 심리학자들도 있었습니다.

이런 악행들은 '과학 연구'라는 미명하에 자행되었습니다. 아우슈비츠의 야만을 겪은 의료계는 사람을 대상으로 하는 실험에 대해서 아주 엄격한 의료윤리 가이드라인을 만들었습니다. 또 우생학적인 연구와 이를 근거로 한 불임수술 같은 정책을 금지합니다. 의료윤리와 관련한 법률을 정해서 피험자의 동의를 무시하고 실험을 했을 때에는 법적으로 처벌을 받게 합니다. 우생학적인 믿음은 자신들보다 열등한 민족을 말살하는 것을 정당화시켰기 때문에, 이런 믿음에 대한 심각한 비판이 제기되었고 인류의 평등과 인종차별주의의 퇴출에 대한 대원칙이 세워졌습니다. 윤리 가이드라인과 법률이 시급하게 제정되었던 이유는, 과학과 의학이 빠르게 발전하는데 윤리와 법이 이를 따라오지 못해서 야만적이고 끔찍한 만행들이 생겼다고 판단되었기 때문입니다.

비윤리적인 연구들 때문에 과학에 대한 대중적 이미지는 상당히 추락했습니다. 그런데 여기에서 그친 게 아닙니다. 히로시마와 나가사키에 떨어진 원자탄은 연합군의 승리를 가져왔지만, 2차 대전 후에 냉전을 고조시키고 인류 절멸의 위기까지 낳았습니다. 1960년대에는 월남전에서의 고엽제 사용과 관련해서 현대 과학기술에 대한 비판이 고조되었고, 1970년대에는 유전자재조합 기술에 대한 두려움이 커집니다. 스리마일 섬 사고와 체르노빌 사고가 터졌던 1970~80년대에는 원자력발전소의 방사능과 사고에 대한 공포가 확산되었고, 1990년대에는 시장에서 팔리기 시작한 유전자 변형 식품에 대한 비판과 두려움이 커집니다. 1990년대 이후에는 육골분 사료 같은 과학적 목축이 낳은 광우병에 대한 공포가 이어집니다. 이외에도 1970년대 이후 지금까지 화학제품이 유발하는 암에 대한 공포, 환경오염과 이로 인한 신종 질환에 대한 두려움, 그리고 온실가스가 유발하는 지구온난화에 대한 논란이 계속되고 있지요. 최근에는 새로운 생명체를 만드는 합성생물학, 유전자를 편집해서 '맞춤아이'를 만들 수 있는 유전자 편집 기술이 미래의 디스토피아를 가져올 것이라는 우려도 커지고 있습니다.[19]

20세기 이후에 과학기술이 낳는 문제들이 계속 발생하면서 소설 『프랑켄슈타인』의 메시지는 인간이 만든 과학기술이 인간을 지배하고 인간을 파멸로 이끌 것이라는 식으로 읽힙니다. 프랑켄슈타인은 괴물을 만든 박사의 이름이지만, 언제부터인가 '괴물'을 지칭하는 것으로 변했습니다. 유전자 변형 음식을 '프랑켄슈타인 음식'이라고 하고, 방사능에 대해서는 '프랑켄슈타인의 저주'라는 표현도 씁니다. 이런 표현을 쓰는 사람들은 프랑켄슈타인의 괴물처럼 과학기술이 그것을 만든 인간을 공격해서 파괴하고 있으며, 유일한 해결 방법은 연구를 중단하는 것이라고 주장합니다. 독일의 하이데거처럼 유명한 철학자는 기술을 버리고 '시詩'로 돌아갈 때 인류가 살아남는 길을 찾을 수 있다고 합니다.

근대 이후에 인간-비인간의 네트워크는 계속 확장되었습니다. 이것을 축소하거나 없애는 것이 가능할까요? 여기에는 간단치 않은 문제가 몇 가지 있습니다. 우선 한번 만들어진 비인간은 잘 없어지지 않습니다. 유전자재조합법이 처음에 만들어졌을 때에는 소수의 과학자들만이 할 수 있었던 실험이었지만, 지금은 생물학을 전공하는 학부학생들이라면 어렵지 않게 이 실험을 합니다. 최근 논란이 되는 유전자 편집도 그렇습니다. 처음에는 소수의 과학자들만이 공유한 기술이었지만, 이제는 대학원생도 쉽게 할 수 있는 실험이 되었습니다. 유전자 변형 식품에 대한 반대는 전 세계적으로 일고 있지만, 유전자 변형 식품을 재배하는 나라는 꾸준히 증가하고 있습니다. 특히, 1996년부터 2009년까지 유전자 변형 식품을 재배하는 농지는 전 세계적으로 무려 50배 가까이 증가했습니다.

핵무기는 냉전이 최고조였을 때보다 훨씬 줄었고 핵실험은 거의 사라졌습니다. 냉전이 최고조에 이르렀을 때 미국과 소련(지금의 러시아)은 합쳐서 6만 기基가 넘는 핵폭탄을 가지고 있었습니다. 냉전은 이제 사라졌지만 핵폭탄은 완전히 사라지지 않았습니다. 아직도 전 세계적으로 1만 5,000기가 넘는 원자폭탄이 존재합니다. 북한이 몇 기의 핵폭탄을 가지고 있다며 전 세계가 시끄럽지만, 강대국들은 7,000기가 넘는 핵폭탄을 보유하고 있습니다. 이게 더 줄어들 수는 있겠지만, 완전히 없어지는 것은 불가능할 수도 있습니다. 강대국들이 핵폭탄을 쉽게 포기할까요? 아마 아닐 것입니다.

후쿠시마 이후 원자력발전소를 새로 짓는 것이 주춤해졌고, 인류가 사용하는 총에너지에서 핵에너지가 차지하는 비중도 조금 떨어졌지만, 2030년에는 핵에너지가 다시 예전의 상태를 회복할 것으로 전망되고 있습니다. 자연친화적인 재생에너지의 비율이 올라가고 있지만, 총에너지 사용량도 계속 올라가고 있습니다. 설령 원자력발전소가 가까운 미래에 다 가동이 중단된다고 해도, 우리는 핵폐기물을 떠안아야 합니다. 그중 어떤 것들은 1만 년, 아니 100만 년 동안 치명적인 방사능을 내뿜습니다.

발암물질과 같이 건강에 나쁜 화학물질은 어떨까요? 세계보건기구WHO는 지금 유통되는 화학물질이 10만 종이 넘고, 매년 2,000~3,000종의 새로운 화학물질이 만들어진다고 봅니다. 이 중에 인체에 유해한지 아닌지를 엄격하게 검사받는 것은 10퍼센트도 안 됩니다. 우리나라에선 대략 3만 6,000여 종의 화학물질이 사용되고 있으며, 매년 수백여 종의 화학물질이 새로 생산되어 사용됩니다. 화학물질 중에는 암을 유발하는 것으로 분류된 것이 많으며, 100명이 넘게 사망한 가습기 살균제 사고 같은 대형 사고도 화학물질의 유해성을 정확히 검증하지 않고 사용했기 때문에 생긴 사고입니다. 우리나라에서만 매년 1만 4,000건의 화학물질 중독 사고가 일어나서 2,000여 명이 사망하는 것으로 추정됩니다. 그렇지만 새롭게 등록되는 화학물질의 수는 줄어들지 않고 있습니다.[20]

테크노사이언스의 속성은 비인간을 길들여서 새로운 연

관, 새로운 네트워크를 맺는 것입니다. 기존의 연관으로부터 문제가 발생하면 새로운 비인간을 만들어 이런 문제를 해결하려 합니다. 동맹 관계에서 끊어지거나 소외된 이전의 비인간은 또 다른 동맹을 맺습니다. 그러면서 원래의 성격이 변하기도 하며, 예상치 않았던 결과를 내기도 합니다.

일본에 떨어진 원자폭탄에서 방출된 방사능은 수많은 사람을 살상하고, 그보다 더 많은 사람들에게 '원자병'이라는 치명적인 병을 남겼습니다. 이후 방사능에 대한 연구가 많이 진행되었습니다. 치명적인 방사능에 노출된 쥐를 연구하던 에곤 로렌츠는 1950년대 초에 방사능에 노출되어 회복 가능성이 없던 쥐가 보통 쥐의 골수를 이식받으면 다시 건강해진다는 놀라운 사실을 알게 되었습니다. 그리고 골수에 대한 연구가 본격화됩니다. 1963년에 캐나다 연구자인 제임스 틸과 어니스트 매컬러는 골수 속에 재생 가능한 특별한 세포가 존재한다는 것을 발견했습니다. 이렇게 발견된 것이 조혈줄기세포였습니다. 지금까지 백혈병 환자를 비롯해서 많은 생명을 살린 골수이식은 물론, 21세기의 '희망의 의술'이라고 평가되는 줄기세포는 인간이 만든 방사능 피해가 없었다면 아마 발견되기 힘들었을 것입니다.[21]

한번 만들어진 비인간들 중에는 인간보다 훨씬 오래가는 것들이 많습니다. 비인간을 없애는 것이 힘들기 때문에, 네트워크는 자꾸 커지고, 복잡해지고, 중첩됩니다. 사실 20세기에 들어와서 만들어진 새로운 연관들은, 과학기술적 성취만을 평가하자면 정말 놀라운 것들입니다. 핵무기와 원자력발전의 원료로 사용되는 플루토늄은 바로 얼마 전까지만 해도 자연에 전혀 존재하지 않는 인위적인 원소라고 생각되었습니다. 상대적으로 흔하지만 연쇄반응을 일으키지 않는 우라늄238을 변환해서 연쇄반응을 일으키는 플루토늄을 만들어낸 것입니다. 너무 끔찍하지만, 플루토늄은 이미 우리의 일부입니다. 지구에서 이루어진 수많은 핵실험 때문에 모든 인류의 몸에는 미량의 방사능 물질이 축적되어 있습니다. 지금 우리가 다른 행성의 우주인들과 함께 우주를 여행한다면 우주인들 사이에서 지구인을 찾아내는 가장 효과적인 방법은 방사능 테스트일 것입니다.[22]

유전자 변형 식품이 안전하다고 옹호하는 사람들은 유전자 변형 토마토나 감자가 자연적으로 생기는 돌연변이나 농부들이 해오던 접붙이기와 다를 바 없다고 주장합니다. 돌연변이가 생기듯이 유전자 변형 식품이 만들어지기 때문에 먹어도 안전하다는 것입니다. 유전자 변형 식품의 안정성 문제는 계속 논란이 되고 있습니다. 그런데 돌연변이만을 봐도 이런 얘기는 사실이 아닙니다. 첫 유전자 변형 식품인 무르지 않는 토마토 '플레이버 세이버'는 심해 바닥에 사는 가자미의 유전자를 이식해 만든 것입니다. 나방이 끼지 않는 감자는 산누에나방의 유전자를 이식한 것이고요. 농부들이 했던 접붙이기 기술이 아닌 것입니다. 이런 유전자 변이가 자연적으로 일어날 확률은 0에 가깝습니다.

나일론, 제초제, 살충제 같은 것에서 쓰이는 화학물질이 자연적으로 만들어질 확률도 0에 가깝습니다. 인간이 만든 나노 입자도 자연에는 잘 존재하지 않는 크기의 입자입니다. 대부분 자연에서 발견되는 존재들은 나노 입자보다 크거나 그보다 작습니다. 나노 입자보다 큰 것들은 피부에 침투하기가 힘들고, 작은 것들은 피부를 뚫고 들어가지만 몸 밖으로 쉽게 배출됩니다. 그런데 인간이 만든 10^{-9}미터 크기의 나노 입자는 피부를 잘 뚫고 들어가지만, 배출이 잘 되지 않아 일부가 체내나 뼈에 축적됩니다. 인간과 함께 진화한 입자가 아니기 때문에 이런 일이 발생합니다. 처음에는 별로 심각하게 생각하지 않았지만, 연구를 할수록 나노 입자의 독성이 밝혀지고 있습니다. 그런데 사실 딱 나노의 크기, 즉 10^{-9}미터 크기의 입자이기 때문에 나노 입자가 페인트, 화장품, 살균제 등의 용도로 유용하게 쓰이는 것이기도 합니다.

플루토늄, GMO, 화학물질, 나노 입자 같은 존재들은 실험실에서 만들어진 '하이브리드(잡종)' 존재들입니다. 과학기술학자 도나 해러웨이는 이런 존재들을 '테크노사이언스의 자궁에서 나온 시민들'이라고 부릅니다. 그것들은 자연도 아니고 인공도 아닌, 잡종 혹은 사이보그인 것입니다.

『프랑켄슈타인』을 다시 생각해봅시다. 프랑켄슈타인 박

사가 만든 피조물이 괴물이 된 이유를 좀 더 자세히 생각해볼 필요가 있습니다. 프랑켄슈타인 박사의 잘못은 자기가 만든 괴물을 죽이지 않았던 것이 아니라, 괴물로부터 도망친 데에 있습니다. 프랑켄슈타인은 신념과 열정을 가지고 생명체를 창조했습니다. 그리고 자신이 창조주로 칭송받을 생각에 흥분해서 힘들고 구역질 나는 실험도 즐겁게 진행합니다. 그런데 실제 생명이 태어나면서 그의 열정은 급격하게 식고 회한이 밀려옵니다. 소설에는 그 이유가 정확히 묘사되지 않았지만, 인간과 비슷하면서도 확연히 다른 괴물의 존재가 소름끼치는 감정을 불러일으켰을지도 모릅니다. 그래서 그는 자신이 만든 피조물을 두고 도망갑니다.

그 뒤에 괴물은 혼자서 인간 세상을 배회합니다. 그는 시골집에 숨어 살면서 사람들의 행복한 생활을 엿보지만, 그 생활 속으로 자신이 들어갈 여지가 없음을 알고 크게 실망합니다. 프랑켄슈타인의 동생을 죽인 것은 의도적인 살인이 아니라 프랑켄슈타인을 찾으려고 다니던 과정에서 벌어진 실수였습니다. 하지만 사람들은 이것을 실수로 받아들이지 않았습니다. 괴물이 박사를 만나서 설득하고 자신과 비슷한 여자를 만들어달라고 했을 때, 박사는 이를 받아들였다가 약속을 번복합니다. 자신의 실수를 반복하고 싶지 않아서였겠지만, 괴물의 입장에서 보면 다시 한 번 내팽개쳐진 셈입니다. 결국 일차적으로는 버림받은 것 때문에 괴물이 자신의 주인을 파괴하게 된 것이지요.

프랑켄슈타인 박사는 애정을 가지고 피조물을 만들었지만, 그 애정을 지키지 못하고 여러 차례에 걸쳐서 괴물을 방기했고, 결국 비극을 불러옵니다. 그렇다면 자신이 만든 것을 방기해서는 안 된다는 것이, 자신이 만든 존재에 애정을 가지고 계속 보살펴야 한다는 것이, 그렇지 않으면 그 존재가 자신을 덮칠 수도 있다는 것이 소설이 주려는 메시지가 아닐까요?

사진은 큰 개의 어깨 위에 작은 개가 올라타 있는 것처럼 보이지만, 실제로는 소련의 의사 블라디미르 데미호프가 작은 개의 머리 부분을 잘라서 큰 개의 어깨에 접붙인 결과입니다. 큰 개의 심장에서 피를 받는 작은 개는(작은 개의 일부는) 마치 독자적인 생명체처럼 먹이를 먹곤 했습니다. 머리가 두 개인 개는 4일 동안 살았고, 죽은 뒤에 박제되어 독일의 박물관에 기증되었습니다. 데미호프는 1930년대부터 장기이식 분야를 거의 혼자서 개척했고, 그 과정에서 엄청난 수의 동물실험을 했던 것으로 추정됩니다. 동물을 사랑하는 사람들에게는 끔찍하고 혐오감을 줄 수 있는 연구이지만, 그는 개의 폐와 심장을 이식하는 데 성공했고, 이는 나중에 인간의 폐, 심장 이식수술이 성공하는 데 크게 기여합니다.

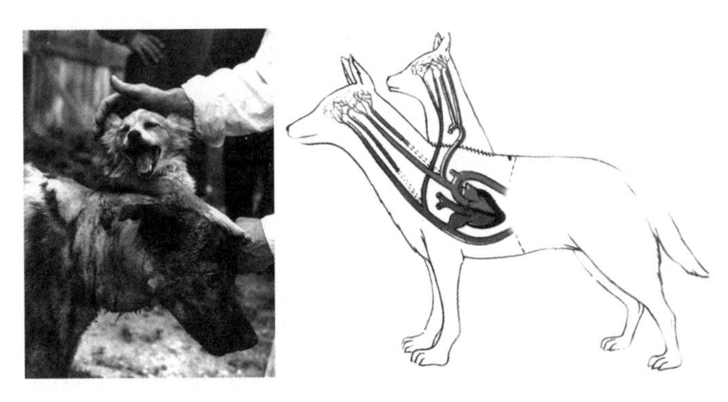

1959년, 머리가 두 개 달린 개를 만든 러시아 의사 블라드미르 데미호프. 그의 실험 사진들은 미국 《라이프》를 통해서 전 세계에 알려졌고, 실험 윤리에 대한 세계적인 논란을 불러일으켰습니다. 이 논란 이후에 그의 이름은 의학계에서 기피하는 대상이 되었고, 그는 '매드 사이언티스트'로만 기억되며 주류 과학계에서 빠르게 잊혔습니다.

'머리가 둘 달린 개'를 만들 때, 그는 작은 개의 어깨 아래를 잘라냈습니다. 이 실험을 기록한 사진들 중에는 작은 개가 마치 행복하게 웃으며 먹이를 먹는 것처럼 보이는 사진도 있습니다. 이 연구가 윤리적으로 논란이 되었던 것은 그 의학적 응용이 불분명했기 때문이었습니다. 설령 연구가 성공한다고 해도, 그 귀결은 머리가 두 개 달린 인간이기 때문입니다. 개를 대상으로 한 폐이식이나 심장이식 실험은 실험동물이 희생된다고 해도 궁극적으로는 인간의 복지와 치료를 위한 것이라는 게 분명했습니다. 그렇지만 머리 이식은 그의 수술 솜씨를 뽐내기 위한 실험이었다는 평가 외에 다른 평가를 받기 힘들었던 것입니다. 그래서 사람들은 머리가 둘 달린 개에서 프랑

켄슈타인의 괴물을 떠올렸고, 데미호프는 프랑켄슈타인 같은 '매드 사이언티스트'로 비난받았습니다.[23]

동물을 사용하는 연구나 실험은 윤리적인 논란을 불러일으킵니다. 인간을 놓고 실험하는 것이 어려워지면서 동물실험은 늘어나고 있습니다. 반대로 동물의 권리에 대한 인식도 늘어나고 있지요. 예전에는 '동물인데 뭐 어떤가'라고 생각하는 사람이 대부분이었다면, 지금은 여러 가지 이유에서 동물에 대한 잔인한 취급이 사회적으로 금기시되고 법적으로도 규제되고 있습니다. 사회는 가이드라인, 시행령, 법률 등으로 그 사회의 윤리적 입장을 정리합니다. 동물실험, 줄기세포, 유전자 조작, 동물과 인간 사이와 같은 이종 간 장기이식, 사망 기준으로서의 뇌사 등에 대한 문제에서 전문가와 일반 시민의 의견이 갈리고, 전문가들 사이에서도, 시민들 사이에서도 의견이 나뉩니다. 줄기세포에 대한 논란을 겪을 때 가톨릭교와 개신교계는 배아 줄기세포에 반대를 했지만, 불교계는 이에 상당히 우호적이었던 것을 볼 수 있었습니다. 생명과 관련된 문제만이 아니라 다른 문제들도 비슷합니다. 원자력발전소, 유전자 변형 식품, 지구온난화, 일상생활에서 사용되는 화학물질 등에 대해서도 찬반이 팽팽합니다.

따라서 하나의 가이드라인이나 법안으로 합의하는 게 쉽지 않습니다. 그렇다고 나 몰라라 하는 것은 프랑켄슈타인 박사가 자신의 피조물을 버리고 달아나는 것과 다르지 않습니다. 자신이 만든 존재를 돌보고, 사랑하고, 책임을 져야 합니다. 연구자가 가장 큰 책임이 있고 적극적인 역할을 해야 하지만, 연구자에게만 책임이 국한되지도 않습니다. 테크노사이언스가 낳은 비인간이 우리 사회에 들어온 이상 여러분도 그 네트워크에서 자유로울 수 없습니다. 과학기술자, 철학자(윤리학자), 사회과학자, 시민, 이해관계가 있는 당사자(동물 애호가, 환자 및 가족, 종교인, 농부) 등이 포함된 오픈 포럼open forum을 만들어야 합니다. 여기에서 토론해서 합의를 만들고, 그 합의를 준수하고, 그러다 새로운 변화가 생기면 다시 토론을 하는 방법밖에는 없습니다.

우리에게 필요한 것은 20세기 이후 테크노사이언스가 만들어낸 수많은 하이브리드를 제거해야만 우리가 인간답게 살 수 있다는 분노가 아닙니다. 문제가 많고 괴물 같은 존재들도 우리가 만들어낸 사이보그들이고, 따라서 관심과 애정을 가지고 지켜보고 책임지려는 태도가 필요합니다. 운 좋게 가까운 미래에 지구의 원자력발전소가 다 없어진다고 해도, 우리는 지구 어딘가에 치명적인 방사능을 뿜어내는 핵폐기물을 묻어두고 1만 년, 2만 년, 아니 그 이상을 살아가야 합니다. 이 기간 내내 『프랑켄슈타인』의 메시지에 귀를 기울여야 할 것입니다. 우리가 만든 테크노사이언스라는 자식이 괴물 같더라도 우리는 이 자식들에게 관심과 애정을 쏟으면서 함께 항해할 수밖에 없습니다.[24] 우리 모두는 같은 배를 타고 있습니다.

불확실성

과학이 다른 지식과 다른 점은 '확실성'에 있습니다. 과학은 실험, 관찰, 수학 등을 적절하게 결합시켜서 확실한 지식을 만들어냅니다. DNA 검사 결과가 법정에서 확실한 증거로 받아들여지는 것만 봐도 그렇습니다. DNA 검사는 10년이 넘게 미제로 남아 있던 사건의 범인을 밝히기도 하고, 수감되어 있던 범인 말고 진범이 따로 있었다는 것을 밝히기도 합니다. 드라마에서는 친자감정 DNA 검사가 약방의 감초처럼 등장합니다. 친자감정 DNA 검사 기관은 검사의 정확도가 99.999999997퍼센트라고 하며, 어떤 기관은 오류 확률이 1조 분의 1이라고도 합니다. 미국 드라마 〈CSI〉는 여러 가지 종류의 '과학수사'를 통해 진범을 밝혀내면서 시청자들에게 과학의 위력을 보여줍니다.

과학은 얼마나 확실한 것일까요? DNA 검사 기관은 오류 확률이 1조 분의 1이라고 하지만, 실제 DNA 검사의 핵심 기법인 통계를 전공한 전문가는 오류 확률이 더 크다고 봅니다. 친자 확인도 모든 DNA를 검사하는 게 아니라 표식으로 삼는 15개 DNA만을 보는 것이기 때문에, 부모-자식의 관계가 아니어도 15개의 DNA가 일치할 수는 있다는 것입니다. 게다가 자식에게서 돌연변이가 생길 가능성도 있어서, 실제로 자식인데 자식이 아니라는 결과가 나올 수도 있습니다. 검사 기관에서 일어날 수 있는 여러 가지 실수와 조작을 포함시키지 않더라도 오류의 확률은 항상 있다는 것입니다.[25]

범죄 현장에서 채취한 샘플로 이루어지는 DNA 검사는 문제가 더 많습니다. 샘플이 충분치 않은 상태에서 결과를 내야 하는 경우가 많기 때문입니다. 2010년에 《뉴 사이언티스트》라는 미국의 유명 잡지사는 실제 성폭행 범죄 현장에서 찾은 범인의 DNA 샘플을 17개의 검사 기관으로 보냈습니다. 당시 진범으로 확인된 범인은 이미 옥살이를 하던 중이었습니다. 그런데 17개의 기관 중에서 4개 기관이 현장의 DNA와 감옥에 있는 범인의 DNA가 동일한지 알 수 없다고 답했고, 12개 기관은 현장 DNA가 범인의 것이 아니라고 답했습니다. 단 1개의 기관만이 2개의 DNA가 일치한다는 답을 내놓았습니다. 이를 근거로 《뉴 사이언티스트》는 범죄 현장에서 채취되는 미량의 샘플에 대한 DNA 검사가 일반적으로 알려진 것보다 훨씬 불확실성이 크다면서, DNA 검사 기관들이 이런 점을 경찰과 시민에게 설명하고 이해를 구해야 한다고 강조했습니다.

2008년에 미국산 소고기 수입과 관련해서 격렬한 사회적 논쟁이 있었습니다. 당시 많은 과학자들, 관료들, 정치인들은 미국산 소고기가 안전하다고 강조했고, 광우병에 걸릴 확률은 0에 가까울 만큼 낮다고(혹은 낮을 것이라고) 주장했습니다. 과학적 추론에 근거해서 이런 안전을 입증할 수 있다고 했지요. 반면에 시민들에게 미국산 소고기 수입의 문제는 광우병에 걸릴 확률이 얼마인가 하는 산술적 문제가 아니라, 미국에서는 식용으로 쓰지 않는 30개월 이상의 소고기를 수입해서 국민들에게 억지로 먹으라고 하는 이유가 무엇인가 하는 문제로 받아들여졌습니다. 물론 정부가 주장한 대로 미국 소고기를 사먹지 않을 수도 있겠지만, 학교급식이나 군대의 급식 같은 것은 개인이 통제할 수 없는 것이었습니다. 원산지를 속이는 일이 비일비재한 식당들도 마찬가지입니다. 즉, 미국산 소고기 논쟁은 단순히 건강의 문제가 아니라, 정부 정책의 투명성과 신뢰의 하락, 강제성, 불가피성, 다음 세대에의 영향 등이 복합적으로 작용한 문제였습니다.

밀양 송전탑 건설 과정에서 등장한 고전압 송전선의 전자기파 문제도 비슷합니다. 전문가들은 아직까지 고압선이 암이나 다른 질병을 발생시키는 것에 대한 과학적인 증거가 없다고 하면서, 고압선이 안전하다고 강조합니다. 몇 년간 진행된 대규모 역학조사에 따르면 고압송전선은 소아암과 관련성이 없다고 전문가들은 지적합니다. 그런데 주민들은 고압선이 지나가는 주위에 동식물이 잘 자라지 않고, 주변의 사람들이 자주 병에 걸린다고 느낍니다. 또 주민들에게 갑자기 내 마을과 내 집 위로 가설되는 고압선은 건강에 대한 위협뿐만 아니라, 프라이버시에 대한 위협, 가정이라는 소중한 공간에 대한 위협, 어린아이에 대한 위협, 자유에 대한 위협으로도 다가옵니다. 이렇게 내가 소중하게 여기는 가치가 침해된다고 생각할 때 느끼는 위험의 크기가 커집니다. 위험이 크게 느껴지면서, 전자기장과 건강의 상관관계에 대한 전문 지식에 불확실한 부분이 많다고 생각하기 시작하는 것입니다.*[26]

세계보건기구는 매일 평균 2밀리가우스mG 이하의 자기장에 노출되는 것을 권하고 있지만, 고압송전선로 80미터 주변에서는 3밀리가우스 혹은 그 이상의 자기장에 매일 노출되게 됩니다. 이런 상황에서 송전선 주변의 마을에 살면서 암이 늘어나거나 하면, 주민들은 그 이유를 고압송전선 때문이라고 생각합니다. 실제로 시민들의 입장에 동의하는 소수의 전문가들도 "거의 모든 암에서 조사 지역의 발병률이 대조 지역

* 미국에서 핸드폰의 고주파 전자파가 인체에 어떤 영향을 미치는지를 알기 위해 250억 원의 연구비를 투입해서 동물실험을 했습니다. 2016년 5월에 결과가 나왔는데, 실험 대상인 쥐가 고주파 전자기파에 오래 노출되었을 때 뇌와 심장에 희귀암이 생기는 경우가 있었고, 많이 노출될수록 이런 경우가 유의미하게 증가했다고 합니다. 전자기파에 노출되지 않은 대조군은 이런 암이 전혀 없었고요. 이 연구에는 몇 가지 문제가 있긴 하지만, 동물실험을 통해 전자기파가 암을 유발한다는 것을 보여준 최초의 연구라고 평가됩니다.

발병률보다 높았다. 그것도 송전탑이 세워진 지 15년 이상 된 지역과, 조사된 지역 중에서 실제 송전탑에 가까이 있는 '근접 가구'의 비율이 높은 지역에서는 대부분 유의하게 높았다"라고 평가했습니다. 그럼에도 불구하고 송전선의 자기장이 암을 일으킨다는 것에 대한 확실한 증거나 동물실험을 통한 증거는 아직 존재하지 않는다는 것이 학자들 사이에 전반적으로 합의된 지식입니다.[27]

우리는 사회적으로 민감한 기술의 위험 논쟁에서 전문가들이 확신에 차서 위험하지 않다고 주장하는 것을 보곤 합니다. 이들은 여러 가지 데이터와 과학적 실험 결과를 대면서 해당 기술이 안전하다고 주장합니다. 어떤 전문가들은 시민들의 두려움을 '비과학적이다', '과학을 모르기 때문에 하는 얘기이다'라며 몰아세우지요. 위험을 계산한 확률이나 역학 데이터를 시민들이 받아들이지 않는다고 답답해합니다. 또 어떤 이들은 시민과 시민 단체들에게 과학적 데이터를 보여주었는데, 오히려 비난만 받았다면서 다시는 이런 논쟁에 참여하지 않겠다고도 합니다.

전문가들이 위험 논쟁에 참여할 때에는 몇 가지 전제 조건들을 고려해야 합니다. 전문가와 시민이 위험을 인식하는 방식이 상당히 다르기 때문입니다. 시민들은 신뢰가 약할 때, 전문가들의 견해가 갈릴 때, 위험을 피할 수 있는 행동의 여지가 적을 때, 위험의 결과가 끔찍할 때, 그리고 이번 세대만이 아니라 다음 세대에까지 그 위험이 이어질 때 더 위험하게 느낍니다. 전문가들은 위험을 정량화해서 평가하지만, 시민들은 위험을 총체적으로 받아들입니다. 위험 소통에 참여하는 전문가들이 이런 점만이라도 이해하고 고려한다면, 소통이 파국으로 끝나지는 않을 것입니다.[28]

특정한 주제에서는 전문가와 시민의 위험 인식이 크게 다르지 않기도 합니다. 예를 들어, 미세먼지의 문제는 전문가들과 일반 시민들이 큰 차이 없이 심각하게 받아들이고 있습니다. 그렇지만 앞서 보았듯이 낙동강 녹조의 심각성을 따질 때에는 환경부의 전문가들과 주민들 사이에 큰 인식 차이가 있었습니다. 아마 이런 차이가 극단적으로 나타난 주제가 영국과 미국에서 진행되었던 백신 논쟁일 것입니다.

백신 논쟁은 어린아이들이 맞는 백신이 자폐증을 유발한다는 주장을 놓고 전문가들과 자폐 아이들의 부모 사이에 벌어졌던 논쟁입니다. 물론 자폐 아이들의 부모의 입장을 지지하면서 이들에게 이론을 제공한 전문가들도 있었습니다. 이 논쟁은 자폐 아동의 부모들과 이들과 연대한 전문가들이 패하고, 자폐증은 백신과 무관하다는 의료계의 입장이 수용되는 것으로 잠정 마무리되었습니다.

백신 논쟁은 서구 사회에 엄청난 갈등과 논란을 불러일으켰던 사건이었습니다. 백신은 에드워드 제너가 처음으로 개발했고, 파스퇴르가 탄저병, 광견병 백신을 만들어서 세계적인 명성을 얻으며 발전시킨 기술입니다. 이후에 많은 백신들이 개발되었고, 셀 수 없을 만큼 많은 사람들의 생명을 구했다고 평가됩니다. 백신은 근대 의학의 개가이자 과학의 위력과 유용성을 가장 잘 보여주는 사례인 것입니다. 과학계나 의학계에서 보면 이런 확실한 사실이 21세기에 등장한 엉뚱하고 비과학적인 음모론에 의해서 도전을 받은 것이지요.[29]

백신이 자폐증을 유발한다는 주장이 퍼지고 나서 미국과 유럽의 백신 접종률은 뚝 떨어졌고, 당국은 여러 가지 강제 조치를 써가면서 백신 접종률을 올리려고 노력하고 있습니다. 2016년 1월에는 페이스북 CEO인 저커버그가 자기 아이에게 백신을 맞히는 사진을 올려서 300만 건이 넘게 '좋아요'를 받아 화제가 됐고, 로버트 드 니로는 백신이 자폐의 원인이 된다는 다큐멘터리 영화를 옹호했다가 의학계의 격한 비판을 받기도 했습니다. 미국 공화당 대통령 후보로 나온 트럼프가 '백신이 자폐증을 낳는다'라는 얘기를 다시 꺼내서 논란이 되었지요. 우리나라에서는 비슷한 논쟁이 거의 없었지만, '백신', '자폐증'을 키워드로 인터넷 포털 사이트에서 뉴스 검색을 해보면 기사가 수천 건이 검색될 정도로 국내에도 많이 소개되었던 논쟁입니다.

백신 중에서도 자폐증과 관련 있다고 알려진 것은 MMR 백신입니다. MMR은 홍역, 볼거리, 풍진에 면역을 갖게 하는 백신 세 개를 동시에 맞는 것이며, 첫돌(생후 12개월)경에 1차, 4~6세에 2차를 맞습니다. 소아들이 맞는 또 다른 백신에 들어 있는 수은 방부제 티메로살 역시 자폐증의 주범으로 꼽히기도 합니다. 어떤 이들은 수은 방부제와 MMR 백신이 결합해서 자폐증을 유발한다고도 합니다.

MMR 백신을 의심하는 사람들은 MMR을 맞힌 자폐 아동 부모들의 증언, MMR 백신이 도입된 시점과 자폐증이 급증한 시점이 일치한다는 자료, MMR 백신 접종의 증감에 따라서 자폐증 증감도 비슷하게 요동친다는 자료 등을 1차 증거로 들었습니다. 수은이 원인이라는 사람들은 수은이 유독해서 뇌신경에 나쁜 영향을 줄 수 있다는 것, 자폐 아이들에게서 수은 함량이 높게 나타난다는 것 등을 근거로 주장했습니다. 수은과 MMR이 결합해서 자폐증을 낳았다는 주장은 MMR 백신의 부작용으로 몸의 면역 체계가 망가진 상태에서 수은이 뇌신경에 나쁜 영향을 주었다고 봅니다.

자폐 아동의 부모들은 자폐증이 환경에 의해서 유발되는 질병이며, 지난 몇십 년 동안 믿을 수 없을 정도로 확산된 '전염병'의 일종이라고 생각합니다. 예를 들어 1980년에는 약 1,000명 중 1명의 아동이 자폐아였지만, 최근에는 약 80명 중 1명의 아동이 자폐아로 진단을 받습니다. 한국에서는 6년간 전수조사를 통해 발표된 연구로부터 7~12세 아동 38명 중 1명이 자폐증을 앓는다는 결과가 나와 충격을 불러일으켰습니다. 자폐증 아동의 부모들은 가계家系에는 자폐 증상을 보인 사람이 없는데 자식이 이를 앓는 것은 환경의 영향 때문이라고 생각합니다. 그리고 환경 요소들 중 가장 중요한 것이 백신이라는 것입니다.

백신과 자폐증을 연관시키는 자폐 아동의 부모들은 건강하게 성장하던 아이들에게 어느 시점에 갑자기 자폐증이 발병했고, 그 시점이 백신 접종 이후라는 데 견해가 일치하고 있습니다. 활발하게 말을 시작했던 아이들이 갑자기 말하는 능력을 잃고, 세상과 소통을 하지 않는 자폐아로 바뀌었다는 증언이 많습니다. 아이를 바로 옆에서 돌보는 자신들이야말로 누구보다도 아이의 성장에 대해 잘 알고 있기 때문에, 자폐증이 없던 아이에게 갑자기 어느 순간 자폐증이 나타나는 것을 확실하게 보고 겪었다는 것입니다. 그리고 유아기에 아이들에게 이렇게 심각한 변화를 가져올 정도의 외부적 원인은 백신밖에는 없다는 것이지요.

백신을 비판하는 사람들 중 일부는 백신 무용론까지 주장합니다. 20세기에 들어서 공중보건 등의 확산 때문에 질병으로 인한 사망자가 꾸준히 줄어서 지금에 이른 것이지, 백신 때문에 사망률이 떨어진 것은 아니라는 겁니다. 이 논점의 중심인 홍역의 사례를 보지요.

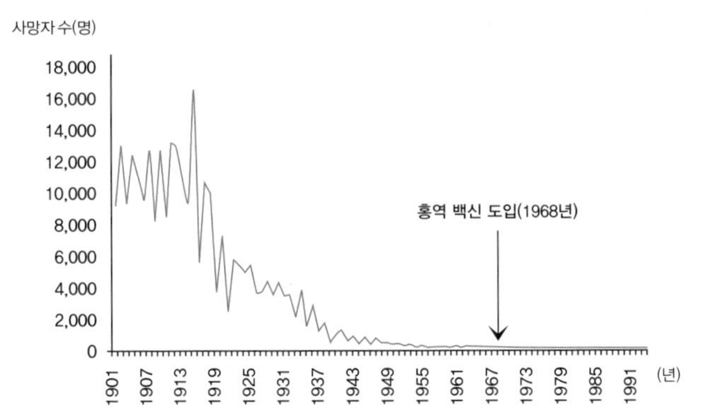

1900~1995년 홍역으로 인한 사망자 수. 1968년 전후로 거의 변화가 없다는 사실이 '홍역 백신 무용론'으로 이어집니다.

홍역은 아이들에게 치명적이어서, 자칫 잘못하다가는 아이가 사망에 이를 수도 있는 병이라고 간주되었습니다. 백신은 이렇게 무서운 홍역에서 아이들을 구한 마법으로 인식되고 있습니다. 그런데 영국에서 홍역으로 인한 사망률의 추이를 보면, 백신이 도입되기 이전에 이미 사망률이 매우 낮게 떨어져 있음을 알 수 있습니다. 백신의 영향은 거의 나타나지 않고 있고요. 1930년대 초반에 대구의 간에서 추출한 기름으로 홍역 걸린 아이를 치료하기 시작했는데, 오히려 이것이 더 중요한 영향을 미친 것으로 보입니다. 이 기름은 비타민 A가 풍부했기 때문에, 백신에 반대하는 사람들은 지금도 비타민 A로 홍역에 걸린 아이를 충분히 치료할 수 있다고 주장합니다. 홍역으로 인한 사망률은 위생과 영양이 좋아진 지금 1만 명에

1.5명꼴인 0.015퍼센트에 불과하기 때문에, 실제로 걱정할 병이 아니라는 것입니다. 반면에 백신의 유용성을 강조하는 사람들은 홍역 백신 접종률이 떨어진 캘리포니아에서 2015년에 홍역이 유행한 것을 사례로 듭니다.

다시 백신과 자폐증의 관계로 돌아가보지요. 의학계와 과학계 주류는 백신과 자폐증을 연관 짓는 모든 주장을 비판합니다. 세계보건기구와 각국의 의료계는 자폐증이 MMR 백신은 물론 어떤 백신과도 무관하며, 백신 자체가 아직도 매우 유용하고 필수적인 예방 수단이라고 확신합니다. 이렇게 '확신'을 가지고 주장을 하는 데에는 여러 가지 이유가 중첩되어 있습니다.

우선 이들은 자폐 아동의 수가 늘어났다고 생각하지 않습니다. 과거와 달리, 진단 기술이 발전하면서 자폐증이 쉽게 발견되기 때문에 자폐 아동(및 성인)이 많아졌다고 봅니다. 그리고 자폐증을 환경에 의한 병이 아니라, 유전적인 병이라고 봅니다. 쌍둥이에 대한 연구와 형제 자폐에 대한 연구가 이런 주장의 근거로 쓰이지요. 잘 자라던 아이들이 갑자기 자폐 증상을 보이기 시작했다는 주장에 대해서는 이런 '퇴행적 자폐증regressive autism'은 일반적이지 않다면서, 아이들에게 원래 자

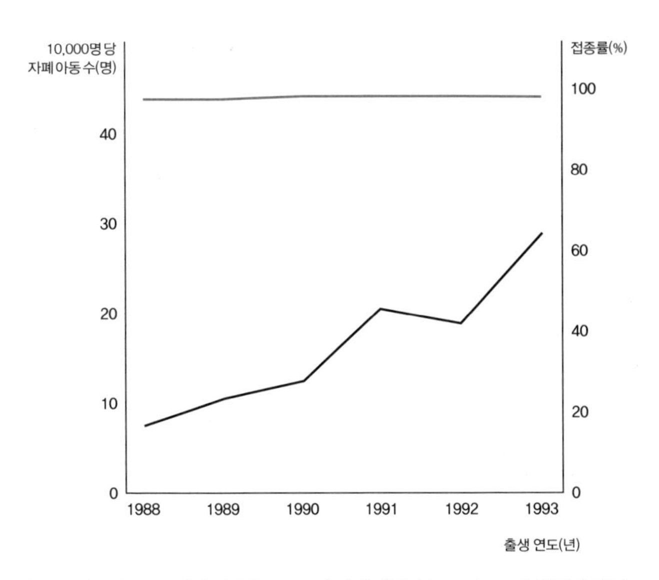

영국의 MMR 백신 접종률(붉은색)과 자폐 아동 수(검은색). MMR 백신의 접종률이 자폐증의 증가와 무관하다는 사실을 보여준다고 해석됩니다.

폐 증상이 있었지만 부모들이 파악하지 못했던 것이라고 해석합니다. 여러 가지 통계적인 데이터들도 자폐증과 백신이 무관하다는 것을 보여준다고 지적합니다. 일례로 영국의 데이터에서 MMR 백신 접종률은 일정한 상태를 유지하고 있는데도 자폐가 계속 증가하는 것을 보면, 자폐와 백신은 무관하다는 것입니다.

백신은 의료계, 제약 회사, 부모 사이의 정치적인 타협입니다. 대부분의 백신은 안전하지만, 때로는 부작용이 생깁니다. 부작용 때문에 백신을 맞히지 않는 부모들이 늘어나는 것을 방지하게 위해서, 정부와 의료계, 제약 산업은 일종의 '동맹'을 맺습니다. 미국의 경우에는 '연방백신피해법'(1986)을 제정하고 '연방백신피해보상제도'(1988)를 만들었습니다.* 백신의 부작용을 호소하는 부모들이 제소를 하면, '백신 법정'이라는 일종의 재판을 열어서 부작용이 백신에 의한 것인지 아닌지를 판단하는 제도입니다. 부모들은 변호사를 선임할 수 있는데, 패소할 경우에도 변호사 비용은 국가에서 부담합니다. 국가 입장에서 부작용을 호소하는 것을 무시하지 않고 최대한 경청하겠다는 의지의 표현입니다. 대신 국가는 이 비용을 백신 판매로 이득을 얻는 제약 회사에게서 백신 하나당 0.75달러의 세금을 받아 충당합니다. 재판관은 보건국이 임명한 전문가로 구성되며, 보통 '특별심의관'이라고 불립니다. 이 재판은 사법제도에서 운영되는 법정은 아니지만 '법정'이라고 불리며, 일반 법정에서 사용되는 용어들이 통용됩니다.**

2007~2008년에 있었던 자폐증 관련 백신 법정을 살펴보기 전에 먼저 이해해야 할 것이 있습니다. 1998년에 영국의 의사 앤드루 웨이크필드는 자폐증에 걸린 12명의 아이들을 조사해서 MMR 백신이 자폐증의 원인이라는 논문을 유명한 학

* 우리나라에도 질병관리본부 내 감염병관리위원회 산하에 예방접종전문위원회와 예방접종피해보상전문위원회가 있고, 결과는 인터넷으로 확인할 수 있습니다.

** 백신의 부작용은 가벼운 것에서부터 심각한 것까지 여러 가지 종류가 있을 수 있습니다. 연방백신피해보상제도는 부작용에 대한 표를 만들어서, 이 표에 해당되는 부작용은 바로 보상을 합니다. 그런데 백신이 자폐증을 낳았다는 제소는 표에 나와 있는 내용이 아니기 때문에, '백신 법정'을 열어서 그 타당성을 검토했던 것입니다.

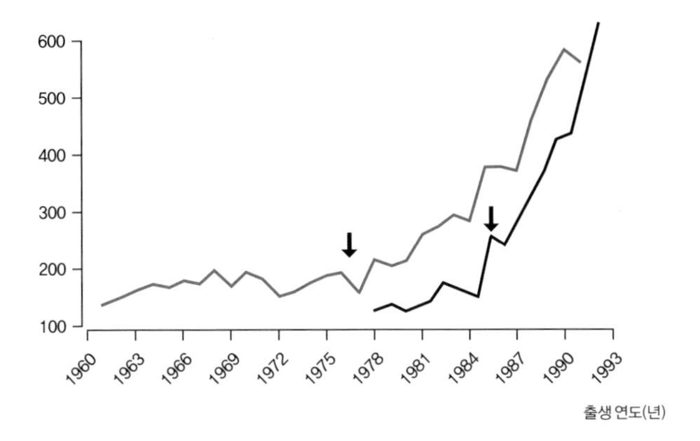

1999년 백신과 자폐증의 인과관계를 주장한 영국 의사 웨이크필드가 제시한 영국(붉은색)과 캘리포니아(검은색)의 자폐증 진단 환자의 증가. 웨이크필드는 각각의 지역에서 MMR 백신이 도입된 시기(화살표 표시)와 자폐증이 급증한 시기가 일치함을 주장합니다. 반대자들은 이 그래프가 엉터리 상관성을 보여주는 대표적인 사례라고 비판합니다.

술지 《랜싯》에 출판합니다. 그는 백신에서 사용된 홍역바이러스가 다 없어지지 않고 남아서 위장에서 염증을 일으키고, 뇌에 침투해서 자폐증을 유발한다고 주장했습니다. 웨이크필드는 자폐증 아동의 위장에서 홍역바이러스를 검출했다는 실험실 연구 결과를 제출했습니다. 그런데 나중에 이 실험실에서 심각한 데이터 조작이 있었다는 사실이 밝혀지고, 웨이크필드와 논문의 공저자들이 결별했으며, 2004년에 논문이 철회되고, 2007년에는 그의 의사 면허까지 취소됩니다. 웨이크필드는 제약 회사를 소송하려고 준비 중이던 법률사무소로부터 뇌

물을 받고 이런 연구를 했다는 비난을 받으면서 '사기꾼'으로 과학계에서 매장당합니다. 지금도 백신과 자폐증이 관련이 있다는 얘기를 하면, 많은 과학자들이 "그 얘기는 사기꾼 웨이크필드가 만들어낸 것이며, 그 논문은 철회되었고 웨이크필트는 면허취소를 당했다"라고 반응할 것입니다.

웨이크필드의 1998년 논문은 미국에서도 큰 반향을 불러일으켰습니다. 그렇지만 미국에서는 MMR 백신보다 다른 백신에 들어가는 보존제 티메로살이 더 문제가 됩니다. 티메로살 같은 에틸수은 보존제는 백신이 썩지 않도록 첨가한 물질이었고, 1차 대전 이후부터 백신에 사용되었습니다. 이 에틸수은은, 참치 같은 데에서 섭취되며 수은 중독을 낳는 것으로 알려진 메틸수은과는 다릅니다. 메틸수은에 대해서는 알려진 것이 많고 섭취 기준 등이 정해져 있지만, 에틸수은이 몸에 얼마나 해로운지에 대해서는 알려진 바가 많지 않았습니다.

2000년대 초반에 백신 때문에 자녀가 자폐증에 걸렸다고 주장하는 5,600가구의 부모들이 모여서 '백신 법정'에 소송을 신청했습니다. 이 대규모 소송은 계속 지연되다가 2007~2008년에야 열리게 됩니다. 그런데 원래 소송에 함께 참여했던 해나 폴링이라는 소녀의 부모는 여기에서 빠져서 단독 소송으로 방식을 바꿨습니다. 해나가 미토콘드리아 결핍이라는 좀 특수한 병을 앓고 있었던 경우여서 그렇게 했던 것이지요. 그런데 해나 폴링의 사건을 담당했던 특별심의관이 2007년에 해나가 미토콘드리아 결핍증의 상태에서 생후 19개월에 맞았던 5건의 백신이 자폐증을 유발했다는 부모의 청원을 근거 있는 것으로 받아들인다는 판결을 내립니다. 미토콘드리아 결핍증의 상태에서 백신을 맞은 것이 대사의 불균형을 심화했고, 이게 뇌 염증으로 이어져 자폐증을 낳았다는 것입니다. 2008년에 해나와 가족들은 150만 달러의 보상금을 지급받았습니다.

백신을 접종하기 이전에 해나 폴링은 언어능력을 포함해서 전반적으로 정상적인 성장을 하고 있었고, 이에 대한 기록이 잘 남아 있었습니다. 또 백신을 맞은 뒤에 급속하게 상태가 나빠지고 결국 자폐증을 보였던 과정에 대한 기록도 잘 남아 있었습니다. 백신이 뇌 장애를 낳았던 과정에 미토콘드리아 결핍증이 어떻게 구체적으로 관련이 있었는지는 밝혀지지 않았지만, 당시 이 사건을 담당했던 특별심의관은 미토콘드리아 결핍증에도 불구하고 정상적으로 성장하던 그녀가 자폐증에 이르게 된 원인을 백신 외에 다른 원인에서 찾을 수 없다고 판단했던 것입니다.

유럽에서 이루어진 연구 중에는 자폐 아동의 25퍼센트 정도가 미토콘드리아 결핍증을 앓고 있다는 결과를 낸 것도 있었기 때문에, 당시 해나의 아버지는 이 판결에 대해서 백신 법정이 백신과 자폐증의 관련을 인정한 기념비적인 판결이라고 평가했습니다. 또, 진행 중인 5,600가구의 소송에도 큰 파장을 미칠 것이라고도 예상했습니다. 반면에 의학계는 이 판결이 성급한 판결이며, 백신 법정이 과학에 등을 돌린 것이라고 비난했습니다. 미토콘드리아 결핍증이 있을 때 자연적인 다른 감염이 뇌 장애를 낳을 수는 있지만, 백신이 원인이라는 증거는 존재하지 않는다는 것이 의학계의 입장이었습니다.

5,600건의 합동 소송에서는 주장을 뒷받침하는 3개의 이론이 제시되었습니다.

1. MMR 백신과 (다른 백신에 들어 있는) 에틸수은 보존제인 티메로살이 결합해서 아동의 면역 체계를 약화시키고, 이는 홍역바이러스가 다 죽지 않고 살아남게 해서 뇌의 장애를 유발한다.
2. 백신에 들어 있는 에틸수은 보존제인 티메로살이 뇌신경 염증을 일으켜서 자폐증을 유발한다.
3. (영국의 웨이크필드 박사가 주장했듯이) MMR 백신이 자폐증을 유발한다.

이 중에 세 번째 이론은 근거가 취약하다는 이유로 기각되었고, 첫 번째와 두 번째 이론은 백신 법정에서 청문회를 통해 검증해보는 것으로 받아들여졌습니다. 2007년과 2008년에 열린 법정에서는 백신이 자폐증을 낳는다는 주장에 근거가 되는 실험을 했던 과학자와 의사들, 그리고 이를 비판하는 과학자와 의사들이 증인으로 나와서 자신들의 주장을 펼쳤고, 상대방의 주장을 논박했습니다. 앞에서도 얘기했지만, 자폐 아동의 부모들은 잘 성장하던 아이가 환경의 영향, 즉 백신 때문에 자폐증이 발병했다고 주장했고, 주류 의료계와 과학계의 멤버들은 자폐증이 기본적으로 유전자에 의한 병이라고 주장했습니다.

주류 의사들과 과학자들은 자폐증이 환경에 의한 것이라면, 유전자가 100퍼센트 일치하는 일란성 쌍둥이가 둘 다 자폐증인 경우가 유전자가 평균 50퍼센트 일치하는 형제(남매, 자매 포함) 둘이 모두 자폐인 비율보다 25~300배가 높다는 사실을 설명할 수 없다고 논박했습니다. 쌍둥이가 자라는 환경이 비슷한 만큼, 형제나 자매가 자라는 환경도 비슷하기 때문입니다. 그리고 자폐가 없었던 아이들에게 자폐가 생겼다는 주장에 대해서는 이런 퇴행적 유형의 자폐가 의학에서 일반적으로 인정되는 자폐가 아니며, 대부분 부모들이 12개월 미만의 아이들에게서는 자폐를 잘 인지하지 못하기 때문이라고 반박했습니다. 부모들은 쌍둥이 연구나 대규모 역학조사로는 백신으로 인해 자폐증이 유발된 소수 아동들의 사례를 잡아내지 못할 수 있다는 전문가 의견을 제출했지만, 이 역시 받아들여지지 못했습니다.

수은이 자폐의 원인이라는 주장에 대해서도 의사들은 백신에 들어가 있는 수은이 중독이나 몸에 위해를 가할 정도의 양에 훨씬 못 미친다고 주장했습니다. 자폐증 아이의 피에서 일반적인 함량보다 훨씬 더 높은 수은이 검출되었다는 주장에 대해서도, 이런 혈액검사가 자폐증 아이를 치료하는 대체 의학 요법인 킬레이션chelation 치료 이후에 이루어진 것이어서 신뢰할 수 없다고 반박했습니다. 백신을 맞힌 어린 원숭이의 뇌에서 다량의 유기수은이 발견된 연구에 대해서는 이 유기수은이 백신에 있는 에틸수은이 아니라 음식 같은 것으로 흡수된 메틸수은에서 만들어진 것이라는 논변을 제출했습니다. 메틸수은에 대해서는 허용량을 비롯해서 많은 연구가 있지만, 백신에 넣었던 에틸수은에 대해서는 연구가 거의 없었습니다. 그렇지만 의료계의 주류는 메틸수은의 기준으로, 백신에 들어있는 적은 양의 수은이 몸에 이상을 일으킬 수가 없다고 주장했던 것입니다.

백신 법정에 소송을 넣은 부모들은 한 소년의 장에서 홍역바이러스가 검출된 결과를 MMR-수은 이론(첫 번째 이론)에 대한 증거로 제출했습니다. 이 실험은 앤드루 웨이크필드의 샘플을 검사한 더블린의 유니제네틱스 실험실에서 이루어졌던 것이었습니다. 주류 과학계는 이 실험실이 대조군을 사용하지 않았고, 샘플이 오염되지 않도록 주의하지 않았으며, 추후의 실험에서는 홍역바이러스가 검출되지 않았다는 사실을 들어서 이 결과를 비판했습니다. 특히 이 실험실은 웨이크필드가 조작된 논문을 쓰는 데 도움을 준 실험실이라는 점을 지적하면서, 여기에서 이루어진 연구는 연구의 기본도 지키지 않은 것이라고 비난했습니다. 이 실험실에서 건네받은 약간의 연구 데이터를 검토했던 런던대학교의 분자생물학자 스티븐 버스틴은 유니제네틱스의 실험실이 신뢰할 수 없는 실험실이고, 자폐증과 백신을 연결시키는 사이비 과학적인 운동과 긴밀하게 연결된 실험실임을 주장하기도 했습니다. 자폐증 아동들의 부모 입장에서 보면 버스틴이야말로 백신을 만드는 제약회사로부터 연구비를 받으면서, 유니제네틱스 실험실을 깎아내릴 꼬투리를 잡는 사람이었지요.

◌

이러한 찬반 증언을 끝내고 법정의 '특별심의관'들은 2009~2010년에 어떤 백신도(MMR 백신이나 수은 보존제를 넣은 백신 모두가) 자폐증과는 무관하다는 결론을 내립니다. 특별심의관들이 자폐증의 90퍼센트가 유전자에 의한 것이며, 아직 원인이 확실치 않은 10퍼센트도 인간 게놈에 대한 연구가 진행되면서 곧 유전자의 작용으로 드러날 것이라는 주장을 받아들인 것입니다. 주류 의사들은 백신에 사용된 수은이 뇌에 염증을 일으켜서 자폐증을 낳기에는 턱없이 부족한 소량이며, 자폐증 아이의 장에서 홍역바이러스가 발견되었다는 실험 결과를 오염에 의한 오류라고 평가했습니다.

사실 이전까지 '백신 법정'은 주류 의료계에서는 잘 인정하지 않았던 백신 사고에 대해서도 보상 결정을 한 경우가 여러 번 있었기 때문에, 자폐증으로 청원한 부모들은 자신들이 준비한 이론과 증거들이 충분히 인정을 받을 것이라고 생각했었습니다. 부모들은 '백신 법정'에서 보상금을 충분히 받지 못해도, 자신들의 주장이 인정을 받으면 그것을 근거로 제약 회사를 상대로 본격적인 법정 소송을 진행할 생각이었던 것입니다. 그런데 증거에 대해서 느슨했던 '백신 법정'이 오히려 일반 법정보다도 더 까다로운 입증 기준을 원고에게 요구했고, 이런 기준을 만족하지 못했다고 패소 판결을 내린 것이지요. 원칙적으로는 부모들이 제약 회사에 대해서 독립적인 소송을 다시 진행할 수도 있었지만, '백신 법정'에서의 패소 때문에 이런 소송이 사실상 불가능하게 되었습니다.

의학계와 과학계는 2009~2010년의 백신 법정의 판결이 '과학적 증거의 승리'였다고 자축했습니다. 이들은 1998년에 웨이크필드가 최초로 MMR 백신과 자폐증을 연관 지은 뒤에 죽지 않고 배회하던 사이비 과학의 유령이 이 판결로 깔끔하게 사라지게 되었다고 평가했습니다.

그런데 2010년 이후에도 새로운 연구 결과들이 계속 등장합니다. 2010년에 출판된 한 연구는 자폐증의 유전성이 남성의 경우에 19퍼센트, 여성의 경우에 63퍼센트라고 주장했습니다. 백신 법정에서 제시된 증거는 1970년대 초반에 나온 90퍼센트라는 수치였는데, 이보다는 훨씬 약화된 것입니다. 2011년에 쌍둥이 자폐 아동에 대한 대규모 연구는 일란성쌍둥이와 이란성쌍둥이의 자폐 비율을 비교해서, 유전이 자폐증에 미치는 영향을 37~38퍼센트 정도라고 결론지었습니다.[30]

물론 유전의 비율이 떨어졌다고 백신, 독성 물질 같은 환경의 영향이 자동적으로 증대된 것은 아닙니다. 의료계는 산모의 뱃속에서의 환경, 출생할 때 노출되는 환경 등이 자폐증에 영향을 준다고 극히 제한적으로 생각하고 있습니다. 태아의 환경의 차이(자궁에서의 태아의 위치 등)는 유전자가 100퍼센트 같은 일란성쌍둥이의 몸무게가 왜 다른지 설명한다고 여겨집니다. 이런 원인이 일란성쌍둥이 중에서 한 명은 자폐증이지만 다른 한 명은 자폐증이 아닌 경우까지도 설명한다고 봅니다. 그렇지만 현재 의료계의 설명이 무엇이든, 전문가들이 확신에 차서 자폐증의 90퍼센트가 유전이라고 설명한 것이 더 이상 유지될 수 없게 되었다는 것도 분명합니다.

2011년에는 또 다른 판결이 있었습니다. 5,600건을 함께 묶어서 청원했던 소송에서 패소했지만, 이후에 변호사가 새로운 증거를 찾아서 따로 다시 소송을 제기하고 승소한 경우입니다. 라이언이라는 이름의 소년은 2003년 12월 19일에 MMR 백신을 맞고 뇌 경련을 일으켰고, 이것이 나중에 자폐증으로 발전했다고 주장했습니다. 이 소년과 함께 에밀리라는 소녀도 소송에서 승소했습니다. 2011년 6월 9일, 백신 법정은 이들의 주장을 받아들여서 연방백신피해보상제도가 이들 가족에게 수백만 달러에 달하는 보상금을 지급하라는 판결을 내렸습니다. 그런데 두 경우 모두 관련된 기록들이 공개되지 않아서, 무수한 추측만 있을 뿐 이에 대한 분석이 이루어지지는 못했습니다.[31]

2015년에 출판된 논문은 9만 5,000명의 아동을 전수조사해서 형제가 자폐로 진단받은 그룹과 그렇지 않은 그룹을 비교했는데, 오히려 전자에서는 MMR 백신 접종률이 70퍼센트대였고 후자에서는 90퍼센트가 넘는다는 사실을 발견했습니다.[32] MMR 백신이 자폐증과 무관하다는 결론을 강력하게 지지하는 결과라고 평가되었지만, 이에 동의하지 않는 사람들은 여전히 이런 역학적 데이터가 백신이 자폐증을 유발한 드문 경우를 전부 포함할 수는 없다고 주장합니다.

테크노사이언스의 네트워크의 관점에서 보면 백신 논쟁

은 더 강하고, 더 설득력 있는 네트워크가 승리한 셈이 되었습니다. 의료계와 과학계는 인간 게놈 계획과 다유전자 형질에 대한 최신 성과들, 뇌과학의 최신 성과들, 독성학의 최신 성과들, PCR실험에 대한 권위 등을 결합해서, 자폐증이 유전자에 의해서 생기는 질병이고 백신을 비롯한 유아기 환경과는 무관하다는 결론을 관철시킵니다. 아이를 키우는 부모들에게 동조한 전문가들은 그 신뢰성을 계속 의심받았고, 이들이 제시한 여러 증거는 소송에 관여한 아동들이 유전적 자폐증과는 다른 독특한 질병을 앓고 있다는 것을 입증하지 못합니다. 2007~2008년 소송 이후에 이들 자폐아들의 부모들은 백신과 자폐증의 관련을 입증하는 과학적인 시도를 포기하고, 백신 법정과 같은 제도가 과연 정의를 실현하는 미국의 헌법 이념에 적합한 제도인지 상급법원에 제소하는 형태로 방향을 바꾸게 됩니다. 이들의 노력은 지금도 진행 중입니다.

흥미로운 사실 하나는 1998년 이후에 백신 보존제에 들어 있던 에틸수은 티메로살이 퇴출되었다는 것입니다. 의료계는 티메로살이 아무런 해가 없다고 했지만, 미국 질병통제예방센터는 1999년에 소아 백신에 더 이상 이를 사용하지 않기로 결정합니다. 그 결과, 2003~2004년이 되면 티메로살은 더 이상 소아 백신에는 사용되지 않습니다. 그렇지만 자폐증으로 진단받은 아이들은 2006년 이후에도 가파르게 증가합니다. 이것은 백신이 자폐증과 무관하다는 증거일까요, 아니면

MMR이 자폐증을 낳는다는 것을 보여주는 증거일까요? 과학계나 의료계는 전자를 지지할 것이며, 자신의 아이가 백신을 맞고 자폐증에 걸렸다고 생각하는 부모들은 이런 증거가 백신의 누적적인 영향이라고 생각할 것입니다.

2016년이 2000년대 초반과 다른 점은 백신과 자폐증의 연관에 대해서 더 이상 큰 논쟁이 일어나지 않고 있다는 것입니다. 백신-자폐증의 연관에 대한 논쟁은 어느 정도 종결되었다고 볼 수 있습니다. 패러다임이 반례에 대해서 탄성적인 적응력이 있듯이, 이렇게 종결된 논쟁은 한두 건의 반례로는 다시 열리지 않습니다. 우리가 상세하게 보았지만 백신에 대한 과학과 의학의 지식이 확실하기 때문에 논쟁에서 이긴 것이 아니라, 논쟁에서 이기면서 이 지식이 확실해진 것입니다. 과학계와 의료계의 주류 지식과 학설 중에서도 불확실한 부분들이 도처에 있었습니다. 그렇지만 주류 의학계, 주류 과학계, 정부 보건국, 제약 회사의 네트워크는 자폐 아동 부모와 대안 의료 전문가들의 연대에 비해서 더 강고했고, 백신이 신뢰할 만한 의약품이라는 '정치적 타협'을 다시 한 번 확인하는 결정을 이끌어냈습니다. 그러면서 이들 지식의 확실성이 더 확고해졌던 것입니다. 논쟁이 종결되는 데에 '강고한 네트워크'는 원인이 되고, '과학적 확실성'은 그 결과가 됩니다.

책임

독일의 철학자 임마누엘 칸트는 인간이 자유의지를 가진 존재라고 생각했고, 책임은 자유가 있는 한에서만 물을 수 있다고 봤습니다. 기관사가 브레이크를 밟았지만 기차가 서지 못해서 선로를 건너는 사람을 쳤다면 그 책임을 묻지 않습니다. 자기 마음대로 할 자유가 없었다는 것이지요. 반대로 과속을 하다가 사람을 친 자동차 운전자에게는 책임을 묻습니다. 운전자는 과속을 안 할 수 있는 자유가 있었지만, 과속을 했기 때문에 책임이 있다는 것입니다.

정신병을 앓는 상태에서 사람을 해친 경우에도 책임을 묻지 않거나 경감해줍니다. 드문 경우이지만 뇌종양이 뇌를 압박해서 정상적인 사람이 갑자기 정신병 비슷한 상태가 될 수도 있고, 이런 상태에서 끔찍한 범죄를 저지를 수도 있습니다. 이럴 때에는 전문가들의 소견을 듣고 책임의 경중을 따집니다. 만취 상태로 음주운전을 하다가 사람을 친 경우에는 어떻게 될까요? 만취 상태에서는 내가 판단을 할 자유가 거의 없습니다. 심지어 운전을 했다는 자각이 없는 사람들도 있습니다. 그렇지만 내가 술을 마시기 시작할 때 나는 자유의지를 가지고 있었고, 내가 의지를 가지고 마신 술 때문에 사고를 낸 경우이기 때문에 책임이 없다는 얘기는 통하지 않습니다. 타인이 강제로 먹인 술 때문에 그랬다면요? 아마 그 강제성의 정도를 가늠해봐야 하겠지요.

우리 사회에서는 책임을 지는 사람보다는 책임을 남 탓으로 돌리는 사람들이 많습니다. 음주운전을 하다가 사고가 나면, 내 잘못이 아니라 술 때문이고, 술자리를 만든 회사 때문이고, 술을 권한 상사 때문이라는 식입니다. 20세기 초에 『악마의 사전』을 편집한 유명한 풍자가 앰브로즈 비어스는 책임을 "신, 숙명, 운명, 운, 혹은 자신의 이웃에게 쉽게 이전시킬 수 있는 분리 가능한 부담. 점성술의 시대에는 주로 별에 떠맡겨진 부담"이라고 정의하면서 이를 비꼬았습니다. 책임을 다른 사람이나 사물에게 떠맡기는 게 훨씬 더 쉽다는 것입니다. 실제로 잘못된 정치적 결정이 내려졌을 때, 정치인은 법안을 통과시킨 의회에 책임을 돌리고, 의회는 근거를 제시한 전문가에게 책임을 돌리고, 전문가들은 자신의 조교에게, 조교는 자기가 사용한 측정기에게 책임을 돌립니다. 세상은 모두 연결되어 있기 때문에, 한 사람이 어떤 사건에 대해서 전적으로 책임을 지는 것은 어불성설이라는 얘기도 있습니다.

아마 누구라도 이런 책임 회피나 전가가 바람직하다고 생각하지는 않을 것입니다. 그렇지만 어쩔 수 없는 경우가 있는 것 또한 사실입니다. 고속도로 커브길에서 차가 막혀서 정차 중이었습니다. 그런데 뒤에서 오던 운전자는 커브길 때문에 도로가 막혀 있는 상황을 볼 수 없었습니다. 급히 브레이크를 밟았지만 정차하고 있던 내 차를 들이받게 되었습니다. 나는 괜찮았는데 내 차가 밀리면서, 갓길에 차를 세우고 나와 있던 운전자를 쳐서 크게 다치게 했습니다. 누구의 책임일까요?

앞에서 인간-비인간의 네트워크를 생각하면 순수한 자유의지를 가진 인간이라는 존재를 생각하기 쉽지 않다는 얘기를 했습니다. 다른 인간이나 비인간의 존재는 항상 나의 자유를 확대하거나 제한합니다. 나는 다른 사람이 만든 인터넷 때문에 더 자유롭게 내 의견을 표출할 수 있지만, 더 많은 시선과 감시에 노출됩니다. 법 때문에 내 언론의 자유가 신장되었지만, 내 자유로운 욕망에 반하는 법도 지켜야 합니다. 비인간이 내게 영향을 주기도 합니다. 내 손에 총이 쥐어지면 나는 맨손으로 있을 때와는 전혀 다른 존재가 되어버립니다. 운전대만 잡아도 성격이 변하는 사람이 있습니다. 그렇다면 다른 인간, 비인간들과 밀접하게 얽혀 있는 내가, 대체 나의 의지에 따르는 순수한 자유를 얼마나 가질 수 있을까요?[33]

칸트는 이 문제의 해법을 타인의 상황을 충분히 고려하고 배려해야 한다는 데에서 찾았습니다. 그 배려가 바로 양심이며, 자유는 이 상호 배려의 공간 속에 존재합니다. 그렇지만 레비나스라는 철학자는 아예 칸트에 반대하면서 자유를 책임의 원천으로 보는 데 반대했습니다. 어차피 칸트가 얘기한 온전한 자유라는 것은 존재하지 않기 때문이라는 것입니다. 그는 책임의 원천이 자유가 아니라, 타인의 상황에 대한 공감과 배려라고 주장합니다. 내 주변의 사람들이 고통받고 어렵게 사는 모습을 보고, 내가 이를 수용하고 이들의 짐을 나누는 것이 책임의 출발이라는 겁니다. 따라서 책임은 타인에 의해서 내게 부여되는 것이고, 내가 아니라 관계가 우선인 것입니다. 레비나스에 따르면 자유도 다른 모습을 가집니다. 그는 자유가 나로부터 출발한 힘이 아니라, 주변의 타인에 대해서 책임지는 가운데 생성되는 힘이라고 주장합니다.[34]

이 문제를 좀 더 따져보기 전에 '책임'이라는 개념을 조금 분석해볼 필요가 있습니다. 보통 철학에서는 책임을 법적 책임과 도덕적 책임으로 구분합니다. 도덕적 책임이 법적 책임의 토대가 된다는 의미에서 이 둘은 밀접한 연관이 있습니다. 그렇지만 둘이 나뉘는 지점도 많습니다. 법적으로 책임을 질 일을 저질러놓고 도덕적으로 아무런 책임을 느끼지 못하는 파렴치범도 많습니다.

과학 연구에도 비슷한 일을 찾아볼 수 있지요. 비록 전시였지만 독일 화학자 프리츠 하버는 자신의 화학 지식을 이용해서 독가스를 개발한 뒤에, 제네바협정을 피해서 이를 효과적으로 사용할 수 있는 묘책을 찾아냅니다. 그의 독가스는 전장에서 수만 명의 사상자를 냈지만, 그는 아무런 양심의 가책이나 책임을 느끼지 않았습니다. 생명을 지켜야 하는 의사들이 끔찍한 실험을 한 경우도 있습니다. 미국의 몇몇 의사들은 매독 환자들에게 가짜 약을 주사하고 매독균이 인체를 파괴하는 과정을 관찰했습니다. 이 '터스키기 매독 실험'을 했던 의사들은 이것이 정당한 의학 실험이었다고 주장하면서, 병이 치료될 것이라는 믿음 속에 죽어간 흑인들과 그 가족들에게 결코 사과하지 않았습니다.[35]

법적으로는 문제가 없지만 도덕적인 책임감 때문에 괴로워할 수도 있습니다. 비도덕적인 연구에 항의하거나, 이를 중단하거나, 이에 반대하는 운동을 한 과학자도 많습니다. 화학을 공부했던 클라라 하버는 남편 프리츠 하버가 수행하던 독가스 연구에 항의하다가 권총으로 스스로 목숨을 끊었습니다. 난류에 대해서 연구하던 기상학자 루이스 리처드슨은 2차 세계대전 당시 군부가 독가스 섞는 방법을 알아내기 위해 그의 연구에 관심을 보이자 자신의 노트를 다 불태우고 기상학 분야를 아예 떠나버렸습니다. 그는 이후 전쟁과 갈등에 대해서 연구하기 시작했고, 갈등 연구 분야에서 선구자가 됐습니다.

폴란드 출신의 영국 과학자 조지프 로트블랫은 미국의 맨해튼 프로젝트에서 연구를 하다가, 히틀러가 원자폭탄을 만들지 않음에도 불구하고 연구가 계속된다는 사실에 윤리적으로 괴로워했고 결국 로스앨러모스를 떠납니다. 전쟁이 끝난 뒤에는 원자폭탄에 대한 반대 운동을 주도했고, 핵무기의 포기를 촉구하는 러셀-아인슈타인 선언을 기획합니다. 이 선언은 원자무기를 반대하는 전 세계 과학자들의 조직인 퍼그워시 회의로 확대되었고, 로트블랫과 퍼그워시 회의는 핵무기 감축에 기여했다는 공로로 1995년에 노벨 평화상을 수상합니다.[36]

분자생물학자 폴 버그는 유전자를 섞어서 새로운 생명체를 만드는 유전자재조합법의 선구자입니다. 그는 자신의 연구가 지닌 잠재적인 위험성을 고민하다가, 비슷한 고민을 가진 과학자들과 함께 1975년 애실로마학회를 개최합니다. 버그는 여기에서 과학자들이 유전자재조합 연구의 잠정적 중단에 대한 선언을 하는 데 결정적인 역할을 합니다. 이 선언은 과학자들이 자신들의 연구에 윤리적 책임을 느끼고, 잠정적인 연구 중단을 자발적으로 선언한 첫 번째 사례로 높이 평가되고 있습니다.

다시 책임에 대한 두 가지 관념으로 돌아가봅시다. 과학자들의 사회적 책임에 대해서 얘기한 많은 이들은 과학자의 '자유', 과학자의 힘에서 수반되는 '책임'에 대해서 얘기를 합니다. 칸트가 얘기한 책임이지요. 20세기 가장 위대한 수학자 중 한 명으로 꼽히는 아티야는 과학자가 자신의 연구에 책임을 져야 하는 여섯 가지 이유를 다음과 같이 들었습니다. 첫 번째는 부모가 자신이 만든 아이에 대해서 도덕적 책임을 지듯이 과학자들도 자신들이 만들어낸 과학적 발견에 대해서 도덕적 책임이 있다는 것입니다. 두 번째로, 과학자들은 일반 시민이나 정치가에 비해 전문적 문제들을 더 잘 이해하기 때문에 이런 전문가로서의 책임감이 수반된다는 것입니다. 세 번째로 과학자들은 기술적 조언을 하고 갑작스러운 사고를 해결하는 데 도움을 줄 능력을 가지고 있으며, 네 번째로 이들은 현재의 발견으로부터 발생할 수 있는 미래의 위험에 대해 경고할 능력을 가지고 있으며, 다섯 번째로 과학자들이 인류 전체의 이익을 바라보는 큰 시각을 가질 수 있기 때문이라는 것입니다. 마지막으로는, 과학자들이 공공의 논의에 적극 참여한다면 과학의 가치를 보호하는 결과를 낳을 수 있기 때문이라고 했습니다.[37]

그런데 과연 그럴까요? 내 연구는 다른 과학자들이 이미 수행한 연구의 바탕 위에서 이루어지며, 다른 연구를 낳는 모태가 됩니다. 내가 한 연구는 다른 네트워크에 속하면서 원래 목적이 아닌 다른 응용 가능성을 가지게 됩니다. 처음에는 자연에 대한 호기심으로 시작한 연구가 사람의 목숨을 빼앗는 무기에 사용될 수도 있고, 레이더처럼 원래 군사용으로 개발된 기술이 전자레인지 같은 가전제품에서 사용될 수도 있습니다. 내 연구를 자식처럼 생각하고 이에 대해서 기꺼이 도덕적 책임을 진다고 해도, 내 연구가 어떻게 이용될지, 그 미래가 어떻게 될지 내가 가장 잘 알고 있다고 말하기는 힘듭니다. 인간의 모든 지식이 그렇지만, 내 전문 지식에도 불확실성이 항상 존재합니다.

게다가 테크노사이언스는 성장합니다. 처음에 연구를 수행한 과학자라도 나중에 테크노사이언스 네트워크가 커지고 복잡해지면서 여기에서 빠지는 경우도 있고, 계속 참여하더라도 부분적인 역할밖에는 하지 못하는 경우도 있습니다. 거대과학의 사례에서 보았듯이, 큰 프로젝트의 리더는 계속 바뀝니다. 특히 과학 연구가 상업적 응용 가능성을 가지거나, 군사적으로 유용할 때에는 기업, 군부, 정부가 여기 개입합니다. 처음에는 혼자서 하던 연구가 커지면서 수많은 인간과 비인간이 달라붙은 거대한 네트워크로 성장합니다. 이럴 경우에는 본인이 책임감을 느껴도 혼자 연구에서 빠지는 것 외에는 다른 방도가 잘 안 보이기도 합니다. 과학자가 호소를 해도 기업이나 군부가 얘기를 잘 듣지 않기 때문입니다.

이런 네트워크 속에서 책임이라는 문제가 어떻게 이해될

수 있을지 한 가지 사례를 조금 자세히 살펴보겠습니다. 바로 원자탄의 개발 계획입니다.[38] 그 역사는 19세기 말에 프랑스에서 연구하던 폴란드 과학자 마리 퀴리가 방사능 물질을 발견하면서 시작됩니다. 방사능 물질이 과학자들의 호기심을 끌었던 것은 작은 질량의 물질에서 거의 무한대의 에너지가 나오는 것 같아 보였기 때문입니다. 당시에는 이 에너지의 원천이 알려지지 않았었는데, 1905년에 알베르트 아인슈타인이 특수상대성이론을 제창하고 이로부터 $E=mc^2$이라는 유명한 공식을 유도하면서, 방사능 물질의 에너지가 질량으로부터 전환된 것이라는 인식이 생깁니다.

이후 약 30년 동안에 물리학자들은 원자의 구조를 양자역학적으로 이해하고, 또 원자를 인공적으로 쪼개서 다른 물질을 만드는 '현대판 연금술' 실험을 합니다. 물리학의 황금기라고 볼 수 있는 시기였습니다. 원자의 세계를 연구하는 유럽과 미국의 물리학자들은 학회에서 만나서 격렬한 토론을 하고, 함께 스키를 타고 하이킹을 하면서 미시 세계의 신비를 하나씩 규명해가는 과정을 즐겼습니다. 국가나 군부는 이런 일에 아무런 관심도 없었고, 물리학자들의 학회는 과학에 관심이 많은 부호들의 후원을 받았습니다. 하이젠베르크, 파울리 같이 쟁쟁한 젊은 연구자들이 거쳐간 닐스 보어의 코펜하겐연구소는 맥주 회사의 지원을 받고 있었습니다.

그러다가 우라늄 같은 특정한 방사능 물질이 둘로 쪼개지는 방식으로 변형되면서 큰 에너지를 방출한다는 것이 발견되고, 그 기저에 연쇄반응이라는 메커니즘이 존재한다는 것이 알려집니다. 핵분열 현상은 독일의 화학자 오토 한과 그의 조수 프리츠 슈트라스만이 발견했고, 오토 한과 함께 일했던 물리학자 리제 마이트너와 그녀의 조카 오토 프리슈는 핵분열의 이론적 이해와 연쇄반응에 대한 연구를 이루어냈습니다. 이렇게 되자 몇몇 물리학자들은 핵분열과 연쇄반응을 잘 이용하면 엄청난 파괴력의 폭탄을 만들 수 있겠다는 생각을 하게 됩니다.

나중에 2차 세계대전이 끝나고 오토 한은 자신의 발견에 대해서 몹시 괴로워했다고 합니다. 주변 사람들이 그가 자살을 하지나 않을까 심각하게 걱정했을 정도로요. 그렇지만 한이 발견한 것은 우라늄을 가지고 실험을 하다가 바륨이라는 엉뚱한 물질이 만들어졌다는 사실뿐입니다. 그는 자신의 발견에 대해서 어리둥절했고, 마이트너에게 도움을 청했습니다. 이것이 원자핵의 분열 때문이라는 이론은 마이트너와 프리슈가 제시했던 것입니다. 이런 의미에서 핵분열을 발견해서 원자폭탄을 가능하게 했던 책임이 전적으로 오토 한에게 있다고 말하기는 힘듭니다.

사실 이때까지만 해도 원자폭탄은 이론적인 얘기에 불과했습니다. 그런데 핵분열이론을 제창한 프리슈와 독일 출신의 영국 과학자 페이얼스가 우라늄으로 원자폭탄을 만들 수 있는 임계질량을 대략적으로 계산하는 데 성공합니다. 놀랍게도 그 양은 그렇게 크지 않았습니다. 계산된 양은 대략 10킬로그램에서 수십 킬로그램 정도였으니까요. 만약에 그 임계질량이 1톤 정도였다면 원자탄은 아예 불가능했을지도 모릅니다. 우라늄이 희귀한 광물인데다가, 우라늄 중에 99.3퍼센트를 차지하는 우라늄238은 연쇄반응을 하지 않고, 0.7퍼센트에 불과한 우라늄235만이 연쇄반응을 했기 때문입니다. 사실 우라늄 10킬로그램을 모으는 것도 당시 기술로는 벅찬 일이었지만, 어쨌든 이들의 계산 이후에 원자폭탄은 실현 가능한 것이 되었습니다.

독일의 히틀러와 이탈리아의 무솔리니를 피해서 망명한 과학자들은 히틀러가 원자탄을 개발할 것을 우려했습니다. 연쇄반응이 독일 과학자에 의해서 발견되었을 뿐만 아니라, 독일에는 세계 최고의 물리학자들이 다 몰려 있었기 때문입니다. 실제로 독일은 노벨상을 수상한 이론물리학자 하이젠베르크를 원자탄 개발 계획의 책임자로 임명했습니다. 당시 독일 과학의 수준을 잘 알고 있었고, 히틀러를 피해서 미국에 망명했던 아인슈타인과 레오 실라르드는 편지를 써서 루스벨트 대통령을 설득합니다. 히틀러보다 먼저 원자탄을 개발해야 한다고 말이죠. 아인슈타인은 나중에 이 편지를 쓴 것이 큰 실수였다고 술회했습니다. 그가 반핵운동에 뛰어들었던 것도 이에 대한 도덕적 책임 때문일 수 있습니다. 실제로 원자폭탄에 대한 대중서들은 이 편지가 원자폭탄 개발의 계기가 되었다고 평가합니다.

하지만 당시 정치인들은 아직 원자탄을 심각하게 생각하지 않았습니다. 공상 과학 비슷한 것이라고 생각했던 것입니다. 미 정부는 아인슈타인의 편지를 받고 우라늄위원회를 만들었지만, 예산도 거의 배정하지 않았습니다. 알려진 것과 다르게 아인슈타인의 편지는 원자탄 개발 계획을 출범시킨 계기가 아니었던 것입니다.

얼마 후에 어니스트 로런스라는 미국의 과학자가 우라늄 238로 실험을 하다가 이를 플루토늄으로 변환시키는 데 성공합니다. 우라늄의 99.3퍼센트를 차지하는 우라늄238은 연쇄반응을 일으키지 않는 물질이었습니다. 그런데 우라늄238과 달리 새롭게 만들어진 플루토늄은 연쇄반응을 일으키고 핵무기의 재료로 사용될 수 있었습니다. 갑자기 핵무기를 만들 수 있는 가능성이 비약적으로 높아진 것입니다.

당시 미국은 이미 2차 세계대전에 참전하고 있었고, 전쟁 관련한 과학기술자의 연구는 엔지니어 버네바 부시, 화학자 제임스 코넌트, 물리학자 칼 콤프턴 등이 총괄하고 있었습니다. 로런스의 발견을 보고받은 부시와 코넌트는 원자탄 개발 계획에 총력을 기울이면 전쟁이 끝나기 전에 원자탄을 개발할 수 있다고 확신하게 됩니다. 이들은 정치권을 설득했고, 루스벨트 대통령의 인가를 받은 미국 군부는 1942년 가을에 맨해튼 프로젝트를 출범시킵니다. 이 과정은 상당히 복잡하고 기록되어 있지 않는 것도 많아서, 맨해튼 프로젝트를 출범시키는 데 누가 결정적인 역할을 했는지 분명치 않습니다. 역사가들은 미국의 과학연구개발국을 총지휘했던 버네바 부시가 이 과정을 주도했던 것으로 평가합니다. 앞서 '거대과학'을 다루면서 그로브스와 오펜하이머의 리더십으로, 30년이 걸릴 것이라던 원자폭탄의 제조가 3년 만에 이루어진 것을 살펴봤습니다.

문제는 1944년 가을부터 생깁니다. 유럽에서 들려오는 소식에 따르면 독일의 원자폭탄 계획은 매우 지지부진했습니다. 1945년 봄이 되면 독일은 원자폭탄을 가지고 있지 않으며, 패전이 목전이라는 것이 거의 확실해집니다. 5월에는 미국의 원자폭탄이 거의 완성되지만, 독일은 항복하고 일본만 연합군과 대적 중인 상태가 됩니다. 일본은 원자폭탄을 만들 수 없던 나라였고, 여러 가지 정황으로 봐서 일본의 항복도 시간 문제였습니다. 미국이 원자폭탄을 만든 이유가 사라진 것입니다.

그런데 원자폭탄의 역사에 대한 최근의 연구를 보면, 원자폭탄이 어느 정도 완성되면서 미국의 정치인과 군인들이 독일보다 일본을 타깃으로 삼았다는 사실을 알 수 있습니다. 일본에 대한 적개심과 아시아인에 대한 인종차별적인 편견 때문에, 일본이 원자폭탄을 투하할 '만만한' 상대가 되었던 것입니다. 또, 1944년 가을부터는 원폭을 빨리 완성하고 사용해서 소련에 대한 우위를 점하겠다는 생각이 정치인들을 사로잡습니다. 미국의 가장 영향력 있던 정치인, 과학자로 구성된 '임시위원회'는 1945년 5월, 일본의 군사시설과 노동자들이 밀집한 곳에 경고 없이 원폭을 투하해야 한다고 의결해서 대통령에게 전달합니다.

원자폭탄을 제조한 것은 로스앨러모스 연구소였지만, 이외에도 오크리지와 핸퍼드의 거대한 공장들에서 폭탄의 원료가 되는 방사능 물질을 모으고 있었고, 시카고의 '메트 랩'이라는 비밀 연구소에서도 원자로가 설치되어 핵변환을 관찰하고 방사능 물질을 모으는 데 일조를 하고 있었습니다.

시카고에서 연구를 하던 실라르드는 1945년 봄, 원자폭탄 개발을 중단하자는 내용으로 루스벨트 대통령에게 편지를 쓰지만, 루스벨트가 사망하여 전달되지 못합니다. 시카고의 과학자들은 임시위원회의 결정을 듣고, 원자폭탄의 사회적, 정치적 함의를 논하는 '프랑크위원회'를 만들어서 보고서를 작성합니다. '프랑크보고서'는 원자폭탄을 일본에 투하하는 대신에 일본의 대표 앞에서 시연해서 항복을 받아내자는 제안과, 방사능 물질과 원자에너지의 민간 관리를 주장하는 내용을 포함하고 있었습니다. 보고서는 6월 12일에 워싱턴에 전달되었지만, 다시 열린 '임시위원회'에서는 원래의 투하 결정이 재확인되었을 뿐입니다.

실라르드는 또다시 원폭을 사용하지 말자는 청원문을 작성하고, 시카고, 오크리지, 핸퍼드에서 일하는 과학자 70명의 서명을 받아 국무장관에게 전달했지만, 이 청원문은 트루먼 대통령에게 전달되지 못하고 기밀문서로 분류되어버립니다. 곧 사막에서의 첫 원폭 실험이 성공적으로 실행되었고, 8월 6일과 9일, 두 발의 원폭이 일본에 투하됩니다. 히로시마와 나가사키에서 20만 명의 사람들이 목숨을 잃었는데, 이들 대부분은 전쟁과 직접적으로 관련이 없던 시민들이었습니다.

로스앨러모스의 과학자들은 1944년 여름부터 1년 동안 정말 열심히 일했습니다. 원자폭탄은 그 비슷한 선례도 존재하지 않았고, 임계질량도 확실히 알려지지 않았으며, 특히 플루토늄을 사용하는 내파 폭탄은 여러 가지 이론적·실험적 문제들이 해결되지 않은 상태였습니다. 1945년 여름이 가까워지면서 과학자들은 훨씬 더 많이, 더 집중해서 연구를 수행했습니다. 과학자로서의 사회적 책임에 대해서는 어떤 생각을 했을까요?

박사 학위를 받자마자 로스앨러모스에 투입된 파인먼은 그곳에서 자기가 존경하던 위대한 수학자 폰 노이만을 만나, '우리는 세계에 대해서 책임을 질 필요가 없다'라는 '사회적 무책임'의 철학을 배웠다고 회고합니다. 이 에피소드에 대한 다른 기록이 없기 때문에 폰 노이만이나 파인먼의 '사회적 무책임'이 정확히 무엇을 의미하는지는 알기 힘듭니다. 추측컨대 폰 노이만은 과학자들의 연구가 누구에 의해서 무슨 목적으로 응용되는지는 미리 알 수도 없고 통제할 수도 없기 때문에, 이에 대해서 '책임'을 진다는 것은 의미가 없다는 얘기를 한 것이 아닐까 생각됩니다.

1945년 봄까지 로스앨러모스에서 일하던 미국인 과학자 중에서 원자탄의 도덕적 책임, 과학의 사회적 책임에 대해서 고민했던 사람은 없는 것 같습니다. 적어도 남아 있는 기록으로는 그렇습니다. 그도 그럴 것이, 당시 이들은 국가의 부름을 받고 국가와 연합군을 위해 연구를 하고 있었으며, 절대악이었던 히틀러와 전쟁을 하고 있었습니다. 이들은 자신의 일에 긍지를 가졌고, 전쟁을 빨리 끝내는 것이 많은 이들의 생명을 구하는 길이라고 믿고 있었습니다.

1945년 8월, 일본에 원폭이 '성공적으로' 투하된 날, 로스앨러모스에서는 축하 파티가 치러졌습니다. 과학자들은 축배를 들고, 술을 마시면서 서로의 노고를 치하했습니다. 파인먼도 드럼을 두들기며 신명을 돋웠습니다. 그런데 로스앨러모스의 과학자 중 한 명만이 구석에서 울고 있었다고 합니다. 바로 로버트 윌슨이었습니다. 윌슨은 로스앨러모스에서 입자가속기 사이클로트론의 팀 리더를 맡았었고, 1944년에는 4개의 실험팀을 총괄하는 중요한 역할을 담당한 사람이었습니다.

1945년 4월 30일에 히틀러가 자살을 하고, 5월 초순부터는 독일이 항복하기 시작했습니다. 그렇지만 4월 말에 이미 몇 사람이 워싱턴에 모여서 일본의 여러 도시를 타깃으로 검토합니다. 5월 10일, 11일에는 로스앨러모스에서 일본 내 타깃 도시를 확정하는 두 번째 회의를 합니다. 윌슨도 이 위원회에 참석했는데, 아마 이 무렵에 원자폭탄에 대해서 회의적인 입장을 갖게 된 것 같습니다. 그의 의견은 그로브스 장군에게 전달되었지만, 그로브스는 싸늘한 반응을 보였을 뿐입니다. 윌슨은 그때 일을 그만둘 생각까지 했지만, 그러지 못한 것이 후회된다고 나중에 술회했습니다.

구석에서 울고 있는 윌슨에게 파인먼이 "왜 웁니까?" 하고 물었습니다. "우리가 끔찍한 것을 만들었어." 윌슨이 대답했습니다. 파인먼은 의아했습니다. "당신이 시작한 게 아닙니까. 당신이 우리를 모두 끌고 오지 않았습니까."

로스앨러모스에서 일을 했던 과학자들은 다 좋은 동기와 목적을 가지고 일을 시작했고, 목적을 이루기 위해서 정말 열심히 일했고, 일을 하면서 즐거웠고 신이 났습니다. 정해진 목표를 달성하기 위해 풀어야 할 어려운 문제가 너무 많았고, 서로 긴밀하게 협력하면서 이런 난제들을 해결해나갔던 것입니다. 문제는 이런 과정에서 대부분의 과학자들이 더 이상 다른 생각을 하지 않았다는 것이지요. 자신들이 풀어야 하는 문제만을 생각하고, 그 외의 것에 대해서는 생각하기를 중단했습니다.

마리 퀴리의 방사능 발견에서 히로시마 원폭 투하에 이르는 약 50년간의 역사를 다시 생각해봅시다. 20만 명의 목숨을 앗아간 원자폭탄의 책임은 누구에게 있는 것일까요? 방사능 분야를 개척한 마리 퀴리? $E=mc^2$을 발견한 아인슈타인? 연쇄반응을 발견한 오토 한과 슈트라스만? 임계질량을 계산했던 과학자들? 아인슈타인을 설득해서 루스벨트에게 편지를 쓰게 한 레오 실라르드? 아인슈타인? 오펜하이머? 플루토늄 폭탄을 성공적으로 만든 키스챠콥스키? 맨해튼 프로젝트의 총책임자 그로브스 장군? 일본에 대한 투하 권고안을 만들어서 미국 국방장관에게 제출한 임시위원회? 임시위원회에 속해 있던 세 명의 과학자들(버네바 부시, 제임스 코넌트, 칼 콤프턴)? 맨해튼 프로젝트를 인가한 미국 대통령 루스벨트? 일본에 대한 원폭 투하를 최종 승인한 미국 대통령 트루먼? 미국의 강경파 군인들? 항복하지 않고 버티던 일본의 강경파들? 혹은 이들 전부?

독일에서 원자탄 개발 계획을 지휘했던 하이젠베르크는 전쟁이 끝나고 연합군에 잠시 억류되어 있었습니다. 그는 이

때 대체 무엇이 잘못되어 과학이, 과학자가, 자신이 이렇게까지 되었는지 한참 생각했습니다. 1920~30년대에 물리학자들은 원자의 비밀을 밝혔을 뿐인데, 그때 전 세계 물리학자들은 모두 서로 친구였는데, 어린아이처럼 흥분하고 호기심에 충만해서 연구만 했을 뿐인데, 대체 어느 순간부터 무엇이 잘못되어 물리학이 대량 살상 무기를 만드는 데 사용이 되었던 것일까요? 1920~30년대에 연이어 나타나는 새로운 발견에 흥분하면서 원자를 연구하던 물리학자들 중 어느 누구도 1945년에 핵폭탄이 완성되어서 도시 두 개를 날리고 수십만 명의 시민을 죽일 것이라고는 생각하지 못했습니다.

하이젠베르크는 결국 이 모든 과정이 원자 스스로가 그 모습을 인간에게 드러냈기 때문이라고 생각하게 됩니다. 원자라는 존재가 서서히 베일을 벗고 자신이 품고 있는 엄청난 에너지를 인간에게 드러낸 것이지, 특정 과학자의 잘못이 아니라는 겁니다. 그렇다면 인간은 원자가 가진 힘을 밖으로 드러내는 과정을 매개한 '매개자' 정도의 역할을 했다고 볼 수 있습니다. 하이젠베르크가 이런 얘기를 한 것은 사실 자신의 책임을 희석시키기 위해서였는지도 모릅니다. 그렇지만 앞에서도 지적했듯이, 우리가 비인간을 고려하면 인간'만'의 책임을 논하기가 어려워지는 것 또한 사실입니다.

전쟁은 원자탄에 의해서 끝났고, 원자탄은 일본 시민들을 살상했지만 미국 병사들의 목숨을 구했다고 평가되었습니다.

더 많은 사람을 살렸다는 얘기도 나왔습니다.* 미국이 전쟁에서 승리했기 때문에, 원폭 제조나 투하를 이유로 법적인 책임을 진 사람도 없었는데, 이것이 도덕적으로 옳았기 때문이라고는 할 수 없습니다.

미국과 독일이 원자탄을 개발하고 있었는데 미국이 지지부진했고 독일은 1945년 3월경에 원자탄 두 발을 만드는 데 성공해서, 한 발은 로체스터에, 다른 한 발은 버펄로에 떨어트려서 수십만 명의 미국인을 죽였다고 가정해봅시다. 그러고 나서 히틀러는 자살을 하고, 독일은 항복을 했다고도 가정해봅시다. 그 다음에는 어떻게 됐을까요. 뉘른베르크 전범 재판은 원자탄을 개발해서 무고한 시민의 목숨을 앗아간 독일의 원폭 개발 책임자, 핵심 관계자들, 투하를 결정한 위원회의 위원들을 전부 교수형에 처했을 것입니다. 그리고 세상은 독일의 이런 야만적인 행위에 대해서 두고두고 규탄했을 것입니다. 실제 역사가 위의 가상 시나리오와 다른 점은 미국이 일본에 원폭을 투하했고, 전쟁에서 이겼으며, 원자탄을 개발하고 투하한 미국 사람들이 전쟁 영웅이 됐다는 것입니다. 이런 가상적인 시나리오를 생각해보면 일본에 원폭을 투하해서 전쟁

* 당시 미국은 일본 본토에 대한 상륙작전도 고려하고 있었습니다. 이 작전을 감행했을 때 미국 병사들이 50~100만 명 정도 죽을 수 있었고, 따라서 10~20만 정도를 살상한 원자탄이 실제로는 사람을 많이 살렸다는 것입니다. 그렇지만 50~100만 명이라는 숫자는 상당히 과장된 숫자입니다. 최근 기밀문서에 대한 연구에 따르면 미군의 추산으로 예상 사망자 수는 대략 5만 명 내외였습니다. 또, 전쟁을 하다가 죽는 군인과 일반 시민을 단순 비교할 수도 없는 일입니다.

을 끝낸 것이 얼마나 잘못된 결정인지 알 수 있습니다.

1945년 봄 이후를 다시 살펴봅시다. 이때부터는 모든 과학자가 원자폭탄에 대해서 똑같은 태도를 보이지 않습니다. 폭탄이 투하될 때까지 정신없이 일하고 투하되던 날 축배를 든 사람들이 많았지만, 원자폭탄에 반대하던 사람들도 있었기 때문입니다. 로스앨러모스의 로버트 윌슨과 시카고의 실라르드 같은 사람이 대표적인 인물입니다. 왜 이들은 다른 태도를 보였을까요? 이 둘 모두 독일이 항복하고 나서, 원자폭탄을 시작한 동기와 목표가 사라졌다는 점에 주목한 사람들이었습니다. 분명히 미국은 히틀러가 지배하던 독일이 원자폭탄을 먼저 개발할 가능성이 있다고 생각해서 이 개발을 시작했습니다. 그런데 히틀러에 의한 원자폭탄 개발의 가능성이 사라졌다면 더 이상 원자폭탄을 개발할 필요가 없었던 것이지요. 그렇지만 미국의 정치인들과 군인들은 이미 소련에 대한 견제를 생각하고 있었고, 독일이 아닌 일본을 타깃으로 잡고 있었습니다. 윌슨과 실라르드는 일본의 도시에 원자폭탄을 투하하는 것이 윤리적으로 옳지 못하다고 생각한 것입니다.

그렇지만 이 두 사람에게도 다른 점이 있습니다. 로스앨러모스에서는 윌슨에 동조하는 사람이 거의 없었습니다. 그로브스는 윌슨을 의심스럽게 바라봤습니다. 그렇지만 실라르드는 동조자를 모았습니다. 시카고의 과학자들은 전후戰後 과학자들의 반핵운동을 촉발시킨 '프랑크보고서'를 작성했고, 원자폭탄을 일본에 투하하지 말자고 청원하는 서명에 동조했습니다.

왜 이런 차이가 있었을까요? 시카고 '메트 랩'은 최초로 연쇄반응을 통한 인공 핵분열을 얻어낸 곳으로, 원자폭탄 개발 초기에는 상당히 중요한 역할을 담당하던 실험실이었습니다. 그러나 1944년 이후에는 모든 연구가 로스앨러모스에 집중됩니다. 특히 1945년이 되면 시카고 메트 랩에서는 일상적인 작업만이 이루어졌고, 방사능 물질의 관리를 위해 뒤퐁의 엔지니어와 관리자들이 투입되어 과학자들과 갈등을 빚기도 했습니다. 이런 충돌을 경험하면서 시카고의 과학자들은 원자에너지의 통제 과정에서 과학자들이 주도권을 가져야 한다고 생각하게 됩니다. 바쁘고 급박하게 돌아가던 로스앨러모스에서는 윌슨의 입장에 동조하는 과학자가 거의 없었지만, 중심으로부터 조금 떨어져 있던 시카고에서는 원자폭탄의 투하와 원자에너지의 통제에 대한 좀 더 성찰적인 의견이 모아집니다. 로스앨러모스의 과학자들은 전쟁이 종식되고 나서야 번뜩 정신을 차리게 되고요.

전쟁이 끝나고 맨해튼 프로젝트에 참여했던 과학자들의 일부는 《원자 과학자의 회보Bulletin of Atomic Scientists》를 만들어서 동료 과학자들과 시민들에게 과학 연구의 정치적, 국제적 영향에 대한 홍보 활동을 했고, 핵무기의 폐지를 주장하는 운동도 지속적으로 펼쳐나갔습니다.

1945년 당시 정치인들은 소련에 우라늄 광산이 드물기 때문에 미국이 원자무기를 독점할 수 있다고 믿었지만, 1949년 소련의 핵폭탄 개발 이후에 이런 믿음은 산산조각 납니다. 곧이어 미국 과학자들은 소련에 대한 군사적 우위를 점유하기 위해 수소폭탄을 개발해야 한다는 측과 이에 강하게 반대하는 측으로 나뉘어 격렬하게 논쟁합니다. 당시 미국 핵에너지를 총괄하던 원자력위원회 산하의 과학자문위원회는 거의 만장일치로 반대 의견을 냈고, 원자력위원회는 이 반대 의견을 반영해서 수소폭탄을 개발하면 안 된다는 결정을 내립니다. 그렇지만 군부, 정치권의 강경파, 그리고 수소폭탄을 지지하던 과학자들의 네트워크는 이런 결정을 무시하고 대통령에게 수소폭탄 개발에 대한 지원을 강하게 요청하고, 결국 트루먼 대통령이 이를 승인합니다. 이에 반대한 오펜하이머는 소련의 스파이라고 고발당하고, 청문회에 불려가서 과거의 행적이 다 폭로되고 비밀문서취급 인가증이 취소되는 수모를 겪습니다. 당시 강경파들은 오펜하이머에 대한 숙청이 미국 과학자 사회를 자극할까 봐 걱정하기도 했지만, 오펜하이머가 쫓겨난 뒤에도 그런 일은 일어나지 않았습니다.

수소폭탄은 서로 총부리를 들이대면서 전쟁을 하던 시기

가 아니라, 1950년대 초반의 냉전 중에 개발되었습니다. 당시의 과학자들은 냉전의 격화에 반대하는 다른 시민 단체, 시민사회, 국제사회, 그리고 언론과의 연대를 생각하지 못했습니다. 당시 수소폭탄에 대한 연구는 물론, 이에 대한 찬반 논의까지도 극비리에 진행되었습니다. 극비리에 수소폭탄을 저지하는 것이 실패하자, 과학자들은 큰 교훈을 얻습니다. 수소폭탄 같은 전쟁 연구를 지원하는 강경파 정치인, 군부, 산업체, 과학자들의 네트워크에 대항하기 위해서는 과학자 단체만으로는 부족하다고 깨달은 것입니다.

그 이후로 과학자들은 외국의 과학자들, 과학의 군사화에 저항하는 다른 시민 세력들, 자유주의적이고 진보적인 미디어와 연대를 합니다. 연대를 통한 반대 운동으로 과학자들은 부분적핵실험금지조약(1963), 핵무기확산금지조약(1968) 같은 협상을 얻어냅니다. 앞에서 본 로트블랫 같은 과학자가 새로운 저항 네트워크를 만드는 과정에서 핵심적인 역할을 합니다. 이런 사례는 과학자가 '사회적 책임'을 다했을 때 변화를 만들어낼 수 있음을 보여줍니다.

자신의 양심에 따라서 평생을 살았던 물리학자 한스 베테는 과학자의 도덕적 책임과 관련해 묘한 얘기를 했습니다. 과학자 개개인은 도덕적 책임을 느끼고 국가가 요구하는 전쟁 연구를 하지 않을 수 있지만, 과학자 사회는 그럴 수 없다고 했지요. 결단을 한다면 나는 빠질 수 있습니다. 그렇지만 내가 빠진 자리는 결국 다른 사람에 의해 채워집니다. 그렇기 때문에 과학자 사회는 국가의 부름에 응할 수밖에 없다는 것이 베테의 생각이었습니다.[39]

인정하기 싫지만, 이 얘기에는 어느 정도의 진실이 담겨 있습니다. 내가 그만두는 것은 내가 나의 도덕적 책임을 지는 것입니다. 그렇지만 내가 빠져도 달라질 것이 없다면, 그냥 내가 참여해도 무방할 것이라고 생각하기 쉽습니다. 따라서 '사회적' 책임을 수행하는 새로운 대항 네트워크를 만드는 실천이 이어질 때, 도덕적 책임이 비로소 완성된다는 점을 염두에 둬야 합니다. 과학자 개인의 책임을 이야기하며 시작한 이 글은 책임을 지는 과학자 사회, 그리고 이런 과학자 사회가 포함된 대항 네트워크의 건설이라는 결론으로 끝을 맺습니다.

과학과 과학기술학

과학기술학Science and Technology Studies, STS은 테크노사이언스가 인간에 의한, 사회 속에서 일어나는, 정신적이면서 동시에 육체적이고 물질적인 활동이라고 봅니다. 인간의 활동과 지식은 축적됩니다. 그래서 우리는 고대 과학자나 17세기 과학자들이 모르던 것을 알 수 있고, 그들이 하지 못하던 것을 할 수 있습니다. 24세기의 과학자는 우리가 하지 못한 것을 할 것입니다. 너무나 상식적인 얘기들이지요. 과학이 이런 활동이기 때문에, 과학에서 인간을 초월하는 그 '무엇'은 없습니다. 초월적으로 보편적이고, 객관적이고, 합리적인 지식도 존재하지 않습니다. 과거에도 그랬고, 현재에도 그러하며, 미래에도 그럴 것입니다.

고대 그리스의 철학자이자 기술자였던 헤론은 증기를 사용해서 물체를 움직이고 돌리는 기계를 발명했습니다. 어떤 이들은 그가 조금만 더 운이 좋았거나 당시 사회에 노동력이 귀했다면 증기기관을 발명할 수도 있었을 것이라고 합니다. 고대 그리스 사회에서 산업혁명이 일어났을 수도 있다는 얘기입니다.

그렇지만 과학기술학은 이런 설명에 대해서 매우 회의적입니다. 증기기관이 만들어지려면 정밀한 실린더가 필요한데, 와트는 존 윌킨슨이라는 엔지니어가 발명한 보링머신boring machine으로 깎은 실린더를 사용했습니다. 와트는 위아래의 지름이 똑같은 실린더를 만드는 데 계속 실패하다가 윌킨슨의 기계를 사용하고 나서야 정교한 실린더 제작에 성공할 수 있었습니다. 윌킨슨의 기계는 첫 공작기계 중 하나인데, 영국의 제철 기술이 발전하면서 가능해진 기술이었습니다.

아인슈타인의 일반상대성이론은 뉴턴의 중력이론이나 아인슈타인 자신의 특수상대성이론이 없었다면 발견될 수 없었을 것입니다. 뉴턴의 중력이론이 없는 사회에서 일반상대성이론이 나오기를 기대하는 것은 가당치도 않은 일입니다. 중력파의 발견은 일반상대성이론이 충분히 토론되고 이해된 뒤에야 가능한 일입니다. 물리학자들은 중력파가 보통 물질에 영향을 주는지, 주지 못하는지를 놓고 한참 동안 논쟁했습니다. 대략 1950년대 말엽이 되면 물리학자들 사이에서 중력파가 지구와 같은 보통 물질에도 (아주 미세하지만) 영향을 줄 수 있다는 합의가 이루어지고, 1960년대부터 실험물리학자들이 중력파를 발견하려는 본격적인 시도를 했던 것입니다. 따라서 1940년대에는 중력파를 발견하려는 시도가 없었습니다.

이런 당연해 보이는 얘기를 하는 것은 테크노사이언스가 이전에 있던 이론적, 실험적, 기술적, 물질적, 문화적 자산들을 이용해서 새로운 네트워크를 만들어나가는 과정이라는 것을 얘기하기 위함입니다. 이 과정은 역사적이고 사회적인 과정입니다.

하나의 사례를 보겠습니다. 뉴턴은 프리즘을 통해서 햇빛과 같은 백색광이 단색광들로 분해되는 것을 관찰하고 이에 대해서 고민하다가, 백색광의 빛이 단색광들로 이루어진 것이라고 결론지었습니다. 당시에 프리즘은 발명된 지 얼마 되지 않은 고급 '장난감'이었지만, 인공적으로 무지개 색깔을 만들어내는 속성 때문에 과학자들의 연구에도 종종 사용되고 있었습니다. 뉴턴 이전에 로버트 보일과 데카르트도 프리즘으로 실험을 했습니다. 뉴턴이 운이 좋았던 것은 프리즘으로 빛을 굴절시켜서 무지개의 스펙트럼을 만들 때, 이를 아주 멀리 떨어진 벽에 투사했다는 것입니다. 데카르트와 보일은 근접한 종이나 벽에 무지개를 만들었습니다. 가까운 거리에 투사를 하면 길쭉한 모양의 스펙트럼을 보기가 힘들었지요.

하지만 멀리 떨어진 벽에 만들어진 뉴턴의 스펙트럼은 길쭉한 모양이었고, 뉴턴은 그 모양이 길쭉하다는 데에 주목했습니다. 벽에 뚫린 구멍은 둥근 구멍인데, 왜 프리즘을 통과한 빛은 벽에 길쭉한 모양의 무지개 스펙트럼을 낳을까 하고 말입니다. 고민하던 뉴턴은 무지개의 여러 색광들이 원래 백색광 속에 들어 있다고 결론을 내렸습니다. 각각의 색광은 유리 프리즘에 진입할 때, 공기에서 유리라는 다른 매질로 들어가는 것이었고, 매질이 바뀔 때 꺾이는 각도가 서로 달라서(빨간색이 가장 적게 꺾이고 보라색이 가장 많이 꺾입니다) 멀리 떨어진 벽에 긴 스펙트럼을 만든다는 것입니다.

원래 뉴턴은 빨강, 노랑, 초록, 파랑, 보라의 다섯 가지 색깔만을 봤습니다. 그러다 나중에 7음계와의 유비를 떠올려서 주황과 남색을 넣습니다. 빨주노초파남보의 일곱 가지 색 무지개가 이렇게 탄생한 것입니다. 그리고 각각의 색깔이 분명하게 구별된다고 했고, 심지어는 각각의 색깔에 해당하는 광선 입자들이 서로 다른 형태로 존재한다고도 했습니다. 뉴턴이 빛이 입자라고 믿은 데에는 여러 가지 이유가 있었겠지만, 그중 한 가지 이유는 그가 보기에 프리즘으로 만들어낸 스펙트럼이 충분히 불연속적이라는 것이었습니다. 즉, 빨간색 빛, 노란색 빛, 파란색 빛, 초록색 빛, 보라색 빛 같은 각각의 빛은 다른 색깔의 빛과 분명히 구별되어 독립적으로 존재하는 것 같아 보였고, 빛이 입자라면 이런 현상과 잘 맞아떨어진다고 생각했던 것입니다. 뉴턴은 빛(색광들)은 서로 다른 굴절률을 가지고 있다는 발견과 색깔은 소멸되지 않는다는 발견, 이렇게 두 가지 발견을 자신의 새로운 광학의 핵심이라고 주장했습니다.

뉴턴은 자신의 주장을 입증하기 위해서 '결정적 실험'을 디자인했습니다. 프리즘에 통과시킨 스펙트럼의 한 가지 색을 다시 두 번째 프리즘에 통과시키는 실험이었습니다. 이 실험을 통해서 그는 첫 번째 프리즘에서 가장 적게 굴절했던 광선은 두 번째 프리즘을 통과할 때에도 같은 각도로 가장 적게 굴절되며, 마찬가지로 첫 번째 프리즘에서 가장 많이 굴절된 빛은 두 번째 프리즘을 통과할 때에도 같은 각도로 가장 많이 굴절된다는 것을 보여주려고 했습니다. 당연히 색깔도 변하지 않을 것이라고 생각했습니다. 첫 번째 프리즘에서 붉은 색을 걸러 냈다면, 이 색광이 두 번째 프리즘을 통과한 뒤에도 붉은 색만이 보일 것이라고 생각한 것입니다. 그리고 뉴턴의 '결정적 실험'은 실제로 이를 보여주었습니다.

뉴턴의 논문은 많은 이들에게 흥미와 논란을 불러일으켰습니다. 태양빛 같은 백색광이 여러 단색광들의 혼합체라는 주장도 논란의 대상이었고, 빛을 입자로 본 뉴턴의 주장도 논란거리였습니다. 그리고 그의 '결정적 실험'을 따라 해보니 뉴턴이 얘기한 대로 결과가 나오지 않는다는 사람이 많았습니다. 초록색을 통과시켰는데 노란색과 파란색이 나왔다는 식의

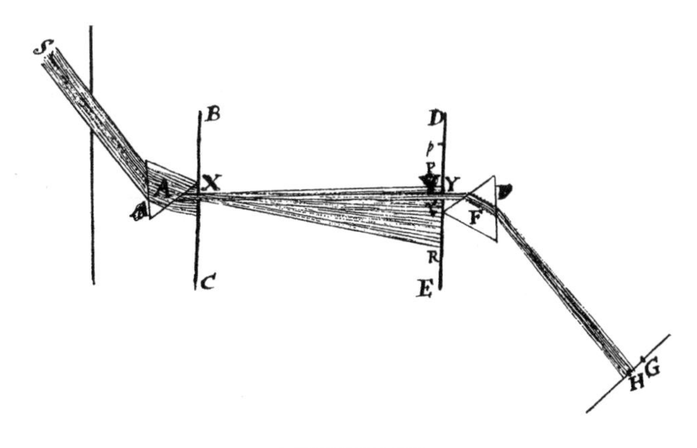

뉴턴의 결정적 실험

결과를 제시하면서, 뉴턴의 결정적 실험이 자신의 광학이론을 뒷받침하지 못한다고 논박했습니다. 같은 색깔의 광선은 계속 같은 굴절률을 가진다는 뉴턴의 결과가 재현되지 않는다고 비판한 사람들도 있었습니다. 뉴턴은 이런 비판에 대해서 함묵하고 더 이상의 논쟁을 피했습니다.

1703년에 왕립학회의 회장이 되고 1704년에 『광학』을 출판한 뒤에, 뉴턴은 자신의 이론을 다시 강력하게 옹호합니다. 그는 자신의 제자들에게 '결정적 실험'을 반복하게 했습니다. 그리고 자신과 같은 결과를 내지 못한 사람들에게 실험에 사용한 프리즘이 엉터리이기 때문에 잘못된 결과가 나오는 것이라고 반박하도록 했습니다. 이탈리아의 뉴턴주의자였던 만프레디는 "우리가 영국에서 받은 프리즘처럼, 프리즘이 전적으로 완벽할 때에는 결과가 항상 (뉴턴주의) 원칙과 일치하는 것으로 나온다"라고 했습니다. 이런 논쟁 끝에 뉴턴의 이론에 반대하는 광학이론, 색깔이론은 잠잠해졌고, 18세기의 100년은 (물론 예외는 있었지만) 전반적으로 뉴턴의 광학이론이 지배하게 되었던 것입니다.

과학기술학은 뉴턴의 광학이론과 실험이 제시되고 서서히 자리 잡은 과정을 사회문화적 과정으로 봅니다. 광학에서의 뉴턴의 권위는 뉴턴의 실험의 권위가 세워지면서 확실해졌고, 이를 위해서 뉴턴과 다른 실험 결과를 낸 사람들의 실험은 엉터리 프리즘을 사용한 미숙한 실험으로 평가받아야 했던 것입니다.[40]

과학의 합리성을 믿는 사람들은 이런 설명에 문제를 제기합니다. 뉴턴의 광학이 정통으로 받아들여진 이유는 그것이 진리이기 때문이고, 사람들이 이에 반대한 것은 편협한 철학적, 형이상학적 이념에 사로잡혀서 사실을 사실로 받아들이지 못했기 때문이라는 것입니다. 이런 입장을 강조하는 사람들은 과학의 '결과'만을 보는 경우가 많습니다. 그런데 과학의 발달 과정을 보면 이런 주장의 타당성은 유지되기가 힘듭니다. 누차 강조했지만, 과학은 특정한 사회문화 속에 머리와 몸을 가진 인간이 수행하는 이론적, 실천적 활동이기 때문입니다. 이런 맥락을 벗어난 과학은 존재할 수 없고, 따라서 이런 맥락을 벗어난 과학적 진리도, 과학적 객관성도 존재할 수 없습니다.

‘과학 지식은 특별하다, 과학 지식은 합리적이고 보편적이다’라는 믿음을 가지고 과학기술학의 연구를 비판하는 사람들은 서양에도, 한국에도 있습니다. 그런데 서양보다 한국에 훨씬 더 많은 것 같습니다. 서양에서도 과학 지식이 객관적, 합리적, 보편적이라는 점을 강조하는 사람들이 있지만, 서양 사회는 과학 지식을 둘러싸고 벌어진 여러 논쟁과 갈등을 실제로 겪었습니다. 서양의 과학계는 뉴턴의 광학, 뉴턴의 중력이론, 다윈의 진화론, 맥스웰의 전자기이론, 아인슈타인의 상대성이론, 양자역학 등을 놓고도 속된 말로 ‘지지고 볶는’ 과정을 경험했습니다. 반대론자들의 반론은 충분한 근거가 있었고, 그중에 반론이 맞는 것으로 드러난 경우도 있고, 아직 반론이 이어지는 경우도 있습니다. 이런 불협화음은 과학의 가장 중요한 특성이며, 과학을 약하게 만드는 것이 아니라 과학을 훨씬 더 강력한 것으로 만들어주는 요소입니다.

우리나라에는 이런 과학의 ‘지그재그식’ 발전 과정이 쏙 빠진 채, ‘완성된’ 과학이 수입되어 들어왔습니다. 따라서 과학이 발전했던 서양보다 훨씬 더 과학을 진리, 사실, 객관성, 보편성과 동일시하는 경향이 큽니다. 과학이 사실, 진리, 객관, 보편이 아니라는 얘기가 아니라, 과학자와 일반 사람들이 과학이 진리, 사실, 객관, 보편의 지식이라는 인식을 갖게 된 과정이 역사적이고 사회문화적인 과정이었어야 한다는 것입니다. 우리는 이런 과정을 경험하지 못한 채, 교과서에 실린 지식을 가지고 와서 그것을 과학의 핵심이라고 생각합니다. 교과서의 과학은 기존에 잘 확립된 지식을 체계적으로 정리한 뒤에 정답이 있는 문제를 푸는 것입니다. 교과서 과학에서는 문제에 대한 답이 깔끔하게 얻어지지요. 그래서 이렇게 '완성된' 과학을 수입한 우리는 서양보다 훨씬 과학을 박제화剝製化, 신비화하는 경향이 큽니다.

박제화된 과학, 신비화된 과학은 과학 방법론에 대한 신화에서 잘 나타납니다. 흔히 과학적 방법은 자연현상에 대한 가설을 세우고 실험을 통해 이를 검증한 뒤에, 검증 결과가 가설과 일치하면 가설을 받아들이고 일치하지 않으면 가설을 버리는 것으로 서술됩니다. 우리는 이런 방법론이 마치 만병통치약인 것처럼 배웁니다.

그런데 실제 연구 중에 이런 방법론대로 진행되는 연구는 없습니다. 실제 연구는 이보다 훨씬 복잡하고, 훨씬 '지저분'합니다. 과학자들은 주로 자신의 기존 연구에 새로운 아이디어를 결합해서 연구 주제를 생각해냅니다. 새로운 주제와 관련된 실험을 해보지만 결과가 생각대로 나오지 않는 경우가 대부분입니다. 그런데 이때 자신의 실험이 잘못된 것인지, 아니면 가설이 틀린 것인지 알기 힘듭니다. 실험이 잘되는 경우는 열 번 중에 한 번 있을까 말까 하니까요. 이때부터는 힘겨운 실험의 반복과 실험 디자인에 대한 고민이 시작됩니다. 실험이 잘 안 되면, 잘되는 방식으로 실험을 바꿔야 하며, 이를 위해서 실험 설계를 변경해야 합니다. 이제부터가 진짜 연구입니다. 진짜 연구는 '과학적 방법론이라는 고속도로'를 달리는 것이 아니라, 안개가 잔뜩 낀 언덕을 더듬더듬 기어 올라가는 것입니다. 과학적 방법은 마술이 아닙니다.

우리는 서구의 과학을 '마술'로 생각했습니다. 구한말부터 시작된 이런 경향은 지금까지 계속됩니다. 이광수의 『무정』에는 "과학, 과학" 하고 부르짖으면서 "조선 사람에게 무엇보다 먼저 과학을 주어야 하겠어요. 지식을 주어야 하겠어요" 하고 다짐하는 주인공 형식이 등장합니다. 그는 생물학이 무엇인지도 모르면서 생물학을 공부하겠다고 결심하는 젊은이입니다. 그 당시 사람들에게 과학은 진리이자, 진보이고, 힘이었습니다.[41] 1970년대에 박정희 대통령은 유신헌법의 선포와 더불어 '전 국민의 과학화 운동'을 펼쳤고, 이승만, 박정희, 이명박 대통령 모두 '과학 입국'을 외쳤습니다.* 지금도 정부와 과학계는 '과학 문화'를 외칩니다. 그런데 과학 문화는 대중들에

* 과학자들 중에서도 '과학적 방법'을 사용하면 세상의 숱한 문제들이 다 해결될 것처럼 주장하는 사람들이 있습니다. 과학을 모르는 정치인, 과학을 모르는 인문학자, 과학을 모르는 기자들 때문에 우리 사회가 진보하지 못하고 있으며, 이들에게 확실한 과학을 교육하면 문제가 해결된다는 것입니다. 그런데 테크노사이언스의 네트워크로 과학을 이해한다면 현대 과학기술은 하나의 문제를 해결하면서 또 다른 문제를 낳는 경우가 많다는 것을 알 수 있습니다. 네트워크는 단순해지기보다 복잡해지는 경향이 크며, 따라서 과학적 방법을 적용한 사회 문제의 깔끔한 해결은 현실보다는 이상에 가깝습니다.

게 과학을 쉽게 가르쳐야 한다는 캠페인이지, 정말로 과학 자체를 문화로서, 사회적 활동으로서 인식하겠다는 캠페인이 아닙니다.

과학은 이미 완성된 진리이자 힘이기 때문에 기술의 발전을 추진하고 경제성장의 토대가 됩니다. 그렇지 못한 과학은 별로 가치가 없는 과학이 됩니다. 많은 과학자들이 우리 사회에서 과학을 기술과 경제성장을 위한 도구로만 인식하는 '과학의 도구화' 현상이 나타난다고 비판합니다. 이는 정치인, 관료, 시민들이 과학을 모르기 때문이며, 따라서 진정한 과학적 정신을 가르치면 문제가 완화될 수 있다고 생각합니다.

무엇이 문제일까요? 과정을 이해하지 못한 채 결과만 들여온 과학이 문제입니다. 과학의 역사를 보면 갈릴레오의 실험이 왜 신화인지, 실험적 사실이라는 것이 왜 항상 심각한 논쟁의 대상인지, 뉴턴의 중력이론이 얼마나 많은 비판을 받았고 왜 그렇게 늦게 받아들여졌는지, 그의 프리즘 실험이 왜 논란의 대상이었고 뉴턴의 '권력'이 이런 논란을 잠재우는 데 어떤 역할을 했는지, 다윈의 진화론이 왜 그렇게 오랫동안 논쟁의 대상이었고 변형된 형태로 수용되었는지, 진화론을 사회에 적용하는 문제를 놓고 과학자들과 철학자들 사이에 왜 논란과 혼란이 있어왔는지를 이해할 수 있습니다. 유럽의 과학을 당시 유럽의 사회문화적 맥락 속에서 더 세밀하고 정교하게 분석하면, 과학이 자연의 절대적 진리를 드러내는 작업이 아니라, 이성과 육체를 가진 사람이 선행 지식과 기술의 도움을 받아서 자연에 대한 최선의 이해를 얻어내는 과정이고, 이 과정에서 자연적인 지식이 인간적 가치와 사회문화적 요소들과 함께 버무려짐을 알 수 있습니다.

과학자의 입장에서는 이런 과학기술학의 주장에 동의하는 것이 어려울지도 모릅니다. 아마 과학기술학이 낼 수 있는 최대한의 성과는 소수의 과학자들이 과학기술학의 얘기에 수긍하는 정도일 것입니다. 그런데 생각이 바뀌는 것이 불가능하지는 않습니다. 1990년대 중반의 '과학 전쟁'에서 과학기술학 진영을 공격했던 물리학자 데이비드 머민은 인류학을 연구하는 그의 딸로 인해서 과학기술학에 대한 생각이 바뀌었습니다. 그는 딸로부터 라투르에 대한 설명을 듣고, 이해할 수 없던 라투르의 논문을 이해할 수 있었습니다. 머민은 사회구성주의 진영의 대부인 데이비드 블루어의 집에서 며칠 머물면서 블루어와 허심탄회한 얘기들을 나누었고, 이런 접촉과 대화를 통해 블루어의 사회구성주의를 훨씬 잘 이해하게 되었다고 술회했습니다. 그 뒤에 머민은 과학자들이 과학기술학자들의 논문을 읽을 때 선입견을 가지지 말고, 이들도 성실하고 훌륭한 학자임을 전제하고 논문을 읽고 토론에 임해야 한다는 제안을

하기도 했습니다.[42]

과학사회학자 김환석 교수와 과학의 합리성과 객관성에 대해서 논쟁을 하면서 한국에서의 '작은 과학 전쟁'을 치렀던 물리학자 오세정 교수도 오히려 논쟁 뒤에 과학기술학의 여러 주장의 의미와 중요성을 훨씬 잘 이해하게 되었다고 여러 차례 언급했습니다. 오 교수는 심지어 과학기술학을 모든 이공계 학생들의 필수과목으로 지정해서, 이공계 학생들의 과학지상주의를 탈피하는 데 도움을 줘야 한다는 견해를 표명하기도 했습니다. 네덜란드의 과학기술학자 위비 바이커는 이런 접촉을 'STS 키스STS kiss'라고 부릅니다. 과학기술학과의 만남이 마치 마법의 키스처럼 과학자의 오랜 잠을 깨워줄 수 있다는 비유입니다.[43]

최근에도 눈에 띄는 생산적인 상호작용의 사례가 있습니다. 과학자 스튜어트 파이어스타인은 컬럼비아대학교의 생물학 교수입니다. 그는 척추동물의 후각 뇌세포에 대한 좋은 연구를 수행했던 유명한 과학자이면서, 《와이어드》나 《사이언티픽 아메리칸》 등에 대중적인 글을 썼고, 과학의 대중화를 위해서 정열적으로 일했습니다. 2012년에는 『무지: 그것이 어떻게 과학을 추진하는가Ignorance: How It Drives Science』라는 책을 썼는데, 이 책에서 그는 "과학자가 결코 모든 사실을 완벽히 아는 것이 아니며, 그것들을 결코 알 수도 없다"라고 주장하기도 했습니다.

이 책이 끝나고 그는 두 번째 책을 집필하기 시작했습니다. 과학의 '실패'에 대한 책이었지요. 그리고 마침 그때 연구년을 얻어서 영국의 케임브리지대학교에 방문 교수로 갔었습니다. 그런데 그가 방문한 학과는 케임브리지대학교의 생물학과가 아니라 '과학사와 과학철학과'였습니다(저도 1993년에 이 학과에서 3개월간 방문학생을 한 적이 있습니다). 여기에서 그는 과학사학자, 과학철학자들과 과학의 방법론, 과학의 특징, 본질에 대해서 토론할 기회를 얻었고, 그 뒤에『실패: 왜 과학은 그렇게 성공적인가Failure: Why Science Is So Successful』를 썼습니다. 서문에 나오는 그의 말을 직접 옮겨보겠습니다.[44]

(실패에 대한) 이 책은 연구년이 없었다면 1년 일찍 출판되었을 것입니다. 그리고 그것은 훨씬 더 엉망이었을 것입니다. 내가 거기(케임브리지대학교 과학사와 과학철학과)에서 교류한 동료들, 참석한 강의들, 선술집에서 나눈 오랜 대화들은 대체 이것들 없이 어떻게 책을 쓸 수 있었을지 상상할 수 없을 정도로 이 책에 기여를 했습니다. 1년의 연구년이 나를 철학자나 역사가로 만들 수는 없었겠지만, 역사적이고 철학적 탐구에 대한 높은 평가와 그것을 통해 우리가 어떻게 과학을 하고 왜 과학을 하는지를 새롭게 이해한 것이 가치 있었다는 것은 알 수 있습니다. 학과 전체가 나를 끌어안아주었지만, 특히 장하석 교수를 언급해야 할 것 같습니다. '관대하다'라는 단어로는 그가 내게 준 것을 다 표

현할 수 없습니다. 그는 시간만이 아니라, 그의 아이디어와 관점, 질문, 그리고 비판을 내게 주었고 이것이야말로 가장 중요한 것이었습니다. 여러분들은 내가 이 책에서 그를 여러 번 언급하는 것을 볼 수 있을 것입니다. 그는 이 시대의 과학에서 가장 중요한 사상가, 작가, 실천가 중의 한 명입니다. (…) 나는 그와 그의 현명하고도 관대한 아내 그레천이 나를 계속해서 친구와 동료로 여기는 데 기뻐하고 있습니다.

『실패: 왜 과학은 그렇게 성공적인가』는 2015년에 출판되었습니다. 이 책은 과학이 일반적으로 생각하는 것처럼 성공의 연속이 아니고, 과학의 대부분이 실패의 연속이라는 주장을 담고 있습니다. 그리고 그 실패가 과학의 발전과 성공에 가장 핵심적인 요소라는 주장을 합니다. 과학에 논리적인 방법 같은 것은 존재하지 않으며, 과학은 정답이 없는 퍼즐을 맞추는 것과 비슷하다고도 주장합니다. 이런 주장이 평생 실험실에서 과학을 연구한 현장 과학자에게서 나온 것입니다.

과학과 과학기술학의 접촉은 우리나라에서 훨씬 중요합니다. 과학에 대한 시각 변화 없이는 과학을 도구적으로 사용하는 정책이나 문화가 바뀌기 힘듭니다. 연구비가 늘어나고 실험실이 커져도 과학자들에게 요구하는 것은 단기적이고 가시적인 성과에 머물게 됩니다. 과학 문화에 대한 지원이 늘어도, 초중고교생들의 과학 페스티벌 수준에 머물 수밖에 없습니다.

테크노사이언스는 과학자가 살고 있는 특정한 시대, 특정한 지역에서 동원 가능한 이론적, 실험적, 물질적 요소들을 엮어서 새로운 네트워크를 만들어내는 작업입니다. 이 작업은 창의성과 상상력이 필요한 작업입니다. 또 이 작업은 혼자서 하는 경우보다 집단 지성을 이용해야 하는 경우가 많기 때문에 적절한 리더십이 필요합니다. 이런 네트워크가 표준, 테스팅, 그 외에 네트워크를 안정화하려는 여러 노력에 의해서 더 안정적이고 지속적이 되면 우리는 그것이 '객관성'을 가진다고 하며, 이 네트워크가 국소적 차원을 넘어서 확산되면 '보편성'을 갖는다고 합니다. 그 과정에 표준, 기구, 기계 같은 비인간들이 중요한 역할을 합니다. 물론 네트워크를 만들고, 안정화시키고, 확장시키는 과정은 자동적인 과정이 아니라 과학기술자의 노력이 필요한 과정입니다.

과학은 발견이 아니라 창조입니다. 그래서 과학은 창조적creative인 활동인 것입니다. 과학을 발견이라고 생각하면, 우리는 미국이 내놓는 과학의 결과를 그냥 가지고 오면 됩니다. 자연의 진리는 한국에서 발견하나 미국에서 발견하나 다를 바가 없기 때문입니다. 그런데 과학이 인간-비인간의 네트워크를 만드는 활동이고 이 네트워크가 국소적이기 때문에, 우리 사회에 적합한 과학 연구가 필요한 것입니다. 미국에서 나온 논문은 가져올 수 있지만, 실험실을 가져오는 것은 힘들고, 과학자의 머리에 든 암묵지를 가지고 오는 것은 더더욱 힘들며, 미국 과학의 네트워크를 가지고 오는 것은 불가능합니다. 따라서 우리 땅에서 우리에게 맞는 테크노사이언스 네트워크를 발전시켜야 하며, 이를 위해서 과학에 지원이 필요한 것입니다.

더 많은 과학자가 과학을 이렇게 이해할 때, 과학기술과 관련해서 우리나라가 갖고 있는 여러 문제들이 해결될 수 있습니다. 과학을 기술 발전과 일자리 창출을 위한 도구로 보는 것, 단기적 성과에 집착하는 것, 과학이 문화 일반으로부터 유리되어 있는 것, 이과와 문과가 엄격하게 구별되어 생각되는 것, 순수 연구와 응용 연구 사이에 너무 큰 간극이 존재하는 것, 사회 문제가 기술 발전으로 쉽게 해결될 수 있다고 생각하는 것, 현대 과학기술이 낳는 논쟁에 과학기술자들이 개입하길 꺼리는 것, 과학자가 전문가로 인식될 뿐 지식인으로 인식되지 않는 것과 같이 다양한 문제들이 있습니다. 과학에 대한 관점을 바꾼다고 이런 문제가 모두 자동으로 해결되는 것은 아니겠지만, 적어도 문제를 해결할 실마리는 잡을 수 있을 것이라고 생각합니다.

책은 여기서 끝납니다. 마무리하면서 이 책이 과학기술에 관심 있는 인문사회학도만이 아니라, 인간과 사회에 관심을 가지고 자신의 전공 영역을 열심히 공부하는 과학기술도에게 더 많이 읽히면 좋겠다는 생각을 해봅니다. 그리고 그중 일부에게라도 이 책이 'STS 키스'의 역할을 하는 것을 소망해봅니다.

미주 및 참고문헌

제1장 인간과 비인간

테크노사이언스에게 실험실을 달라

1. 실험실에 대한 과학기술학의 논의는 Karin Knorr-Cetina, Michael Joseph Mulkay 저,『Science Observed』, Sage, 1983, p.141-170과 이언 해킹 저, 이상원 역,『표상하기와 개입하기』, 한얼 아카데미, 2016; 홍성욱·서민우·장하원·현재환 저,『과학기술과 사회』, 나무, 나무, 2016의 제1부를 참조.
2. 실험실의 역사적 기원은 Owen Hannaway 저,「Laboratory Design and the Aim of Science: Andreas Libavius versus Tycho Brahe」,《Isis: A journal of the history of science》 77, 1986, p.585-610을 참조.
3. 이동성에 대한 좋은 논의는 Bruno Latour 저,「Circulating Reference: Sampling the Soil in the Amazon Forest」,『Pandora's Hope』, Havard University Press, 1999, p.24-79를 보라.
4. 오펜하이머의 카리스마와 리더십에 대한 논의는 Charles Thorpe, Steven Shapin 저,「Who was J. Robert Oppenheimer? Charisma and Complex Organization」,《Social Studies of Science》 30, 2000, p.545-590을 참조했다.
5. 기기의 중요성은 Peter Galison 저,『Image and logic: A Material Culture of Micro-physics』, University of Chicago Press, 1997; Nathan Rosenberg 저,『Exploring the Black Box: Technology, Economics, and History』, Cambridge University Press, 1994 중 제13장「Scientific Instrumentation and University Research」를 볼 것.

고속도로, 과속방지턱, 안전벨트, 경로석

6. 의무통과지점에 대해서는 Michel Callon 저,「Some Elements of A Sociology of Translation: Domestication of The Scallops and The Fishermen of St Brieuc Bay」,《The Sociological Review》 32, 1984, p.196-233(이 논문은 브루노 라투르 외 저, 홍성욱 엮음,『인간·사물·동맹: 행위자네트워크 이론과 테크노사이언스』, 이음, 2010, p.57-94에 심하나·홍성욱 역,「번역의 사회학의 몇 가지 요소들: 가리비와 생브리외 만의 어부들 길들이기」로 번역되어 실려 있다.); Bruno Latour 저,

『Science in Action: How to Follow Scientists and Engineers Through Society』, Harvard university press, 1987, p.130-140을 참조할 것.

7. 모지스의 고전적인 사례는 Langdon Winner 저, 「Do Artifacts Have Politics?」, 《Daedalus》 109, 1980, p.121-136 참조.
8. 과속방지턱과 안전벨트에 대한 논의는 Bruno Latour 저, 『Pandora's Hope』, Harvard University Press, 1999, p.185-190; Bruno Latour 저, 「Where Are the Missing Masses? The Sociology of A Few Mundane Artifacts」, Wiebe Bijker, John Law 엮음, 『Shaping Technology/Building Society: Studies in Sociotechnical Change』, MIT Press, 1994, p.225-258에서 가지고 온 것임.
9. 루소의 사례는 장 이브 고피 저, 황수영 역, 『기술철학』, 한길사, 2003에서 참고했다.

까칠한 비인간 행위자들

10. 2003년 정전에 대해서는 위키피디아의 'Northeast Blackout of 2003' 항목과 J. R. Minkel 저, 「The 2003 Northeast Blackout Five Years Later」, 《Scientific American》 13, 2008, p.32 참조. (Minkel의 글은 http://www.scientificamerican.com/article/2003-black out-five-years-laters에서 볼 수 있다.)
11. 물쥐의 사례는 Steve Hinchliffe 저, 「Urban Wild Things: A Cosmopolitical Experiment」, 《Environment and Planning D: Society and Space》 23, 2005, p.643-658에 분석되어 있다.
12. 자멕닉의 연구에서 운반RNA의 발견에 대한 사례는 Hans-Jörg Rheinberger 저, 『Toward a History of Epistemic Things: Synthesizing Proteins in the Test Tube』, Stanford University Press, 1997에 상세하게 나온다.
13. 모지스의 다리에 대한 재해석은 Bruno Latour 저, 「Which Politics for which Artifacts」, Domus, 2004, p.50-51; Bernward Joerges 저, 「Do Politics Have Artefacts?」, 《Social Studies of Science》 29, 1999, p.411-431를 참조할 것.
14. 오스트레일리아 빅토리아 주의 헬멧과 관련된 분석은 Maxwell H. Cameron, Lorna Heiman, Dina Neiger 저, 「Evaluation of The Bicycle Helmet Wearing Law in Victoria During Its First 12 Months」, 《Monash University Accident Research Center Report》 32, 1992(http://www.monash.edu/__data/assets/pdf_file/0019/217153/muarc032.pdf)와 Dorothy L. Robinson 저, 「No Clear Evi-

dence for Countries that Have Enforced the Wearing of Helmets」,《BMJ》332, 2006, p.722-725 참조.

15. 안전벨트에 대한 재해석은 John Adams 저,「Seat Belts: Another Look at the Data」(2009. 11. 5)와 David Bjerklie 저,「The Hidden Danger of Seat Belts」(2006. 11. 30)를 보라. (각각 http://www.john-adams.co.uk/2009/11/05/seat-belts-another-look-at-the-data, http://content.time.com/time/nation/article/0,8599,1564465,00.html에서 볼 수 있다.)

인간과 기계의 차이

16. 인간-기계에 대한 데카르트의 논의는 홍성욱 저,「기계로서의 인간의 몸: 17세기 '첨단과학'과 데카르트의 인간론」,《자연과학》18, 2005, p.120-131을 참조할 것.
17. IBM의 인공지능 '왓슨'에 대해서는 스티븐 베이커 저, 이창희 역,『왓슨, 인간의 사고를 시작하다』, 세종서적, 2011을 참조하라.
18. 암묵지에 대해서는 마이클 폴라니 저, 표재명 역,『개인적 지식』, 아카넷, 2001; Harry M Collins 저,「Tacit Knowledge, Trust and The Q of Sapphire」,《Social Studies of Science》31, 2001, p.71-85에 좋은 논의가 있다.
19. 파인먼 다이어그램에 대한 자세한 논의는 David Kaiser 저,『Drawing Theories Apart: The Dispersion of Feynman Diagrams in Postwar Physics』, University of Chicago Press, 2009에서 찾아볼 수 있다.
20. 서울대 곰팡이독소학 실험실의 현미경 사진에 대한 연구는 성한아 저,「현미경 사진, 그리고 감추어진 방법」,《과학기술학연구》22, 2011, p.67-96을 참조하라.
21. 핵무기 디자인에 대한 논의는 Donald MacKenzie, Graham Spinardi 저,「Tacit Knowledge, Weapons Design, and The Uninvention of Nuclear Weapons」,《American Journal of Sociology》101, 1995, p.44-99에 있다.
22. 생물학무기에 대한 논의는 Kathleen M. Vogel 저,「Bioweapons Proliferation Where Science Studies and Public Policy Collide」,《Social Studies of Science》36, 2006, p.659-690을 보면 된다.
23. 무인 자동차를 비롯한 무인 로봇 시스템에 대한 비판적 시각에서의 통찰력 있는 분석은 David A. Mindell 저,『Our Robots, Ourselves』, Viking, 2015를 보라. 민들에 대한 흥미로운 인터뷰가 Peter Dizikes, "Robots and Us"(2015. 10. 13)에 있다. (http://news.mit.edu/2015/no-driverless-cars-1013)

로봇 과학자는 불가능한가

24. 로봇 화가 '아론'과 '이-다비드'에 대해서는 위키피디아의 'ARON' 항목과 'eDavid(robot)' 항목을 각각 참조.
25. 로봇과학자 아담과 이브에 대해서는 Lizzie Buchen 저, 「Robot Makes Scientific Discovery All By Itself」(2006. 4. 2) 참조. (http://www.wired.com/2009/04/robotscientist)
    최근의 뉴스에서도 아담과 이브가 의미 있는 발견을 했다는 보고가 없다. "Artificially-intelligent Robot Scientist 'Eve' Could Boost Search for New Drugs"(2015. 2. 4) (http://www.cam.ac.uk/research/news/artificially-intelligent-robot-scientist-eve-could-boost-search-for-new-drugs)
26. 피카소의 〈아비뇽의 처녀들〉에 대해서는 위키피디아의 'Les Demoiselles d'Avignon' 항목이 유용하다.
27. 유전암호 해독 문제에 대한 물리학자, 수학자의 도전에 대해서는 김봉국 저, 「RNA 타이 클럽의 단백질 합성 메커니즘 연구: 연구 커뮤니티의 형성과 유전암호 해독 연구의 체계화, 1953-1959」, 서울대학교 석사학위논문, 2004를 볼 것.
28. 유전암호를 해독한 니런버그의 연구는 H. F. 저슨 저, 하두봉 역, 『창조의 제8일』, 범양사, 1984의 제2부를 보라.
29. 펀드매니저들이 만들어내는 새로운 금융 상품은 시장을 넓히기도 하지만 금융 위기의 주범이 되기도 한다. 이에 대해서는 마이클 루이스 저, 이미정 역, 『빅 숏』, 비즈니스맵, 2010을 참조.
30. 법관의 추론 방식에 대한 짧지만 좋은 논의가 Luke Dorremehl 저, 「Why Your Next Judge (Probably) Won't Be a Robot」(2013. 8. 12)에 있다. (http://www.fastcompany.com/3015563)

사냥꾼과 학자

31. 과학사에서 주변의 중요성에 대한 논의로는 홍성욱 저, 「지식의 융합, 과거로부터 배운다」 김광웅 엮음, 『우리는 미래에 무엇을 공부할 것인가: 창조사회의 학문과 대학』, 생각의 나무, 2009, p.36-65과 홍성욱 저, 「슈뢰딩거의 '유전자(gene)', 제몬의 '기억(mneme)'」, 《한국과학사학회지》 29, 2007, p.293-315을 보라.
32. 데이비드 봄에 대해서는 Olival Freire Jr. 저, 「Science and Exile: David Bohm, the Cold War, and a New Interpretation of Quantum Mechanics」, 《Historical Studies

in the Physical Sciences》 36, 2005, p.1-34; Christian Forstner 저, 「Dialectical Materialism and the Construction of a new Quantum Theory: David Joseph Bohm, 1917-1992」, 《Max Planck Institute for the History of Science Preprint》 303, 2005를 보라.

33. 아인슈타인의 기적의 해에 대한 해석은 홍성욱·이상욱 외 저, 『뉴턴과 아인슈타인: 우리가 몰랐던 천재들의 창조성』, 창작과 비평사, 2004와 홍성욱 저, 「잡종과 경계인으로서의 아인슈타인」, 《Crossroads Webzine》 1, 2005(http://crossroads.apctp.org/myboard/read.php?Board=n9998&id=6&time=20160707071245)를, 일반상대론을 낳은 '내 생애에서 가장 행복한 생각'에 대한 논의는 Jürgen Renn이 IHES Paris에서 강연한 「Einstein's Path to General Relativity」(2013. 3. 7). (www.ihes.fr/~vanhove/Slides/renn-IHES-mars2013.pdf)를 참조하면 된다.

34. 경계물과 버클리 척추동물박물관에 대한 고전적인 논의는 Susan Leigh Star, James R. Griesemer 저, 「Institutional Ecology, 'Translations' and Boundary Objects: Amateurs and Professionals in Berkeley's Museum of Vertebrate Zoology, 1907-39」, 《Social Studies of Science》 19, 1989, p.387-420을 참조할 것.

35. 협동을 촉진하는 것을 비롯해서 경계물의 다양한 용법에 대한 논의는 Pascale Trompette, Dominique Vinck 저, 「Revisiting the Notion of Boundary Object」, 《Revue d'Anthropologie des connaissances》 3, 2009, p.3-25를 참조하라.

제2장 네트워크로 보는 테크노사이언스

미 항공모함이 쿠웨이트까지 가려면

1. 뉴턴 과학에 대한 이 논의는 Harry Collins, Steven Shapin 저, 「Experiment, Science Teaching, and the New History and Sociology of Science」, Michael Shortland, Andrew Warwick 엮음, 『Teaching the History of Science』, Basil Blackwell, 1989, p.67-79에서 가지고 왔다.

2. 과학기술학에서 표준에 대한 논의의 출발은 표준을 '의무통과지점'으로 본 브뤼노 라투르에 의해서 제공되었다. Bruno Latour 저, 『Science in Action: How to Follow Scientists and Engineers through Society』, Harvard University Press, 1987, 제6장을 볼 것.

3. 서양의 표준의 역사에 대한 매우 흥미로운 논의는 Witold Kula 저,『Measures and Men』, Princeton University Press, 1986를, 프랑스혁명 이후에 미터법의 제정에 대해서는 John Heilbron 저,「The Measure of Enlightenment」, Tore Frängsmyr 외 엮음,『The Quantifying Spirit in the 18th Century』, University of California Press, 1990, p.207-242과 Ken Alder 저,『The Measure of All Things: The Seven-Year Odyssey and Hidden Error That Transformed the World』, Free Press, 2002를 참조하면 좋다.
4. 19세기 전자기학의 표준에 대해서는 Simon Schaffer 저,「Late Victorian Metrology and Its Instrumentation: A Manufactory of Ohms」, Robert Bud, Susan E. Cozzens 엮음,『Invisible Connections: Instruments, Institutions, and Science』, Society of Photo Optical, 1992, p.23-56; 홍성욱 저,「영국 과학진흥협회의 "전기표준위원회"(1861-1912): 19세기 후반의 과학과 기술, 정부와의 관련을 중심으로」,《한국과학사학회지》 13, 1991, p.5-33을 보라.
5. 세슘 시계와 국방부의 연구에 대한 논의는 라투르의 '의무통과지점으로서의 표준'에 대한 비판을 함축하고 있는데, 이에 대해서는 Joseph O'Connell,「Metrology: The Creation of Universality by the Circulation of Particulars」,《Social Studies of Science》 23, 1993, p.129-73에 주로 의존했다.

실험실 속 제왕나비

6. 실험실에 대한 과학기술학의 고전적인 논의는 Bruno Latour 저,「Give Me a Laboratory and I will Raise the World」, Karin Knorr-Cetina, Michael Mulkay 엮음,『Science Observed: Perspectives on the Social Study of Science』, Sage, 1983, p.141-170; Steven Shapin, Simon Schaffer 저,『Leviathan and the Air-Pump: Hobbes, Boyle, and the Experimental Life』, Princeton University Press, 1985이다.
7. 19세기 번개의 재현에 대한 실험은 Ido Yavetz 저,「A Victorian Thunderstorm: Lightning Protection and Technological Pessimism in the Nineteenth Century」, Yaron Ezrahi 외 엮음,『Technology, Pessimism and Postmodernism』, University of Massachusetts Press, 1994, p.53-76; Bruce Hunt 저,「"Practice vs. Theory": the British Electrical Debate, 1888-1891」,《Isis》 74, 1983, p.341-355을 참조하라.
8. 컴브리아 목양업의 사례는 Brian Wynne 저,「Sheepfarming after Chernobyl: a Case Study in Communicating Scientific Information」,《Environment》 31, 1989,

p.10-15와 p.33-39에서 분석되었다.

9. 꿀벌의 사례는 Daniel Lee Kleinman, Sainath Suryanarayanan 저, 「Dying Bees and the Social Production of Ignorance」, 《Science, Technology, & Human Values》 38, 2012, p.492-517을 참조.

10. 유전자 변형 옥수수와 제왕나비에 대한 논의는 아래 글들을 참조했다. Nick Bingham 저, 「Slowing things down: Lessons from the GM controversy」, 《Geoforum》 39, 2008, p.111-122; John M. Pleasants, Karen S. Oberhauser 저, 「Milkweed Loss in Agricultural Fields because of Herbicide Use: Effect on the Monarch Butterfly Population」, 《Insect Conservation and Diversity》 6, 2013, p.135-144; J. Franklin Egan, Ian M. Graham, David A. Mortensen 저, 「A Comparison of the Herbicide Tolerances of Rare and Common Plants in an Agricultural Landscape」, 《Environmental Toxicology and Chemistry》 33, 2014, p.696-702; Nayantara Narayanan 저, "Climate Change May Disrupt Monarch Butterfly Migration"(2013. 2. 22) (http://www.scientificamerican.com/article/climate-change-may-disrupt-monarch-butterfly-migration); 세계야생동물기금협회 홈페이지의 '제왕나비' 항목. (http://www.worldwildlife.org/species/monarch-butterfly)

네트워크로 읽는 세상

11. 일본의 원전에 대한 사례는 Kohta Juraku 외 저, 「Social Decision-making Processes in Local Contexts: An STS Case Study on Nuclear Power Plant Siting in Japan」, 《East Asian Science, Technology and Society: an International Journal》 1, 2007, p.53-75을 참고했다.

12. 일본 고래 논쟁에 대한 사례는 Anders Blok 저, 「War of the Whales: Post-Sovereign Science and Agonistic Cosmopolitics in Japanese-Global Whaling Assemblages」, 《Science, Technology, & Human Values》 36, 2011, p.55-81에 흥미롭게 분석되어 있다.

13. 아파트 층수에 따른 심장마비 사망률은 캐나다 연구진에 의해서 연구되었다. "아파트 3층 이상 주민, 심장마비로 인한 생존확률 줄어"(2016. 1. 19), 《헬스코리아뉴스》.

14. 사하라 사막과 LA에서의 총격에 대한 비교는 Keith Grint, Steve Woolgar 저,

「Computers, Guns, and Roses : What's Social about Being Shot」, 《Science, Technology, & Human Values》 17, 1992, p.366-380을 볼 것.

15. 짐바브웨 부시 펌프에 대한 논의는 Marianne de Laet, Annemarie Mol 저, 「The Zimbabwe Bush Pump : Mechanics of a Fluid Technology」, 《Social Studies of Science》 30, 2000, p.225-263에 실려 있다.
16. 다윈과 월리스의 비교는 M. Kottler 저, 「Charles Darwin and Alfred Russel Wallace : Two Decades of Debate over Natural Selection」, David Kohn 엮음, 『The Darwinian Heritage』, Princeton University Press, 1985, p.367-432 ; Jane R. Camerini 저, 「Evolution, Biogeography, and Maps : An Early History of Wallace's Line」, 《Isis》 84, 1993, p.700-727을 참고하라.
17. 러시아 다윈주의에 대해서는 Daniel P. Todes 저, 『Darwin without Malthus : The Struggle for Existence in Russian Evolutionary Thought』, Oxford University Press, 1989을 볼 것.
18. 동아시아의 사회다윈주의 수용에 대해서는 엄복 저, 양일모·이종민·강중기 역주, 『천연론』, 소명출판, 2008 ; 우남숙, 「사회진화론의 동아시아 수용에 관한 연구 : 역사적 경로와 이론적 원형을 중심으로」, 《동양정치사상사》 10, 2011, p.117-141을 참고하라.
19. 자전거가 여성의 정체성을 어떻게 만들었는지에 대해서는 Sue Macy 저, 『Wheels of Change : How Women Rode the Bicycle to Freedom (With a Few Flat Tires Along the Way)』, National Geographic, 2011을 보라.
20. 자궁경부암은 여성주의 과학기술학 연구에서 많이 논의된 주제인데, 여성의 정체성이라는 관점에서 이를 분석한 연구는 Vicky Singleton 저, 「Feminism, Sociology of Scientific Knowledge and Postmodernism : Politics, Theory and Me」, 《Social Studies of Science》 26, 1996, p.445-468이 있다.

패러다임

21. 쿤의 패러다임, 반증주의에 대한 비판, 공약불가능성에 대한 논의는 모두 토머스 쿤 저, 김명자·홍성욱 역 『과학혁명의 구조』, 까치, 2013에 있다.
    한국에서 나온 쿤에 대한 가장 좋은 개설서는 박영대·정철헌 글, 최재정·황기홍 그림, 『쿤의 과학혁명의 구조 : 과학과 그 너머를 질문하다』, 작은길, 2015이다.
    필자는 쿤에 대해서 여러 편의 글을 쓰고 대중강연을 했는데, 이 중 인터넷에서 볼 수 있는 것이 있다. 「토마스 쿤 〈과학혁명의 구조〉」(http://tvcast.naver.com/v/586153).

22. 현대 이타성의 진화에 대한 패러다임의 전환은 지금도 많은 논문이 쏟아지고 있는 '뜨거운' 주제이다. 이에 대한 개설적인 논의는 케빌 랠런드·길리언 브라운 저, 양병찬 역 『센스 앤 넌센스』, 동아시아, 2014; 에드워드 윌슨 저, 이한음 역 『지구의 정복자』, 사이언스북스, 2013을 참조하라.
23. 초음파 기술과 국내 갑상선암 논쟁에 대해서는 김희원 저, 「한국의 초음파 기반 의료 사회적-환경과 갑상선암 지식의 공동생산」, 서울대학교 석사학위논문, 2016을 볼 것.
24. 생물학적동등성 실험 관련 논쟁은 고원태 저, 「'성분'으로서의 약, '정보'로서의 약: 한국의 생물학적동등성시험과 전문성의 정치」, 서울대학교 석사학위논문, 2016을 참조.
25. 치매와 관련한 서로 다른 패러다임의 충돌 사례에 대한 분석은 Ingunn Moser 저, 「Making Alzheimer's Disease Matter: Enacting, Interfering, Doing Politics of Nature」, 《Geoforum》 39, 2008, p.98-110을 참조했다.

제3장 과학철학적 탐색

세계는 하나인가

1. 패러다임과 세계관의 변화에 대한 논의는 토머스 쿤 저, 김명자·홍성욱 역 『과학혁명의 구조』, 까치, 2013, 제10장을 참조.
2. 필자는 과학기술학과 과학철학이 만나는 접점으로 '존재론'에 대한 고민을 제시했으며, 이 부분의 논의는 필자의 발표에 기반하고 있다. 「존재론에 대한 고려는 위험 논쟁을 이해하는 데 어떤 도움을 주는가」(2013. 7. 13), 한국과학철학회 정기학술대회, 서울대학교; 「STS에서의 존재론적 고민들」(2013. 5. 31), 한국과학기술학회, 전북대학교.
3. 빈혈에 대한 고전적인 논의가 Annemarie Mol, Marc Berg 저, 「Principles and Practices of Medicine: The Co-existence of Various Anemias」, 《Culture, Medicine and Psychiatry》 18, 1994, p.247-265에 있다.
4. 수돗물 바이러스 논쟁에 대해서는 성하영 저, 「수돗물 바이러스 논쟁: 바이러

스의 실재와 위험 인식의 구성」, 《과학기술학연구》 14, 2007, p.125-154가 유용하다.

5. 은나노 세탁기 논쟁은 유상운 저, 「은이온 은나노 만들기: 은나노 세탁기를 둘러싼 나노의 정의와 위험 및 규제 관련 논쟁의 분석, 2006-2012」, 《과학기술학연구》 26, 2013, p.173-206을 보라.
6. 4대강 사업과 낙동강 녹조 논쟁은 박서현 저, 「수치화되는 녹조현상, 지워지는 '낙동강'」, 서울대학교 석사학위논문, 2015에서 흥미롭게 다루어지고 있다.

사실

7. '다리 거리 다리'와 물의 끓는점에 대한 상세한 논의는 장하석 저, 오철우 역, 『온도계의 철학』, 동아시아, 2013을 참조. 이 책은 러커토시상을 받은 장하석의 『Inventing Temperature: Measurement and Scientific Progress』, Oxford University Press, 2004의 번역이다. 이 책에 대한 필자의 서평도 참조하라. 「온도계의 온도는 어떻게 잴 수 있을까?」(2013. 10. 26), 《한국일보》.
   물의 끓는점에 대한 논의만을 위해서는 Hasok Chang 저, 「When Water Does Not Boil at the Boiling Point」, 《Endeavour》 31, 2007, p.7-11; 「The Myth of Boiling Point」(2007) (http://www.hps.cam.ac.uk/boiling); 장하석 박사의 EBS 특강 〈과학, 철학을 만나다〉 제9강 「물은 항상 100도에서 끓는가?」도 유용하다.
8. 볼타-갈바니 논쟁에 대한 가장 좋은 저술은 Marcello Pera 저, 『The Ambiguous Frog: The Galvani-Volta Controversy on Animal Electricity』 Princeton University Press, 1992이다.
9. 접촉이론과 화학이론 사이의 논쟁은 필자의 오래전 연구에 기초하고 있다. Sungook Hong 저, 「Controversy over Voltaic Contact Phenomena, 1862-1900」, 《Archive for History of Exact Sciences》 47, 1994, p.233-289.
10. 냉(冷)의 전도에 대한 픽테의 실험은 James Evans 저, 「Pictet's Experiment: The Apparent Radiation and Reflection of Cold」, 《American Journal of Physics》 53, 1985, p.737-753을 참조.
    장하석도 『온도계의 철학』 제4장에서 픽테의 실험을 분석하고 있다.
11. 음펨바효과에 대해서는 위키피디아의 'Mpemba effect' 항목이 많은 정보를 담고 있다.
12. 싱가포르의 시 장 교수의 연구에 대해서는 Xi Zhang 외 저, 「O:H-O bond Anom-

alous Relaxation Resolving Mpemba Paradox」, 《PCCP》 16, 2014, p.22995-23002를 볼 것.

법칙은 자연에 존재하는가

13. 과학혁명기의 과학-법의 관계에 대해서는 Edgar Zilsel 저, 「The Genesis of the Concept of Physical Law」, 《The Philosophical Review》 51, 1942, p.245-279를 참조할 것.
14. 법칙에 대한 낸시 카트라이트의 논의는 Nancy Cartwright 저, 「No God, No Laws」(www.isnature.org/Files/Cartwright_No_God_No_Laws_draft.pdf)에 있다.
15. 법칙에 대한 필자의 논의는 최근 자연의 법칙에 대해서 '수정주의적'인 입장을 취하는 과학철학자들의 논의와 상통한다. 이에 대해서는 M. Lange 저, 「Natural Laws and the Problem of Provisos」, 《Erkenntnis》 38, 1993, p.233-248; 「Natural Laws in Scientific Practice」, Oxford University Press, 2000; Ronald Giere 저, 「Science Without Laws」, University of Chicago Press, 1999; Stephen Mumford, 「Laws in Nature」, Routledge, 2004를 볼 것.
16. 멘델의 법칙에 대한 최근의 비판으로는 Gregory Radick 저, 「Beyond the 'Mendel-Fisher Controversy': Worries about Fraudulent Data Should Give Way to Broader Critiques of Mendel's Legacy」, 《Science》 350, 2015, p.159-160이 있다.
17. 노이라트의 배 비유는 Otto Neurath 저, 「Protokollsätze」, 《Erkenntnis》 3, 1932/33, p.204-214에 나온다.

과학적 이론과 민주주의

18. 필자는 NEIS 논쟁에 대해 2007년에 열린 동아시아 STS학회에서 발표를 했다. Sungook Hong, 「NEIS, or How to Live with a 'Big Brother'」(2007. 1. 12), 7th East Asian STS Conference, Kobe, Japan. 발표 원고는 아직 출판되지 않았다.
19. 명왕성의 퇴출에 대한 좋은 분석으로는 Lisa R. Messeri 저, 「The Problem with Pluto: Conflicting Cosmologies and the Classification of Planets」, 《Social Studies of Science》 40, 2010, p.187-214가 있다.
20. 뉴턴-라이프니츠 논쟁은 Alexandre Koyre, I. Bernard Cohen 저, 「Newton and the Leibniz-Clarke Correspondence」, 《Archives internationales d'histoire des

sciences》 5, 1962, p.63-126; C. Truesdell 저, 「A Program toward Rediscovering the Rational Mechanics of the Age of Reason」, 《Archive for History of Exact Sciences》 1, 1960, p.3-36을 참조하라.

21. 라마르크-다윈의 진화론과 관련된 논쟁은 Thomas F. Glick 엮음, 『The Comparative Reception of Darwinism』, Chicago University Press, 1974; 지선미 저, 「실패한 과학 다시보기: 파울 카메러의 산파두꺼비 연구에 대한 재해석」, 서울대학교 석사학위논문, 2014를 참조.

22. 하이젠베르크와 슈뢰딩거의 해석의 동등성(equivalence)에 대한 간단한 연구로는 Carlos M. M. Casado 저, 「A Brief History of the Mathematical Equivalance between the Two Quantum Mechanics」, 《Latin American Journal of Physics Education》 2, 2008, p.152-155가 있고, 훨씬 더 상세한 분석으로는 F. A. Muller 저, 「The Equivalence Myth of Quantum Mechanics」 Part Ⅰ· Part Ⅱ, 《Studies in History and Philosophy of Modern Physics》 28, 1997, p.35-61과 p.219-247이 있다. Muller는 슈뢰딩거에 의한 동등성의 증명이 '신화'라고 해석하면서 이 둘의 동등성의 증명은 폰 노이만의 업적임을 강조하고 있다.

제4장 무엇을 할 수 있는가

융합

1. 왓슨-크릭의 협동 연구에 대한 왓슨 관점에서의 서술은 제임스 D. 왓슨 저, 최돈찬 역 『이중 나선』, 궁리, 2007이다. 크릭의 관점에서 이를 보완할 수 있는 자료는 「The Francis Crick Papers: The Discovery of the Double Helix, 1951-1953」 참조. (https://profiles.nlm.nih.gov/SC/Views/Exhibit/narrative/doublehelix.html)

2. 코헨-보이어, 파이어-멜로에게서 보이는 융합에 대해서는 각각 Stanley N. Cohen 저, 「DNA Cloning: A Personal View after 40 Years」, 《PNAS》 110, 2013, p.15521-15529와 노벨상 홈페이지에 실린 '2006년 생리의학상' 정보가 도움이 된다. (http://www.nobelprize.org/nobel_prizes/medicine/laureates/2006)

3. 애플의 마우스에 대해서는 Alex Soojung-Kim Pang 저, 「The Making of the Mouse」, 《American Heritage of Invention and Technology》 17, 2002, p.48-54가 유용하다.

4. 산디아국립연구소의 핵폐기물격리실험시설 디자인에 대해서는 연구소의 공식 보고서인「This Place Is Not a Place of Honor」(http://www.wipp.energy.gov/picsprog/articles/wipp%20exhibit%20message%20to%2012,000%20a_d.htm)와 Peter Galison과 Robb Moss가 감독한 영화 〈Containment〉(2014)를 참고할 것.
5. 인문-기술 융합의 여러 사례들은 필자의 미출판 초고「인문-기술 융합」(2015)에 나오는 것이다. 화상전화의 실패에 대해서는 따로 짧은 글을 쓴 것이 있다.「실패한 융합 기술, 화상 전화」, 《Crossroads Webzine》 118, 2015. (http://crossroads.apctp.org/myboard/read.php?Board=n9998&id=997&time=20160708062757)
6. 레고사의 사례에 대해서는 이재용 저,「레고가 밝혀 낸 놀이의 본질」(2015. 2. 3) (http://story.pxd.co.kr/991); "'블록' 집중한 레고, 제2 전성기: '의미부여 컨설팅' 크리스티안 마두스베르그"(2015. 3. 13), 《매일경제》; 데이비드 로버트슨·빌 브린 저,『레고, 어떻게 무너진 블록을 다시 쌓았나』, 해냄, 2016이 좋은 정보를 제공한다.

성공적인 팀과 리더십

7. 협동 연구에 대한 베이컨의 이상에 대해서는 프랜시스 베이컨 저, 김종갑 역,『새로운 아틀란티스』, 에코리브스, 2002 참조.
8. 오르텔리우스에 대해서는 Elizabeth Eisenstein 저,『The Printing Press as an Agent of Change』 Volume I, Cambridge University Press, 1982, p.109-112 참조.
9. 리더십에 대한 경영학에서의 논의는 찰스 파커스·수지 왯로퍼 저,「5가지 리더십 스타일」, 헨리 민츠버그 외 저, 현대경제연구원 역,『리더십』, 21세기북스, 1999와 D. V. Day, J. Antonakis 저,「Leadership: Past, Present, and Future」, D. V. Day, J. Antonakis 엮음,『The Nature of Leadership』, Sage, 2012, p.3-25를 볼 것.
10. 실험에 대한 플렉의 언급은 Ludwig Fleck 저,『Genesis and Development of a Scientific Fact』, University of Chicago Press, 1979, p.86에서 따온 것이다.
11. 실험실 협동과 리더십에 대한 좋은 논의로는 Burroughs Wellcome Fund, Howard Hughes Medical Institute 저,『Making the Right Moves: A Practical guide to Scientific Management for Postdocs and New Faculty』, Burroughs Wellcome Fund, 2006, p.49-76의「Laboratory Leadership in Science」; L. Michelle Bennett, Howard Gadlin 저,「Collaboration and Team Science: From Theory to Practice」, 《Journal of Investigative Medicine》 60, 2012, p.768-775가 있다.

12. 김빛내리 교수의 실험실에 대한 연구는 홍성욱·장하원 저,「실험실과 창의성: 책임자와 실험실 문화의 역할을 중심으로」,《과학기술학연구》 19, 2010, p.27-71에서 볼 수 있다.
13. 과학기술학에서 신뢰에 대한 논의로는 Steven Shapin 저,『A Social History of Truth: Civility and Science in Seventeenth Century England』, The University of Chicago Press, 1994가 있다.

거대과학의 리더십

14. 맨해튼 프로젝트의 '칸막이화'에 대해서는 Stanley Goldberg 저,「Groves and the Scientists: Compartmentalization and the Building of the Bomb」,《Physics Today》 48, 1995, p.38-43을 참조.
15. 오펜하이머의 리더십에 대한 논의는 Charles Thorpe, Steven Shapin 저,「Who was J. Robert Oppenheimer? Charisma and Complex Organization」,《Social Studies of Science》 30, 2000, p.545-590; Charles Thorpe 저,『Oppenheimer: The Tragic Intellect』, University of Chicago Press, 2006을 참조.
16. 로스앨러모스 실험실의 위기와 이의 극복에 대한 논의는 L. Hoddeson, P. Henriksen, R. Meade, C. Westfall 저,『Critical Assembly: a History of Los Alamos During the Oppenheimer Years, 1943-1945』, Cambridge University Press, 1993를 볼 것.
17. 중력파를 발견한 LIGO에 대한 논의는 다음을 참조했다. Barry C. Barish 저,「The Science and Detection of Gravitational Waves」,《Brazilian Journal of Physics》 32, 2002, p.831-837; Harry Collins 저,『Gravity's Shadow: The Search for Gravitational Waves』, University of Chicago Press, 2004;「A Brief History of LIGO」(https://www.ligo.caltech.edu/system/media_files/binaries/313/original/LIGOHistory.pdf); Shirley K. Cohen 저,「THOMAS A. TOMBRELLO」(1998. 12. 2) (http://oralhistories.library.caltech.edu/182/1/Tombrello_LIGO_OHO.pdf); 오정근 저,『중력파, 아인슈타인의 마지막 선물』, 동아시아, 2016.

잡종적 존재와 돌봄의 세상

18. 프랑켄슈타인과 현대 과학과의 연관에 대한 다양한 담론에 대해서는 Jon Turney 저,『Frankenstein's Footsteps: Science, Genetics and Popular Culture』, Yale Uni-

versity Press, 1998이 도움이 된다.

19. 20세기를 통해 과학에 대한 대중적 이미지가 추락한 과정에 대한 논의는 홍성욱 저, 「20세기 과학기술의 발자취와 명암」, 《문학과 사회》 46, 1999, p.676-693을 참조하라.

20. 화학물질의 위험에 대해서는 「급증하는 화학물질 중독사고: 폐 뚫고 간 찢는 10만 흉기, 온 가족을 노린다」(2004. 6), 《신동아》를 볼 것.

21. 방사능과 줄기세포에 대해서는 Alison Kraft 저, 「Manhattan Transfer: Lethal Radiation, Bone Marrow Transplantation, and the Birth of Stem Cell Biology, ca. 1942-1961」, 《Historical Studies in the Natural Sciences》 39, 2009, p.171-218에 흥미로운 논의가 있다.

22. 인체에 축적된 플루토늄에 대한 '인류세(人類世)적인' 논의는 홍성욱·서민우·장하원·현재환 저, 『과학기술과 사회』, 나무, 2016, p.469-504의 「인류세의 정치생태학: 인류, '지구 시스템의 승무원?'」을 보라.

23. 데미호프에 대해서는 위키피디아 항목 'Vladimir Demikhov'와 Igor E. Konstantinov 저, 「At the Cutting Edge of the Impossible: A Tribute to Vladimir P. Demikhov」, 《Texas Heart Institute Journal》 36, 2009, p.453-458을 볼 것.

24. '테크노사이언스의 자궁에서 나온 시민들'에 대한 애정과 관심에 대한 논의는 Donna Haraway 저, 『Modest_Witness@Second_Millennium.FemaleMan_Meets_OncoMouse』, Routledge, 1997; 조지 마이어슨 저, 류승구 역, 『도너 해러웨이와 유전자 변형 식품』, 이제이북스, 2003; Bruno Latour, 「Love Your Monsters」, 《The Breakthrough Journal》, 2012(http://thebreakthrough.org/index.php/journal/past-issues/issue-2/love-your-monsters); M. Puig de la Bellacasa 저, 「Matters of Care in Technoscience: Assembling Neglected Things」, 《Social Studies of Science》 41, 2011, p.85-106에 빚지고 있다.

불확실성

25. 유전자 검사에 대한 논의는 "친자확인 유전자검사도 100% 장담 못해"(2016. 5. 18), 《조선일보》; "DNA Fingerprinting Techniques Can Sometimes Give the Wrong Results"(2010. 8. 18)를 볼 것. (http://www.dailymail.co.uk/sciencetech/article-1302156/DNA-fingerprinting-wrong-results.html)

26. 각주에서 언급된 핸드폰 전자기파의 위험에 대한 연구는 「Major Cell Phone

Radiation Study Reignites Cancer Questions Exposure to Radio-frequency Radiation Linked to Tumor Formation in Rats」에 나와 있다. (http://www.scientificamerican.com/article/major-cell-phone-radiation-study-reignites-cancer-questions)

27. 송전탑, 전자기파에 대한 기사는 "밭에서 일하다가 끌려 올라가는 느낌 받았다"(2014. 5. 26), 《오마이뉴스》; "서울 한 가운데 송전탑…'남편은 파킨슨병 나는 위암'"(2013. 12. 18), 《미디어오늘》을 볼 것.
28. 과학적 불확실성과 과학 논쟁에 대한 논의는 홍성욱·서민우·장하원·현재환 저, 『과학기술과 사회』, 나무, 2016의 제4부 「현대 과학의 쟁점들 2」에 실린 여러 글들과 Susan Leigh Star 저, 「Scientific Work and Uncertainty」, 《Social Studies of Science》 15, 1985, p.391-427을 참조.
29. 백신과 자폐증 관련 법정 논쟁에 대해서는 많은 연구가 있지만, 과학기술학 관점에서 이 논쟁을 분석한 연구로 추천할 수 있는 것은 Anna Kirkland 저, 「Credibility Battles in the Autism Litigation」, 《Social Studies of Science》 42, 2012, p.237-261; Claire Laurier Decoteau, Kelly Underman 저, 「Adjudicating non-knowledge in the Omnibus Autism Proceedings」, 《Social Studies of Science》 45, 2015, p.471-500 등이다.
30. 2010년에 출판된 유전의 영향에 대한 연구는 Kayeut Liu 외 저, 「Social Demographic Change and Autism」, 《Demography》 47, 2010, p.327-343을, 2011년의 쌍둥이 연구는 J. Hallmayer 외 저, 「Genetic Heritability and Shared Environmental Factors among Twin Pairs with Autism」, 《Archives of General Psychiatry》 68, 2011, p.1095-1102을 보라.
31. 2011년의 백신 법정의 보상판결에 대해서는 David Kirby 저, 「Vaccine Court Awards Millions to Two Children with Autism」(2013. 1. 4), 《The Huffington Post》(http://www.huffingtonpost.com/david-kirby/post2468343_b_2468343.html)를 참조.
32. 2015년의 형제 연구는 Anjali Jain 저, 「Autism Occurrence by MMR Vaccine Status Among US Children with Older Siblings with and without Autism」, 《JAMA》 313, 2015, p.1534-1540을 보라.

책임

33. 비인간이 책임의 문제를 복잡하게 만들 수 있다는 논의에 대해서는 Bruno Latour 저, 『Pandora's Hope』, Havard University Press, 1999; Peter-Paul Verbeek 저, 『Moralizing Technology: Understanding and Designing the Morality of Things』, University of Chicago Press, 2011을 보라.
34. 철학에서 책임에 대한 여러 입장을 볼 수 있는 간략한 글로 Hans Lenk 저, 「What is Responsibility」, 《Philosophy Now》, 2016(https://philosophynow.org/issues/56/What_is_Responsibility)를 추천한다.
35. 비도적적인 연구를 했던 과학자에 대한 간략한 논의가 Kaj Sotala 저, 「A Brief History of Ethically Concerned Scientists」에 있다. (http://lesswrong.com/lw/gln/a_brief_history_of_ethically_concerned_scientists)
36. 로트블랫에 대해서는 Joseph Rotblat 저, 「Social Responsibility of Scientists」, 《MCFA News》 Volume 2, 2000, p.1-2를 참조하라.
37. 아티야의 과학자의 사회적 책임론는 Michael Atiyah 저, 「The Social Responsibility of Scientists」, Maxwell Bruce, Tom Milne 엮음, 『Ending War: The Force of Reason』, Palgrave Macmillan, 1999, p.151-164를 참조.
38. 원자폭탄 개발 과정에 대한 논의는 다음을 참조했다. 리처드 로즈 저, 문신행 역, 『원자폭탄 만들기』, 사이언스북스, 2003; Matt Price 저, 「Roots of Dissent: The Chicago Met Lab and the Origins of the Franck Report」, 《Isis》 86, 1995, p.222-244; 리처드 파인만 저, 김희봉 역, 『파인만 씨, 농담도 잘하시네!』, 사이언스북스, 2000, p.146-188; 로버트 윌슨에 대한 위키피디아 항목 'Robert R. Wilson'; John H. Else의 다큐멘터리 영화 〈The Day after Trinity〉(1980).
39. 수소폭탄 개발 논쟁과 한스 베테에 대해서는 Peter Galison, B. Bernstein 저, 「In Any Light: Scientists and the Decision to Build the Superbomb, 1952-1954」, 《Historical Studies in the Physical Sciences》 19, 1989, p.267-347과 Silvan S. Schweber 저, 『In the Shadow of the Bomb: Bethe, Oppenheimer, and the Moral Responsibility of the Scientist』, Princeton University Press, 2000을 보라.

과학과 과학기술학

40. 뉴턴의 광학에 대한 논의는 Simon Schaffer 저, 「Glass Works: Newton's Prism and the Uses of Experiment」, D. Gooding, Trevor Pinch, Simon Schaffer 엮음,

『The Uses of Experiment: Studies in the Natural Sciences』, Cambridge University Press, 1989, p.67-104를 참조.

41. 이광수의 '과학'에 대해서는 여러 연구가 있는데, 백지혜 저, 「1910년대 이광수 소설에 나타난 '과학'의 의미」, 《한국현대문학연구》 14, 2003, p.143-171이 그중 하나이다.

42. 데이비드 머민의 경우는 필자의 『과학은 얼마나?』, 서울대학교 출판부, 2004의 제3장 「'과학 전쟁'이 아닌 '두 문화' 사이의 대화는 얼마나 가능한가?」에 소개되어 있다.

43. 바이커의 'STS 키스'는 Wiebe E. Bijker 저, 「The Need for Public Intellectuals: A Space for STS」, 《Science, Technology, & Human Values》 28, 2003, p.443-450에 나와 있는 표현이다.

44. 파이어스타인과 장하석의 일화에 대해서는 Stuart Firestein 저, 『Failure: Why Science Is So Successful』, Oxford University Press, 2012의 서문을 보라.

찾아보기

기타

홍성욱의 STS, 과학을 경청하다

초판 1쇄 펴낸날 2016년 9월 21일
초판 5쇄 펴낸날 2021년 6월 9일
지은이 홍성욱
펴낸이 한성봉
편집 박연준 · 안상준 · 박소현 · 이지경
디자인 유지연
본문디자인 신용진
마케팅 박신용
경영지원 국지연
펴낸곳 도서출판 동아시아
등록 1998년 3월 5일 제1998-000243호
주소 서울시 중구 퇴계로30길 15-8 [필동1가 26]
페이스북 www.facebook.com/dongasiabooks
전자우편 dongasiabook@naver.com
블로그 blog.naver.com/dongasiabook
인스타그램 www.instagram.com/dongasiabook
전화 02) 757-9724, 5
팩스 02) 757-9726

ISBN 978-89-6262-157-0 93400

이 도서의 국립중앙도서관 출판예정도서목록(CIP)은
서지정보유통지원시스템 홈페이지(http://seoji.nl.go.kr)와
국가자료공동목록시스템(http://www.nl.go.kr/kolisnet)에서 이용하실 수 있습니다.
(CIP제어번호: CIP2016021562)